“十三五”国家重点出版物出版规划项目

可靠性新技术丛书

基于不确定寿命的可靠性理论

Reliability Theory Based on Uncertain Lifetimes

刘颖 著

国防工业出版社

·北京·

内 容 简 介

本书以系统结构、部件寿命特征以及维修时间等相关信息为出发点,建立不同环境下的可靠性数学模型,进而估计与系统寿命特征有关的可靠性数量指标。本书研究对象主要包括:基于随机寿命的不可修系统、基于随机寿命和维修时间的可修系统、基于模糊寿命的不可修系统、基于随机模糊寿命的不可修系统、基于随机模糊寿命和维修时间的可修系统五部分。另外,本书还介绍了不确定性数学相关的理论知识,可作为可靠性模型的数学基础。

图书在版编目(CIP)数据

基于不确定寿命的可靠性理论/刘颖著 . —北京:国防工业出版社, 2018.8

(可靠性新技术丛书)

ISBN 978-7-118-11716-5

Ⅰ.①基… Ⅱ.①刘… Ⅲ.①可靠性理论 Ⅳ.①O213.2

中国版本图书馆 CIP 数据核字(2018)第 241822 号

※

*国防工业出版社*出版发行

(北京市海淀区紫竹院南路 23 号 邮政编码 100048)

北京龙世杰印刷有限公司印刷

新华书店经售

*

开本 710×1000 1/16 印张 11¾ 字数 208 千字

2018 年 8 月第 1 版第 1 次印刷 印数 1—2000 册 定价 68.00 元

(本书如有印装错误,我社负责调换)

国防书店:(010)88540777　　　　发行邮购:(010)88540776

发行传真:(010)88540755　　　　发行业务:(010)88540717

丛书序

可靠性理论与技术发源于20世纪50年代，在西方工业化先进国家得到了学术界、工业界广泛持续的关注，在理论、技术和实践上均取得了显著的成就。20世纪60年代，我国开始在学术界和电子、航天等工业领域关注可靠性理论研究和技术应用，但是由于众所周知的原因，这一时期进展并不顺利。直到20世纪80年代，国内才开始系统化地研究和应用可靠性理论与技术，但在发展初期，主要以引进吸收国外的成熟理论与技术进行转化应用为主，原创性的研究成果不多，这一局面直到20世纪90年代才开始逐渐转变。1995年以来，在航空航天及国防工业领域开始设立可靠性技术的国家级专项研究计划，标志着国内可靠性理论与技术研究的起步；2005年，以国家863计划为代表，开始在非军工领域设立可靠性技术专项研究计划；2010年以来，在国家自然科学基金的资助项目中，各领域的可靠性基础研究项目数量也大幅增加。同时，进入21世纪以来，在国内若干单位先后建立了国家级、省部级的可靠性技术重点实验室。上述工作全方位地推动了国内可靠性理论与技术研究工作。当然，在这一进程中，随着中国制造业的快速发展，特别是《中国制造2025》的颁布，中国正从制造大国向制造强国的目标迈进，在这一进程中，中国工业界对可靠性理论与技术的迫切需求也越来越强烈。工业界的需求与学术界的研究相互促进，使得国内可靠性理论与技术自主成果层出不穷，极大地丰富和充实了已有的可靠性理论与技术体系。

在上述背景下，我们组织编著了这套可靠性新技术丛书，以集中展示近5年国内可靠性技术领域最新的原创性研究和应用成果。在组织编著丛书过程中，坚持了以下几个原则：

一是**坚持原创**。丛书选题的征集，要求每一本图书反映的成果都要依托国家级科研项目或重大工程实践，确保图书内容反映理论、技术和应用创新成果，力求做到每一本图书达到专著或编著水平。

二是**体现科学**。丛书框架的设计，按照可靠性系统工程管理、可靠性设计与试验、故障诊断预测与维修决策、可靠性物理与失效分析4个板块组织丛书的选题，基本上反映了可靠性技术作为一门新兴交叉学科的主要内容，也能在一定时期内保证本套丛书的开放性。

三是**保证权威**。丛书作者的遴选，汇聚了一支由国内可靠性技术领域长江学者特聘教授、千人计划专家、国家杰出青年基金获得者、973项目首席科学家、国家级奖获得者、大型企业质量总师、首席可靠性专家等领衔的高水平作者队伍，这些高层次专家的加盟奠定了丛书的权威性地位。

四是**覆盖全面**。丛书选题内容不仅覆盖了航空航天、国防军工行业，还涉及了轨道交通、装备制造、通信网络等非军工行业。

这套丛书成功入选“十三五”国家重点出版物出版规划项目，主要著作同时获得国家科学技术学术著作出版基金、国防科技图书出版基金以及其他专项基金等的资助。为了保证这套丛书的出版质量，国防工业出版社专门成立了由总编辑挂帅的丛书出版工作领导小组和由可靠性领域权威专家组成的丛书编审委员会，从选题征集、大纲审定、初稿协调、终稿审查等若干环节设置评审点，依托领域专家逐一对入选丛书的创新性、实用性、协调性进行审查把关。

我们相信，本套丛书的出版将推动我国可靠性理论与技术的学术研究跃上一个新台阶，引领我国工业界可靠性技术应用的新方向，并最终为“中国制造2025”目标的实现做出积极的贡献。

康锐

2018年5月20日

前言

可靠性系统工程是以产品的寿命特征为主要研究对象的交叉学科,它涉及基础数学、技术科学以及管理科学的许多领域。近年来,国内外可靠性领域出现了诸多相关书籍,但针对数学模型的可靠性类书籍却相对较少,或者也只是以单一的概率论或者模糊理论为数学基础建立的可靠性数学模型。本书针对系统的不同寿命特征,分别采用概率论、模糊理论和随机模糊理论3种不同的数学工具对系统进行可靠性建模及分析,这也是本书的特色所在。本书的成果既能充实和完善传统可靠性理论,同时也会促进相关学科的发展,具有重要的理论意义。

本书分为6章,其中第3章、第4章和第6章汇集了作者多年的原创研究成果,这些成果曾受国家自然科学基金(11301382)、天津市自然科学基金(16JCYBJC18500)、天津市企业科技特派员项目(17JCTPJC54100)以及教育部人文社会科学研究青年基金(18YJC630108)的资助,内容多次在重要学术会议上进行报告。考虑到读者的广泛性,本书在第2章和第5章中也摘录了曹晋华教授和程侃教授的著作《可靠性数学引论》中的部分内容,方便读者将3种数学工具建立的可靠性数学模型进行对比。

第1章介绍不确定性数学理论的一些基础知识;第2章及第5章分别介绍随机情形下的不可修系统及可修系统的可靠性数学模型;第3章介绍模糊环境下的不可修系统可靠性数学模型;第4章及第6章分别介绍随机模糊环境下的不可修系统及可修系统可靠性数学模型。

本书可以作为理工科相关专业高年级本科生和研究生的教材,也可作为工程技术人员及数学工作者学习和了解可靠性基础理论的参考书。

在本书即将出版之际,作者向唐万生教授、赵瑞清教授和李孝忠教授表示衷心的感谢!向鼓励和支持作者出版本书的康锐教授、杨巨成教授和王艳萍教授表示衷心的感谢!向协助作者翻译及整理文献的研究生马瑶和刘冬雪表示衷心的感谢!向国防工业出版社白天明编辑为本套丛书编辑出版做出的努力表示衷心的感谢!

刘　颖

2018年6月于天津科技大学

目录

第1章

不确定性数学基础

1.1 概　率　论

概率论是一门研究随机现象数量规律的数学分支,其研究始于17世纪Pascal与Fermat对机会博弈中一些问题的讨论,发展历史比较悠久。之后,许多学者专门研究概率论。1931年,von Mises[1]提出了样本空间的概念,使得概率论取得了重要进展。1933年,Kolmogorov[2]给出了概率论完整的公理化基础。概率论基础的建立,使得概率论在科学和工程领域中得到了越来越广泛的应用。

1.1.1 概率测度

设 $\mathbf{\Omega}$ 是非空集合,$\mathbf{A}$ 是 $\mathbf{\Omega}$ 上的 σ 代数。$\mathbf{A}$ 中的元素 A 称为一个事件。为了给出概率的公理化定义,提出以下3个公理:

公理1.1.1(规范性)　对于全集 $\mathbf{\Omega}$, 有 $\Pr\{\mathbf{\Omega}\}=1$。

公理1.1.2 (非负性)　对于任意事件 A, 有 $\Pr\{A\}\geqslant 0$。

公理1.1.3(可列可加性)　对于任意可列个不相交的事件 $A_1,A_2,\cdots$, 有

$$\Pr\left\{\bigcup_{i=1}^{+\infty} A_i\right\} = \sum_{i=1}^{+\infty} \Pr\{A_i\}$$

定义1.1.1　若集函数Pr满足规范性、非负性和可列可加性,则Pr称为概率测度。

例1.1.1　设 $\mathbf{\Omega}=\{\omega_1,\omega_2,\cdots\}$,$\mathbf{A}$ 为 $\mathbf{\Omega}$ 上的幂集。假设 $p_1,p_2,\cdots$ 是非负实数且满足 $p_1+p_2+\cdots=1$, 定义一个 $\mathbf{A}$ 上的集函数

$$\Pr(A) = \sum_{\omega_i \in A} p_i,\quad A \in \mathbf{A}$$

则Pr为概率测度。

例1.1.2　设 ϕ 是实数集 $\mathbf{R}$ 上的非负可积函数,使得

$$\int_{\mathbf{R}} \phi(x)\,\mathrm{d}x = 1$$

定义一个 Borel 代数上的集函数

$$\Pr\{A\} = \int_{\mathbf{A}} \phi(x)\,\mathrm{d}x$$

则 Pr 为概率测度。

定义 1.1.2 设 $\mathbf{\Omega}$ 为非空集合,$\mathbf{A}$ 为 $\mathbf{\Omega}$ 上的 σ 代数,Pr 为概率测度,则三元组 $(\mathbf{\Omega},\mathbf{A},\Pr)$ 称为概率空间。

例 1.1.3 设 $\mathbf{\Omega}=\{\omega_1,\omega_2,\cdots\}$,$\mathbf{A}$ 为 $\mathbf{\Omega}$ 上的幂集,Pr 为例 1.1.1 中定义的概率测度,则 $(\mathbf{\Omega},\mathbf{A},\Pr)$ 为一个概率空间。

定理 1.1.1(概率连续性定理) 设 $(\mathbf{\Omega},\mathbf{A},\Pr)$ 是一个概率空间。若 $(A_1,A_2,\cdots)\in\mathbf{A}$ 且 $\lim\limits_{i\to+\infty}A_i$ 存在,那么

$$\lim_{i\to+\infty}\Pr\{A_i\}=\Pr\{\lim_{i\to+\infty}A_i\}$$

定理 1.1.2(乘积概率定理) 设 $(\mathbf{\Omega}_k,\mathbf{A}_k,\Pr_k)$ $(k=1,2,\cdots)$ 分别为概率空间。令 $\mathbf{\Omega}=\mathbf{\Omega}_1\times\mathbf{\Omega}_2\times\cdots$,$\mathbf{A}=\mathbf{A}_1\times\mathbf{A}_2\times\cdots$,则在 $\mathbf{A}$ 上存在唯一的概率测度 Pr 使得

$$\Pr\left\{\prod_{k=1}^{+\infty}A_k\right\}=\prod_{k=1}^{+\infty}\Pr_k\{A_k\}$$

其中 A_k 分别是 $\mathbf{A}_k(k=1,2,\cdots)$ 中的任意事件。该结论称作乘积概率定理。该概率测度称作乘积概率测度,记作 $\Pr=\Pr_1\times\Pr_2\times\cdots$。

定义 1.1.3 设 $(\mathbf{\Omega}_k,\mathbf{A}_k,\Pr_k)$ $(k=1,2,\cdots)$ 为概率空间。若 $\mathbf{\Omega}=\mathbf{\Omega}_1\times\mathbf{\Omega}_2\times\cdots$,$\mathbf{A}=\mathbf{A}_1\times\mathbf{A}_2\times\cdots$ 且 $\Pr=\Pr_1\times\Pr_2\times\cdots$,则三元组 $(\mathbf{\Omega},\mathbf{A},\Pr)$ 称为乘积概率空间。

1.1.2 随机变量

定义 1.1.4 随机变量 ξ 定义为从概率空间 $(\mathbf{\Omega},\mathbf{A},\Pr)$ 到实数集的函数,若对于任意 Borel 集 B,$\{\xi\in B\}$ 为一个事件。

例 1.1.4 令 $(\mathbf{\Omega},\mathbf{A},\Pr)$ 为 $\{\omega_1,\omega_2\}$,$\Pr\{\omega_1\}=\Pr\{\omega_2\}=0.5$,那么函数

$$\xi(\omega)=\begin{cases}0, & \omega=\omega_1\\1, & \omega=\omega_2\end{cases}$$

是随机变量。

定义 1.1.5 随机变量 ξ 被称作:

(1) 非负随机变量,若 $\Pr\{\xi<0\}=0$;

(2) 正的随机变量,若 $\Pr\{\xi\leqslant 0\}=0$;

(3) 连续的随机变量,若 $\Pr\{\xi=x\}$ 关于 x 是连续的函数;

(4) 简单的随机变量,若存在有限序列 $\{x_1,x_2,\cdots,x_m\}$ 使得 $\Pr\{\xi\neq x_1,\xi\neq x_2,\cdots,\xi\neq x_m\}=0$;

(5) 离散的随机变量,若存在可数序列 $\{x_1,x_2,\cdots\}$ 使得 $\Pr\{\xi\neq x_1,\xi\neq x_2,\cdots\}=0$。

定义 1.1.6　设 ξ 和 η 为定义在概率空间 $(\mathbf{\Omega},\mathbf{A},\mathrm{Pr})$ 上的随机变量,那么 $\xi=\eta$ 当且仅当对于每个 $\omega\in\mathbf{\Omega}$, 都有 $\xi(\omega)=\eta(\omega)$。

定义 1.1.7　n 维随机向量定义为从概率空间 $(\mathbf{\Omega},\mathbf{A},\mathrm{Pr})$ 到 n 维实数向量集的可测函数。

定理 1.1.3　向量 $(\xi_1,\xi_2,\cdots,\xi_n)$ 为随机向量当且仅当 $\xi_1,\xi_2,\cdots,\xi_n$ 为随机变量。

定义 1.1.8(单一概率空间上的随机运算)　设 $\xi_1,\xi_2,\cdots,\xi_n$ 为概率空间 $(\mathbf{\Omega},\mathbf{A},\mathrm{Pr})$ 上的随机变量,$f:\mathbf{R}^n\to\mathbf{R}$ 为可测函数,则 $\xi=f(\xi_1,\xi_2,\cdots,\xi_n)$ 也为随机变量,定义为

$$\xi(\omega)=f(\xi_1(\omega),\xi_2(\omega),\cdots,\xi_n(\omega)),\quad \forall\omega\in\mathbf{\Omega}$$

例 1.1.5　设 ξ_1,ξ_2 为定义在概率空间 $(\mathbf{\Omega},\mathbf{A},\mathrm{Pr})$ 上的随机变量,则 ξ_1 与 ξ_2 的和为

$$(\xi_1+\xi_2)(\omega)=\xi_1(\omega)+\xi_2(\omega),\quad \forall\omega\in\mathbf{\Omega}$$

ξ_1 与 ξ_2 的乘积为

$$(\xi_1\times\xi_2)(\omega)=\xi_1(\omega)\times\xi_2(\omega),\quad \forall\omega\in\mathbf{\Omega}$$

定义 1.1.9(不同概率空间上的随机运算)　设 ξ_i 为概率空间 $(\Omega_i,\mathbf{A}_i,\mathrm{Pr}_i)$ $(i=1,2,\cdots,n)$ 上的随机变量,$f:\mathbf{R}^n\to\mathbf{R}$ 为可测函数,则 $\xi=f(\xi_1,\xi_2,\cdots,\xi_n)$ 为乘积空间 $(\mathbf{\Omega},\mathbf{A},\mathrm{Pr})$ 上的随机变量,定义为

$$\xi(\omega_1,\omega_2,\cdots,\omega_n)=f(\xi_1(\omega_1),\xi_2(\omega_2),\cdots,\xi_n(\omega_n)),\quad \forall(\omega_1,\omega_2,\cdots,\omega_n)\in\mathbf{\Omega}$$

例 1.1.6　设 ξ_1 和 ξ_2 分别为定义在概率空间 $(\mathbf{\Omega}_1,\mathbf{A}_1,\mathrm{Pr}_1)$ 及 $(\mathbf{\Omega}_2,\mathbf{A}_2,\mathrm{Pr}_2)$ 上的随机变量,则 ξ_1 与 ξ_2 的和为

$$(\xi_1+\xi_2)(\omega_1,\omega_2)=\xi_1(\omega_1)+\xi_2(\omega_2),\quad \forall(\omega_1,\omega_2)\in\mathbf{\Omega}_1\times\mathbf{\Omega}_2$$

ξ_1 与 ξ_2 的乘积为

$$(\xi_1\times\xi_2)(\omega_1,\omega_2)=\xi_1(\omega_1)\times\xi_2(\omega_2),\quad \forall(\omega_1,\omega_2)\in\mathbf{\Omega}_1\times\mathbf{\Omega}_2$$

1.1.3　概率分布

定义 1.1.10　随机变量 ξ 的概率分布 $\Phi:\mathbf{R}\to[0,1]$ 定义为

$$\Phi(x)=\mathrm{Pr}\{\xi\leqslant x\},\quad x\in\mathbf{R}$$

例 1.1.7　令 $(\mathbf{\Omega},\mathbf{A},\mathrm{Pr})$ 为 $\{\omega_1,\omega_2\}$, $\mathrm{Pr}\{\omega_1\}=\mathrm{Pr}\{\omega_2\}=0.5$。我们定义一个随机变量

$$\xi(\omega)=\begin{cases}0, & \omega=\omega_1\\ 1, & \omega=\omega_2\end{cases}$$

则 ξ 的概率分布为

$$\Phi(x)=\begin{cases}0, & x<0\\ 0.5, & 0\leqslant x<1\\ 1, & x\geqslant 1\end{cases}$$

定理 1.1.4(概率分布的充要条件) 函数 $\Phi:\mathbf{R}\rightarrow[0,1]$ 为概率分布当且仅当它是一个递增的右连续函数,且

$$\lim_{x\rightarrow-\infty}\Phi(x)=0,\quad \lim_{x\rightarrow+\infty}\Phi(x)=1$$

定理 1.1.5 概率分布函数为 Φ 的随机变量 ξ 是:

(1) 非负的,若对于所有 $x<0$, 当且仅当 $\Phi(x)=0$;

(2) 正的,若对于所有 $x\leqslant 0$, 当且仅当 $\Phi(x)=0$;

(3) 简单的,当且仅当 Φ 在有限点上取非零值;

(4) 离散的,当且仅当 Φ 在可数点上取非零值;

(5) 连续的,当且仅当 Φ 是连续函数。

定义 1.1.11 随机变量 ξ 的概率密度 $\phi:\mathbf{R}\rightarrow[0,+\infty)$ 定义为对任意的 $x\in\mathbf{R}$, 有

$$\Phi(x)=\int_{-\infty}^{x}\phi(y)\,\mathrm{d}y$$

成立,其中 Φ 为 ξ 的概率分布函数。

定理 1.1.6 设 ξ 为随机变量且概率密度函数 ϕ 存在,那么对于任何 Borel 集 $\mathbf{B}$, 有

$$\Pr\{\xi\in\mathbf{B}\}=\int_{\mathbf{B}}\phi(y)\,\mathrm{d}y$$

下面我们介绍几类常用的随机变量。

定义 1.1.12 随机变量 ξ 服从均匀分布,若其概率密度函数为

$$\phi(x)=\frac{1}{b-a},\quad a\leqslant x\leqslant b$$

其中 a,b 为实数且 $a<b$, 记作 $\xi\sim U(a,b)$。

定义 1.1.13 随机变量 ξ 服从指数分布,若其概率密度函数为

$$\phi(x)=\frac{1}{\beta}\exp\left(-\frac{x}{\beta}\right),\quad x\geqslant 0$$

其中 β 为正数,记作 $\xi\sim\exp\left(\frac{1}{\beta}\right)$。

定义 1.1.14 随机变量 ξ 服从正态分布,若其概率密度函数为

$$\phi(x)=\frac{1}{\sigma\sqrt{2\pi}}\exp\left(-\frac{(x-\mu)^2}{2\sigma^2}\right),\quad -\infty<x<+\infty$$

其中 μ 和 σ 为实数且 $\sigma>0$,记作 $\xi\sim LN(\mu,\sigma^2)$。

定义 1.1.15　随机变量 ξ 服从对数正态分布，若其概率密度函数为

$$\phi(x)=\frac{1}{x\sigma\sqrt{2\pi}}\exp\left(-\frac{(\ln x-\mu)^2}{2\sigma^2}\right),\quad x>0$$

其中 μ 和 σ 为实数且 $\sigma>0$，记作 $\xi\sim LN(\mu,\sigma^2)$。

定义 1.1.16　随机变量 ξ 服从 Γ 分布，若其概率密度函数为

$$\phi(x)=\frac{\lambda(\lambda x)^{\alpha-1}}{\Gamma(\alpha)}e^{-\lambda x},\quad x\geqslant 0;\lambda,\alpha>0$$

其中 $\Gamma(\alpha)=\int_0^{+\infty}t^{\alpha-1}e^{-t}dt$，$\alpha$ 称作形状参数，λ 为尺度参数，记作 $\xi\sim\Gamma(\alpha,\lambda;x)$。

定义 1.1.17　随机变量 ξ 服从 Weibull 分布，若其概率密度函数为

$$\phi(x)=\lambda\alpha(\lambda x)^{\alpha-1}e^{-(\lambda x)^{\alpha}},\quad x\geqslant 0;\alpha,\lambda>0$$

其中 α 称作形状参数，λ 为尺度参数，记作 $\xi\sim W(\alpha,\lambda;x)$。

定义 1.1.18　随机变量 ξ 服从参数为 p 的两点分布，若

$$\Pr\{\xi=1\}=p;\ \Pr\{\xi=0\}=q,\quad p+q=1$$

定义 1.1.19　随机变量 ξ 服从参数为 (n,p) 的二项分布，若

$$\Pr\{\xi=k\}=\binom{n}{k}p^kq^{n-k},\quad k=0,1,\cdots,n$$

其中 $p,q>0$ 且 $p+q=1$。

定义 1.1.20　随机变量 ξ 服从参数为 p 的几何分布，若

$$\Pr\{\xi=k\}=pq^k,\quad k=0,1,2,\cdots$$

其中 $p,q>0$ 且 $p+q=1$。

定义 1.1.21　非负整数值随机变量 ξ 服从参数为 (α,p) 的负二项分布，若

$$\Pr\{\xi=k\}=\binom{-\alpha}{k}p^{\alpha}(-q)^k,\quad k=0,1,2,\cdots$$

其中 $\alpha,p,q>0$ 且 $p+q=1$。

定义 1.1.22　非负整数值随机变量 ξ 服从参数为 λ 的泊松分布，若

$$\Pr\{\xi=k\}=\frac{\lambda^k}{k!}e^{-\lambda},\quad k=0,1,2,\cdots;\lambda>0$$

定义 1.1.23　假设 $(\xi_1,\xi_2,\cdots,\xi_n)$ 是概率空间 $(\Omega,\mathbf{A},\Pr)$ 上的随机向量，如果函数 $\Phi:\mathbf{R}^n\to[0,1]$ 满足

$$\Phi(x_1,x_2,\cdots,x_n)=\Pr\{\omega\in\Omega\mid\xi_1(\omega)\leqslant x_1,\xi_2(\omega)\leqslant x_2,\cdots,\xi_n(\omega)\leqslant x_n\}$$

则称 Φ 为随机向量 $(\xi_1,\xi_2,\cdots,\xi_n)$ 的联合概率分布函数。

定义 1.1.24　若对所有 $(x_1,x_2,\cdots,x_n)\in\mathbf{R}^n$，存在函数 $\phi:\mathbf{R}^n\to[0,+\infty)$ 满足

$$\Phi(x_1,x_2,\cdots,x_n)=\int_{-\infty}^{x_1}\int_{-\infty}^{x_2}\cdots\int_{-\infty}^{x_n}\phi(y_1,y_2,\cdots,y_n)dy_1dy_2\cdots dy_n$$

则称 ϕ 为随机向量 $(\xi_1,\xi_2,\cdots,\xi_n)$ 的联合概率密度函数。

1.1.4 独立性

定义 1.1.25 随机变量 $\xi_1,\xi_2,\cdots,\xi_m$ 称作相互独立的,若对任意 Borel 集 B_1, $B_2,\cdots,B_m$, 有

$$\Pr\left\{\bigcap_{i=1}^{m}\{\xi_i \in B_i\}\right\} = \prod_{i=1}^{m}\Pr\{\xi_i \in B_i\}$$

例 1.1.8 设 $\xi_1(\omega_1)$ 和 $\xi_2(\omega_2)$ 分别是概率空间 $(\boldsymbol{\Omega}_1,\mathbf{A}_1,\Pr_1)$ 和 $(\boldsymbol{\Omega}_2,\mathbf{A}_2,\Pr_2)$ 上的随机变量。因此它们也是乘积概率空间 $(\boldsymbol{\Omega}_1,\mathbf{A}_1,\Pr_1)\times(\boldsymbol{\Omega}_2,\mathbf{A}_2,\Pr_2)$ 上的随机变量。对于任意 Borel 集 B_1 和 B_2, 有

$$\begin{aligned}
&\Pr\{(\xi_1\in B_1)\cap(\xi_2\in B_2)\}\\
&=\Pr\{(\omega_1,\omega_2)\mid\xi_1(\omega_1)\in B_1,\xi_2(\omega_2)\in B_2\}\\
&=\Pr\{(\omega_1\mid\xi_1(\omega_1)\in B_1)\times(\omega_2\mid\xi_2(\omega_2)\in B_2)\}\\
&=\Pr_1\{\omega_1\mid\xi_1(\omega_1)\in B_1\}\times\Pr_2\{\omega_2\mid\xi_2(\omega_2)\in B_2\}\\
&=\Pr\{\xi_1\in B_1\}\times\Pr_2\{\xi_2\in B_2\}
\end{aligned}$$

因此 ξ_1 和 ξ_2 在乘积概率空间上是独立的。实际上,若随机变量定义在不同的概率空间上,则它们总是独立的。

定理 1.1.7 若 $\xi_1,\xi_2,\cdots,\xi_n$ 是相互独立的随机变量,$f_1,f_2,\cdots,f_n$ 是可测函数,则 $f_1(\xi_1),f_2(\xi_2),\cdots,f_n(\xi_n)$ 也是相互独立的随机变量。

定理 1.1.8 若 $\xi_1,\xi_2,\cdots,\xi_n$ 是相互独立的随机变量,概率分布分别为 $\Phi_1,\Phi_2,\cdots,\Phi_n$,$f:\mathbf{R}^n\to\mathbf{R}$ 为可测函数,则随机变量 $\xi=f(\xi_1,\xi_2,\cdots,\xi_n)$ 的概率分布为

$$\Phi(x)=\int_{f(x_1,x_2,\cdots,x_n)\leqslant x}\mathrm{d}\Phi_1(x_1)\,\mathrm{d}\Phi_2(x_2)\cdots\mathrm{d}\Phi_n(x_n)$$

注 1.1.1 若 $\xi_1,\xi_2,\cdots,\xi_n$ 的概率密度函数分别为 $\phi_1,\phi_2,\cdots,\phi_n$, 则 $\xi=f(\xi_1,\xi_2,\cdots,\xi_n)$ 的概率分布为

$$\Phi(x)=\int_{f(x_1,x_2,\cdots,x_n)\leqslant x}\phi_1(x_1)\phi_2(x_2)\cdots\phi_n(x_n)\,\mathrm{d}x_1\mathrm{d}x_2\cdots\mathrm{d}x_n$$

因为 $\mathrm{d}\Phi_i(x_i)=\phi_i(x_i)\,\mathrm{d}x_i\,(i=1,2,\cdots,n)$。

例 1.1.9 设 $\xi_1,\xi_2,\cdots,\xi_n$ 为相互独立的随机变量,且它们的概率分布分别为 $\Phi_1,\Phi_2,\cdots,\Phi_n$, 则它们的和

$$\xi=\xi_1+\xi_2+\cdots+\xi_n$$

的概率分布为

$$\Phi(x)=\int_{x_1+x_2+\cdots+x_n\leqslant x}\mathrm{d}\Phi_1(x_1)\,\mathrm{d}\Phi_2(x_2)\cdots\mathrm{d}\Phi_n(x_n)$$

特别地,若随机变量 ξ_1 和 ξ_2 的概率分布分别为 Φ_1 和 Φ_2, 则 $\xi=\xi_1+\xi_2$ 的概率分

布为

$$\Phi(x)=\int_{-\infty}^{+\infty}\Phi_1(x-y)\,\mathrm{d}\Phi_2(y)$$

即函数 Φ_1 和 Φ_2 的卷积。

例 1.1.10　设 $\xi_1,\xi_2,\cdots,\xi_n$ 为相互独立的随机变量,且它们的概率分布分别为 $\Phi_1,\Phi_2,\cdots,\Phi_n$,则其最大值

$$\xi=\xi_1\vee\xi_2\vee\cdots\vee\xi_n$$

的概率分布为

$$\Phi(x)=\Phi_1(x)\Phi_2(x)\cdots\Phi_n(x)$$

例 1.1.11　设 $\xi_1,\xi_2,\cdots,\xi_n$ 为相互独立的随机变量,且它们的概率分布分别为 $\Phi_1,\Phi_2,\cdots,\Phi_n$,则其最小值

$$\xi=\xi_1\wedge\xi_2\wedge\cdots\wedge\xi_n$$

的概率分布为

$$\Phi(x)=1-(1-\Phi_1(x))(1-\Phi_2(x))\cdots(1-\Phi_n(x))$$

1.1.5　同分布

定义 1.1.26　随机变量 ξ 和 η 被称作同分布的,若对任意 Borel 集 B, 有

$$\Pr\{\xi\in B\}=\Pr\{\eta\in B\}$$

定理 1.1.9　随机变量 ξ 和 η 被称作同分布的,当且仅当它们有相同的概率分布。

定理 1.1.10　令 ξ 和 η 为随机变量且它们的概率密度函数存在,则 ξ 和 η 被称作同分布的,当且仅当它们有相同的概率密度函数。

1.1.6　期望值

定义 1.1.27　设 ξ 是随机变量,ξ 的期望值定义为

$$E[\xi]=\int_0^{+\infty}\Pr\{\xi\geqslant x\}\,\mathrm{d}x-\int_{-\infty}^{0}\Pr\{\xi\leqslant x\}\,\mathrm{d}x$$

只要两个积分至少有一个是有限的。

例 1.1.12　假设 ξ 是离散型随机变量,取值为 x_i 的概率为 $p_i(i=1,2,\cdots,m)$,那么

$$E[\xi]=\sum_{i=1}^{m}p_ix_i$$

例 1.1.13　若随机变量 $\xi\sim U(a,b)$,则 $E[\xi]=\dfrac{a+b}{2}$。

例 1.1.14　若随机变量 $\xi\sim\exp\left(\dfrac{1}{\beta}\right)$, 则 $E[\xi]=\beta$。

例 1.1.15 若随机变量 $\xi\sim N(\mu,\sigma^2)$，则 $E[\xi]=\mu$。

定理 1.1.11 若随机变量 ξ 的概率分布为 Φ，则

$$E[\xi]=\int_0^{+\infty}(1-\Phi(x))\mathrm{d}x-\int_{-\infty}^0\Phi(x)\mathrm{d}x$$

定理 1.1.12 若随机变量 ξ 的概率分布为 Φ，则

$$E[\xi]=\int_{-\infty}^{+\infty}x\mathrm{d}\Phi(x)$$

注 1.1.2 设 $\phi(x)$ 是随机变量 ξ 的概率密度函数，则有

$$E[\xi]=\int_{-\infty}^{+\infty}x\phi(x)\mathrm{d}x$$

因为 $\mathrm{d}\Phi(x)=\phi(x)\mathrm{d}x$。

定理 1.1.13 设 $\xi_1,\xi_2,\cdots,\xi_n$ 是相互独立的随机变量，其概率分布分别为 $\Phi_1,\Phi_2,\cdots,\Phi_n$，且 $f:\mathbf{R}^n\to\mathbf{R}$ 为可测函数，那么 $\xi=f(\xi_1,\xi_2,\cdots,\xi_n)$ 的期望值为

$$E[\xi]=\int_{\mathbf{R}^n}f(x_1,x_2,\cdots,x_n)\mathrm{d}\Phi_1(x_1)\mathrm{d}\Phi_2(x_2)\cdots\mathrm{d}\Phi_n(x_n)$$

定理 1.1.14 设 $\xi_1,\xi_2,\cdots,\xi_n$ 是相互独立的随机变量，其概率密度函数分别为 $\phi_1,\phi_2,\cdots,\phi_n$，且 $f:\mathbf{R}^n\to\mathbf{R}$ 是可测函数，那么 $\xi=f(\xi_1,\xi_2,\cdots,\xi_n)$ 的期望值为

$$E[\xi]=\int_{\mathbf{R}^n}f(x_1,x_2,\cdots,x_n)\phi_1(x_1)\phi_2(x_2)\cdots\phi_n(x_n)\mathrm{d}x_1\mathrm{d}x_2\cdots\mathrm{d}x_n$$

定理 1.1.15 设 ξ 和 η 是相互独立的随机变量且期望值有限，那么

$$E[\xi\eta]=E[\xi]E[\eta]$$

定理 1.1.16 设 ξ 和 η 是随机变量且存在有限期望值，则对任意实数 a 和 b，有

$$E[a\xi+b\eta]=aE[\xi]+bE[\eta]$$

定理 1.1.17 设 ξ 是随机变量，t 是一个正数。若 $E[|\xi|^t]<+\infty$，则

$$\lim_{x\to+\infty}x^t\Pr\{|\xi|\geqslant x\}=0$$

相反地，若对于某些 $t>0$，随机变量 ξ 满足

$$\lim_{x\to+\infty}x^t\Pr\{|\xi|\geqslant x\}=0$$

则对于任意 $0\leqslant s<t$，有 $E[|\xi|^s]<+\infty$。

例 1.1.16 在定理 1.1.17 中，$\lim\limits_{x\to+\infty}x^t\Pr\{|\xi|\geqslant x\}=0$ 成立并不能保证 $E[|\xi|^t]<+\infty$。我们可以构造一个随机变量

$$\xi=\sqrt[t]{\frac{2^i}{i}},\ 概率=\frac{1}{2^i},\quad i=1,2,\cdots$$

易见

$$\lim_{x\to+\infty}x^t\Pr\{\xi\geqslant x\}=\lim_{n\to+\infty}\left(\sqrt[t]{\frac{2^n}{n}}\right)^t\sum_{i=n}^{+\infty}\frac{1}{2^i}=\lim_{n\to+\infty}\frac{2}{n}=0$$

然而，ξ^t 的期望值为

$$E[\xi^t] = \sum_{i=1}^{+\infty}\left(\sqrt[t]{\frac{2^i}{i}}\right)^t \cdot \frac{1}{2^i} = \sum_{i=1}^{+\infty}\frac{1}{i} = +\infty$$

定理 1.1.18　设 ξ 为随机变量，f 为非负函数。若 f 是在 $(0,+\infty]$ 上递增的偶函数，则对任意给定的 $t>0$，有

$$\Pr\{|\xi| \geqslant t\} \leqslant \frac{E[f(\xi)]}{f(t)}$$

定理 1.1.19(Markov 不等式)　设 ξ 为随机变量，则对于任意给定 $t>0$ 和 $p>0$，有

$$\Pr\{|\xi| \geqslant t\} \leqslant \frac{E[|\xi|^p]}{t^p}$$

1.1.7　条件概率

若我们考虑某事件 B 发生之后事件 A 发生的概率，则这种概率称为条件概率。

定义 1.1.28　设 $(\mathbf{\Omega},\mathbf{A},\Pr)$ 为概率空间，$A,B\in\mathbf{A}$。若 $\Pr\{B\}>0$，则在 B 条件下 A 发生的概率定义为

$$\Pr\{A|B\} = \frac{\Pr\{A\cap B\}}{\Pr\{B\}}$$

例 1.1.17　设 ξ 为服从指数分布的随机变量，其期望值为 β，那么对于任意实数 $a>0$ 和 $x>0$，在给定 $\xi\geqslant a$ 的条件下 $\xi\geqslant a+x$ 的概率为

$$\Pr\{\xi\geqslant a+x|\xi\geqslant a\} = \exp\{-x/\beta\} = \Pr\{\xi\geqslant x\}$$

这意味着条件概率和原概率是相同的，即指数分布具有无记忆性。

定理 1.1.20(Bayes 公式)　事件 $A_1,A_2,\cdots,A_n$ 构成空间 Ω 的划分，且 $\Pr\{A_i\}>0$ $(i=1,2,\cdots,n)$，若有事件 B 的概率 $\Pr\{B\}>0$，则

$$\Pr\{A_k|B\} = \frac{\Pr\{A_k\}\Pr\{B|A_k\}}{\sum_{i=1}^{n}\Pr\{A_i\}\Pr\{B|A_i\}},\quad k=1,2,\cdots,n$$

注 1.1.3　特别地，假设事件 A 和 B 分别有概率 $\Pr\{A\}>0$ 和 $\Pr\{B\}>0$。另有空间 Ω 上的划分 A 和 A^c，由 Bayes 公式可知

$$\Pr\{A|B\} = \frac{\Pr\{A\}\Pr\{B|A\}}{\Pr\{B\}}$$

注 1.1.4　在统计应用中，事件 $A_1,A_2,\cdots,A_n$ 通常称作假设。此外，对于每个 i，$\Pr\{A_i\}$ 称作 A_i 的先验概率。$\Pr\{A_i|B\}$ 称作事件 B 发生后 A_i 的后验概率。

定义 1.1.29　在给定 $B,\Pr\{B\}>0$ 的前提下，随机变量 ξ 的条件概率分布 Φ：

$\mathbf{R}\to[0,1]$定义为

$$\Phi(x|B)=\Pr\{\xi\leqslant x|B\}$$

例 1.1.18 设ξ和η为随机变量。给定$\eta=y,\Pr\{\eta=y\}>0$的前提下,ξ的条件概率分布为

$$\Phi(x|\eta=y)=\Pr\{\xi\leqslant x|\eta=y\}=\frac{\Pr\{\xi\leqslant x,\eta=y\}}{\Pr\{\eta=y\}}$$

定义 1.1.30 在给定B的前提下,随机变量ξ的条件概率密度函数ϕ定义为一非负函数且满足

$$\Phi(x|B)=\int_{-\infty}^{x}\phi(y|B)\mathrm{d}y,\quad\forall x\in\mathbf{R}$$

其中$\Phi(x|B)$为给定B时,ξ的条件概率分布。

例 1.1.19 设随机向量(ξ,η)的联合概率密度函数为ψ,那么ξ和η的边缘概率密度函数分别为

$$f(x)=\int_{-\infty}^{+\infty}\psi(x,y)\mathrm{d}y,\quad g(y)=\int_{-\infty}^{+\infty}\psi(x,y)\mathrm{d}x$$

因此,有

$$\Pr\{\xi\leqslant x,\eta\leqslant y\}=\int_{-\infty}^{x}\int_{-\infty}^{y}\psi(r,t)\mathrm{d}r\mathrm{d}t=\int_{-\infty}^{y}\left[\int_{-\infty}^{x}\frac{\psi(r,t)}{g(t)}\mathrm{d}r\right]g(t)\mathrm{d}t$$

我们也可得到给定$\eta=y$时,ξ的条件概率分布

$$\Phi(x|\eta=y)=\int_{-\infty}^{x}\frac{\psi(r,y)}{g(y)}\mathrm{d}r,\quad a.s.$$

以及给定$\eta=y$时,ξ的条件概率密度函数

$$\phi(x|\eta=y)=\frac{\psi(x,y)}{g(y)}=\frac{\psi(x,y)}{\int_{-\infty}^{+\infty}\psi(x,y)\mathrm{d}x},\quad a.s.$$

其中$g(y)\neq0$。实际上,集合$\{y|g(y)=0\}$的概率为0。特别地,若ξ和η是相互独立的随机变量,那么$\psi(x,y)=f(x)g(y)$, $\phi(x|\eta=y)=f(x)$。

1.1.8 随机变量的序

为了度量随机变量之间的大小关系,我们还需要介绍随机序列的概念。

定义 1.1.31 随机变量的集合$\mathscr{F}$称为全序集当且仅当对于任意给定$\xi_1,\xi_2\in\mathbf{F}$, $r\in\mathbf{R}$,有

$$\Pr\{\xi_1\leqslant r\}\leqslant\Pr\{\xi_2\leqslant r\},\quad\xi_2\leqslant_d\xi_1$$

或

$$\Pr\{\xi_1\leqslant r\}\geqslant\Pr\{\xi_2\leqslant r\},\quad\xi_1\leqslant_d\xi_2$$

成立。

定理 1.1.21　对于任意给定 $\xi_1,\xi_2 \in \mathbf{F}$，有

$$E[\xi_1] \leqslant E[\xi_2] \Leftrightarrow \xi_1 \leqslant_d \xi_2$$

1.2　模糊理论

可信性理论是描述模糊现象的数学分支。最早研究模糊现象的理论为模糊集，模糊集的概念最早是由 Zadeh[21] 在 1965 年提出的。为了度量模糊事件，Zadeh[22] 在 1978 年提出了可能性测度的概念。虽然可能性测度被广泛使用，但是它并不具备自对偶性，而自对偶性在理论上和实践中都是极为重要的。为此，Liu 等[6] 在 2003 年提出了可信性测度。

1.2.1　可信性测度

设 Θ 为一个非空集合，$\mathbf{P}(\Theta)$ 为 Θ 的幂集。$\mathbf{P}(\Theta)$ 中的元素 A 被称作事件。为了描述可信性的公理化定义，有必要对每个事件 A 分配一个数值 Cr 表示事件 A 发生的可信性。为了确保数值 Cr 有某种数学性质，Liu 等[5] 提出了以下 5 条公理：

公理 1.2.1　$\mathrm{Cr}\{\Theta\}=1$。

公理 1.2.2　Cr 是单调递增的，即当 $A\subseteq B$ 时有 $\mathrm{Cr}\{A\} \leqslant \mathrm{Cr}\{B\}$。

公理 1.2.3　Cr 是自对偶的，即对任意 $A\in\mathbf{P}(\Theta)$ 有 $\mathrm{Cr}\{A\}+\mathrm{Cr}\{A^c\}=1$。

公理 1.2.4　对于任意的 $\{A_i\}$，$\mathrm{Cr}\{A_i\} \leqslant 0.5$，有 $\mathrm{Cr}\{\cup_i A_i\} \wedge 0.5=\sup_i \mathrm{Cr}\{A_i\}$。

公理 1.2.5　设 Θ_k 为一个非空集合，Cr_k 满足前 4 条公理（$k=1,2,\cdots,n$），并且 $\Theta=\Theta_1\times\Theta_2\times\cdots\times\Theta_n$，则对于每个 $(\theta_1,\theta_2,\cdots,\theta_n)\in\Theta$，都有

$$\mathrm{Cr}\{(\theta_1,\theta_2,\cdots,\theta_n)\}=\mathrm{Cr}_1\{\theta_1\} \wedge \mathrm{Cr}_2\{\theta_2\} \wedge \cdots \wedge \mathrm{Cr}_n\{\theta_n\}$$

定义 1.2.1　若集函数 Cr 满足前 4 条公理，则称 Cr 为可信性测度。

定理 1.2.1　设 Θ 为非空集合，$\mathbf{P}(\Theta)$ 为 Θ 的幂集且 Cr 为可信性测度，那么对于任意 $A\in\mathbf{P}(\Theta)$，都有 $\mathrm{Cr}\{\theta\}=0$ 和 $0\leqslant \mathrm{Cr}\{A\} \leqslant 1$。

定理 1.2.2（可信性次可加定理）　可信性测度是次可加性的，即对于任意事件 $(A,B)\in\mathbf{P}(\Theta)$，都有

$$\mathrm{Cr}\{A\cup B\} \leqslant \mathrm{Cr}\{A\}+\mathrm{Cr}\{B\}$$

定义 1.2.2　设 Θ 为非空集合，$\mathbf{P}(\Theta)$ 为 Θ 的幂集，Cr 为可信性测度，那么三元组 $(\Theta,\mathbf{P}(\Theta),\mathrm{Cr})$ 称为可信性空间。

定理 1.2.3（乘积可信性定理）　设 Θ_k 为非空集合，Cr_k 分别为 $\mathbf{P}(\Theta_k)$（$k=1,2,\cdots,n$）上的可信性测度。设 $\Theta=\Theta_1\times\Theta_2\times\cdots\times\Theta_n$。由公理 1.2.5 定义的 $\mathrm{Cr}=\mathrm{Cr}_1 \wedge \mathrm{Cr}_2 \wedge \cdots \wedge \mathrm{Cr}_n$ 在 $\mathbf{P}(\Theta)$ 上具有如下唯一的可信性测度，即对于任意 $A\in\mathbf{P}(\Theta)$，有

$$\operatorname{Cr}\{A\}=\begin{cases}\sup\limits_{(\theta_1,\theta_2,\cdots,\theta_n)\in A}\min\limits_{1\leqslant k\leqslant n}\operatorname{Cr}_k\{\theta_k\}, & \sup\limits_{(\theta_1,\theta_2,\cdots,\theta_n)\in A}\min\limits_{1\leqslant k\leqslant n}\operatorname{Cr}_k\{\theta_k\}<0.5\\ 1-\sup\limits_{(\theta_1,\theta_2,\cdots,\theta_n)\in A^c}\min\limits_{1\leqslant k\leqslant n}\operatorname{Cr}_k\{\theta_k\}, & \sup\limits_{(\theta_1,\theta_2,\cdots,\theta_n)\in A}\min\limits_{1\leqslant k\leqslant n}\operatorname{Cr}_k\{\theta_k\}\geqslant 0.5\end{cases}$$

定义 1.2.3 设$(\Theta_k,\mathbf{P}(\Theta_k),\operatorname{Cr}_k)(k=1,2,\cdots,n)$为可信性空间，$\Theta=\Theta_1\times\Theta_2\times\cdots\times\Theta_n$ 且 $\operatorname{Cr}=\operatorname{Cr}_1\wedge\operatorname{Cr}_2\wedge\cdots\wedge\operatorname{Cr}_n$，那么$(\Theta,\mathbf{P}(\Theta),\operatorname{Cr})$称为$(\Theta_k,\mathbf{P}(\Theta_k),\operatorname{Cr}_k)(k=1,2,\cdots,n)$上的乘积可信性空间。

定理 1.2.4(无限乘积可信性定理) 若 Θ_k 为非空集合，Cr_k 为 $\mathbf{P}(\Theta_k)(k=1,2,\cdots)$上的可信性测度。设 $\Theta=\Theta_1\times\Theta_2\times\cdots$，则

$$\operatorname{Cr}\{A\}=\begin{cases}\sup\limits_{(\theta_1,\theta_2,\cdots)\in A}\inf\limits_{1\leqslant k\leqslant+\infty}\operatorname{Cr}_k\{\theta_k\}, & \sup\limits_{(\theta_1,\theta_2,\cdots)\in A}\inf\limits_{1\leqslant k<+\infty}\operatorname{Cr}_k\{\theta_k\}<0.5\\ 1-\sup\limits_{(\theta_1,\theta_2,\cdots)\in A^c}\inf\limits_{1\leqslant k\leqslant+\infty}\operatorname{Cr}_k\{\theta_k\}, & \sup\limits_{(\theta_1,\theta_2,\cdots)\in A}\inf\limits_{1\leqslant k<+\infty}\operatorname{Cr}_k\{\theta_k\}\geqslant 0.5\end{cases}$$

为 $\mathbf{P}(\Theta)$上的可信性测度。

定义 1.2.4 设$(\Theta_k,\mathbf{P}(\Theta_k),\operatorname{Cr}_k)(k=1,2,\cdots)$为可信性空间。定义 $\Theta=\Theta_1\times\Theta_2\times\cdots$ 及 $\operatorname{Cr}=\operatorname{Cr}_1\wedge\operatorname{Cr}_2\wedge\cdots$，则$(\Theta,\mathbf{P}(\Theta),\operatorname{Cr})$称为$(\Theta_k,\mathbf{P}(\Theta_k),\operatorname{Cr}_k)(k=1,2,\cdots)$上的无限乘积可信性空间。

1.2.2 模糊变量

定义 1.2.5 模糊变量定义为从可信性空间$(\Theta,\mathbf{P}(\Theta),\operatorname{Cr})$到实数集上的函数。

例 1.2.1 设 $\Theta=\{\theta_1,\theta_2\}$，$\operatorname{Cr}\{\theta_1\}=\operatorname{Cr}\{\theta_2\}=0.5$，则$(\Theta,\mathbf{P}(\Theta),\operatorname{Cr})$为可信性空间，函数

$$\xi(\theta)=\begin{cases}0, & \theta=\theta_1\\ 1, & \theta=\theta_2\end{cases}$$

为模糊变量。

例 1.2.2 设 $\Theta=[0,1]$，对每个 $\theta\in\Theta$，$\operatorname{Cr}\{\theta\}=\theta/2$，则$(\Theta,\mathbf{P}(\Theta),\operatorname{Cr})$为可信性空间且恒等函数 $\xi(\theta)=\theta$ 为模糊变量。

例 1.2.3 一个确定数值 c 可视为一个特殊的模糊变量。实际上，它是可信性空间$(\Theta,\mathbf{P}(\Theta),\operatorname{Cr})$上的常函数 $\xi(\theta)\equiv c$。

定义 1.2.6 设 ξ 为定义在可信性空间$(\Theta,\mathbf{P}(\Theta),\operatorname{Cr})$上的模糊变量，那么集合

$$\xi_\alpha=\{\xi(\theta)\mid\theta\in\Theta,\ \operatorname{Cr}\{\theta\}\geqslant\alpha/2\}$$

称作 ξ 的 α-水平截集。

定义 1.2.7 模糊变量 ξ 被称作：

(1) 非负模糊变量,若 $\text{Cr}\{\xi<0\}=0$;

(2) 正的模糊变量,若 $\text{Cr}\{\xi\leqslant 0\}=0$;

(3) 连续的模糊变量,若 $\text{Cr}\{\xi=x\}$ 关于 x 是连续的函数;

(4) 简单的模糊变量,若存在有限序列 $\{x_1,x_2,\cdots,x_m\}$ 使得 $\text{Cr}\{\xi\neq x_1,\xi\neq x_2,\cdots,\xi\neq x_m\}=0$;

(5) 离散的模糊变量,若存在可数序列 $\{x_1,x_2,\cdots\}$ 使得 $\text{Cr}\{\xi\neq x_1,\xi\neq x_2,\cdots\}=0$。

定义 1.2.8 设 ξ 和 η 为定义在可信性空间 $(\Theta,\mathbf{P}(\Theta),\text{Cr})$ 上的模糊变量,那么 $\xi=\eta$ 当且仅当对于每个 $\theta\in\Theta$, 都有 $\xi(\theta)=\eta(\theta)$。

定义 1.2.9 n 维模糊向量定义为从可信性空间 $(\Theta,\mathbf{P}(\Theta),\text{Cr})$ 到 n 维实数向量集合的函数。

定理 1.2.5 向量 $(\xi_1,\xi_2,\cdots,\xi_n)$ 为模糊向量,当且仅当 $\xi_1,\xi_2,\cdots,\xi_n$ 为模糊变量。

定义 1.2.10(单一可信性空间上的模糊运算) 设 $f:\mathbf{R}^n\to\mathbf{R}$ 为一函数,$\xi_1,\xi_2,\cdots,\xi_n$ 为可信性空间 $(\Theta,\mathbf{P}(\Theta),\text{Cr})$ 上的模糊变量,那么 $\xi=f(\xi_1,\xi_2,\cdots,\xi_n)$ 为一模糊变量且对任意 $\theta\in\Theta$, 有

$$\xi(\theta)=f(\xi_1(\theta),\xi_2(\theta),\cdots,\xi_n(\theta))$$

例 1.2.4 设 ξ_1,ξ_2 为定义在可信性空间 $(\Theta,\mathbf{P}(\Theta),\text{Cr})$ 上的模糊变量,则 ξ_1 与 ξ_2 的和为

$$(\xi_1+\xi_2)(\theta)=\xi_1(\theta)+\xi_2(\theta),\quad \forall\theta\in\Theta$$

ξ_1 与 ξ_2 的乘积为

$$(\xi_1\times\xi_2)(\theta)=\xi_1(\theta)\times\xi_2(\theta),\quad \forall\theta\in\Theta$$

定义 1.2.11(不同可信性空间上的模糊运算) 设 $f:\mathbf{R}^n\to\mathbf{R}$ 为一函数,ξ_i 为定义在可信性空间 $(\Theta_i,\mathbf{P}(\Theta_i),\text{Cr}_i)\ (i=1,2,\cdots,n)$ 上的模糊变量,则 $\xi=f(\xi_1,\xi_2,\cdots,\xi_n)$ 为定义在可信性空间 $(\Theta,\mathbf{P}(\Theta),\text{Cr})$ 上的模糊变量且对于任意 $(\theta_1,\theta_2,\cdots,\theta_n)\in\Theta$, 都有

$$\xi(\theta_1,\theta_2,\cdots,\theta_n)=f(\xi_1(\theta_1),\xi_2(\theta_2),\cdots,\xi_n(\theta_n))$$

例 1.2.5 设 ξ_1 和 ξ_2 分别为定义在可信性空间 $(\Theta_1,\mathbf{P}(\Theta_1),\text{Cr}_1)$ 及 $(\Theta_2,\mathbf{P}(\Theta_2),\text{Cr}_2)$ 上的模糊变量,则 ξ_1 与 ξ_2 的和为

$$(\xi_1+\xi_2)(\theta_1,\theta_2)=\xi_1(\theta_1)+\xi_2(\theta_2),\quad \forall(\theta_1,\theta_2)\in\Theta_1\times\Theta_2$$

ξ_1 与 ξ_2 的乘积为

$$(\xi_1\times\xi_2)(\theta_1,\theta_2)=\xi_1(\theta_1)\times\xi_2(\theta_2),\quad \forall(\theta_1,\theta_2)\in\Theta_1\times\Theta_2$$

1.2.3 隶属度函数

定义 1.2.12 设 ξ 为定义在可信性空间 $(\Theta,\mathbf{P}(\Theta),\text{Cr})$ 上的模糊变量,则其隶

属度函数可由可信性测度得出

$$\mu(x)=(2\mathrm{Cr}\{\xi=x\})\wedge 1,\quad x\in\mathbf{R}$$

定义 1.2.13 若 ξ 为模糊变量且 $\alpha\in(0,1]$，则称

$$\xi_\alpha^L=\inf\{x\mid\mu(x)\geqslant\alpha\}\quad 和\quad \xi_\alpha^U=\sup\{x\mid\mu(x)\geqslant\alpha\}$$

分别为 ξ 的 α-悲观值和 α-乐观值。

定理 1.2.6(可信性逆定理) 设 ξ 为模糊变量，其隶属度函数为 μ，那么对于任意实数集 $\mathbf{B}$，有

$$\mathrm{Cr}\{\xi\in\mathbf{B}\}=\frac{1}{2}\left(\sup_{x\in B}\mu(x)+1-\sup_{x\in B^c}\mu(x)\right)$$

例 1.2.6 设模糊变量 ξ 的隶属度函数为 μ。由定理 1.2.6 可得到以下等式：

$$\mathrm{Cr}\{\xi=x\}=\frac{1}{2}\left(\mu(x)+1-\sup_{y\neq x}\mu(y)\right),\quad \forall x\in\mathbf{R}$$

$$\mathrm{Cr}\{\xi\leqslant x\}=\frac{1}{2}\left(\sup_{y\leqslant x}\mu(y)+1-\sup_{y>x}\mu(y)\right),\quad \forall x\in\mathbf{R}$$

$$\mathrm{Cr}\{\xi\geqslant x\}=\frac{1}{2}\left(\sup_{y\geqslant x}\mu(y)+1-\sup_{y<x}\mu(y)\right),\quad \forall x\in\mathbf{R}$$

特别地，若 μ 是一个连续的函数，那么 $\mathrm{Cr}\{\xi=x\}=\mu(x)/2$。

定理 1.2.7(隶属度函数的充要条件) 若函数 $\mu:\mathbf{R}\to[0,1]$ 是隶属度函数，当且仅当 $\sup\mu(x)=1$。

定理 1.2.8 设 ξ 为模糊变量，其隶属度函数为 μ，那么它的 α-水平截集为

$$\xi_\alpha=\{x\mid x\in\mathbf{R},\mu(x)\geqslant\alpha\}$$

定理 1.2.9 隶属度函数为 μ 的模糊变量 ξ 是：

(1) 非负的，当且仅当对于所有 $x<0$，有 $\mu(x)=0$；

(2) 正的，当且仅当对于所有 $x\leqslant 0$，有 $\mu(x)=0$；

(3) 简单的，当且仅当 μ 在有限点上取非零值；

(4) 离散的，当且仅当 μ 在可数点上取非零值；

(5) 连续的，当且仅当 μ 是连续函数。

定义 1.2.14 模糊变量 ξ 为三角模糊变量，其隶属度函数为

$$\mu(x)=\begin{cases}\dfrac{x-a}{b-a}, & a\leqslant x\leqslant b\\[2ex] \dfrac{x-c}{b-c}, & b\leqslant x\leqslant c\\[2ex] 0, & 其他\end{cases}$$

记作 (a,b,c)，其中 a,b,c 为实数且 $a<b<c$。

定义 1.2.15 模糊变量 ξ 为梯形模糊变量，其隶属度函数为

$$\mu(x)=\begin{cases}\dfrac{x-a}{b-a}, & a\leqslant x\leqslant b\\ 1, & b\leqslant x\leqslant c\\ \dfrac{x-d}{c-d}, & c\leqslant x\leqslant d\\ 0, & \text{其他}\end{cases}$$

记作(a,b,c,d)，其中 a,b,c,d 为实数且 $a<b<c<d$。

1.2.4　可信性分布

定义 1.2.16　模糊变量 ξ 的可信性分布 $\Phi:\mathbf{R}\to[0,1]$定义为

$$\Phi(x)=\mathrm{Cr}\{\theta\in\Theta\mid\xi(\theta)\leqslant x\}$$

即 $\Phi(x)$为模糊变量 ξ 小于或等于 x 的可信度。一般来说,可信性分布 Φ 既不是左连续的,也不是右连续的。

定理 1.2.10　设模糊变量 ξ 的隶属度函数为 μ,那么它的可信性分布为

$$\Phi(x)=\frac{1}{2}[\sup_{y\leqslant x}\mu(y)+1-\sup_{y>x}\mu(y)],\quad\forall x\in\mathbf{R}$$

定理 1.2.11(可信性分布的充要条件)　函数 $\Phi:\mathbf{R}\to[0,1]$为可信性分布,当且仅当它是增函数并且满足以下两个条件:

(1) $\lim\limits_{x\to-\infty}\Phi(x)\leqslant 0.5\leqslant\lim\limits_{x\to+\infty}\Phi(x)$;

(2) 若$\lim\limits_{y\downarrow x}\Phi(y)>0.5$ 或 $\Phi(x)\geqslant 0.5$,则$\lim\limits_{y\downarrow x}\Phi(y)=\Phi(x)$。

例 1.2.7　设 a,b 是两个实数且 $0\leqslant a\leqslant 0.5\leqslant b\leqslant 1$，模糊变量有以下的隶属度函数:

$$\mu(x)=\begin{cases}2a, & x<0\\ 1, & x=0\\ 2-2b, & x>0\end{cases}$$

则它的分布函数为

$$\Phi(x)=\begin{cases}a, & x<0\\ b, & x\geqslant 0\end{cases}$$

也可得到

$$\lim_{x\to-\infty}\Phi(x)=a,\quad\lim_{x\to+\infty}\Phi(x)=b$$

定理 1.2.12　模糊变量的可信性分布是:

(1) 非负的,当且仅当对于所有 $x<0$,有 $\Phi(x)=0$;

(2) 正的,当且仅当对于所有 $x\leqslant 0$,有 $\Phi(x)=0$。

定理 1.2.13 设 ξ 是模糊变量,有

(1) 若 ξ 是简单的,则其可信性分布是简单函数;

(2) 若 ξ 是离散的,则其可信性分布是阶梯函数;

(3) 若 ξ 是连续的,则其可信性分布是连续函数。

例 1.2.8 定理 1.2.13 的逆命题却不为真。如若 ξ 是一个模糊变量,它的隶属度函数为

$$\mu(x)=\begin{cases}x, & 0\leqslant x\leqslant 1\\ 1, & \text{其他}\end{cases}$$

则它的可信性分布 $\Phi(x)\equiv 0.5$。很显然 $\Phi(x)$ 是简单的,连续的。但是模糊变量 ξ 既不是简单的,也不是连续的。

定义 1.2.17 模糊变量 ξ 的可信性密度函数 $\phi:\mathbf{R}\to[0,+\infty)$ 定义为满足

$$\Phi(x)=\int_{-\infty}^{x}\phi(y)\mathrm{d}y,\quad \forall x\in\mathbf{R};$$

$$\int_{-\infty}^{+\infty}\phi(y)\mathrm{d}y=1$$

的函数,其中 Φ 为模糊变量 ξ 的可信性分布。

例 1.2.9 三角模糊变量 (a,b,c) 的可信性分布为

$$\Phi(x)=\begin{cases}0, & x\leqslant a\\ \dfrac{x-a}{2(b-a)}, & a\leqslant x\leqslant b\\ \dfrac{x+c-2b}{2(c-b)}, & b\leqslant x\leqslant c\\ 1, & x\geqslant c\end{cases}$$

其可信性密度函数为

$$\phi(x)=\begin{cases}\dfrac{1}{2(b-a)}, & a\leqslant x\leqslant b\\ \dfrac{1}{2(c-b)}, & b\leqslant x\leqslant c\\ 0, & \text{其他}\end{cases}$$

例 1.2.10 梯形模糊变量 (a,b,c,d) 的可信性分布为

$$\Phi(x)=\begin{cases}0, & x\leqslant a\\ \dfrac{x-a}{2(b-a)}, & a\leqslant x\leqslant b\\ \dfrac{1}{2}, & b\leqslant x\leqslant c\\ \dfrac{x+d-2c}{2(d-c)}, & c\leqslant x\leqslant d\\ 1, & x\geqslant d\end{cases}$$

其可信性密度函数为

$$\phi(x)=\begin{cases}\dfrac{1}{2(b-a)}, & a\leqslant x\leqslant b\\ \dfrac{1}{2(d-c)}, & c\leqslant x\leqslant d\\ 0, & \text{其他}\end{cases}$$

定理 1.2.14　设模糊变量 ξ 的密度函数 ϕ 存在,那么有

$$\int_{-\infty}^{+\infty}\phi(y)\,\mathrm{d}y = 1$$

$$\mathrm{Cr}\{\xi \leqslant x\} = \int_{-\infty}^{x}\phi(y)\,\mathrm{d}y$$

$$\mathrm{Cr}\{\xi \geqslant x\} = \int_{x}^{+\infty}\phi(y)\,\mathrm{d}y$$

例 1.2.11　与随机情况不同,一般来说,有

$$\mathrm{Cr}\{a \leqslant \xi \leqslant b\} \neq \int_{a}^{b}\phi(y)\,\mathrm{d}y$$

如一个梯形模糊变量 $\xi=(1,2,3,4)$, 则 $\mathrm{Cr}\{2\leqslant\xi\leqslant3\}=0.5$。但是当 $2\leqslant x\leqslant3$ 时, $\phi(x)=0$, 即

$$\int_{2}^{3}\phi(y)\,\mathrm{d}y = 0 \neq 0.5 = \mathrm{Cr}\{2 \leqslant \xi \leqslant 3\}$$

定义 1.2.18　设$(\xi_1,\xi_2,\cdots,\xi_n)$为模糊向量,则联合可信性分布 $\Phi:\mathbf{R}^n\to[0,1]$定义为

$$\Phi(x_1,x_2,\cdots,x_n)=\mathrm{Cr}\{\theta\in\Theta\,|\,\xi_1(\theta)\leqslant x_1,\xi_2(\theta)\leqslant x_2,\cdots,\xi_n(\theta)\leqslant x_n\}$$

定义 1.2.19　模糊向量$(\xi_1,\xi_2,\cdots,\xi_n)$的联合可信性密度函数 $\phi:\mathbf{R}^n\to[0,+\infty)$定义为,对所有$(x_1,x_2,\cdots,x_n)\in\mathbf{R}^n$, 满足

$$\Phi(x_1,x_2,\cdots,x_n) = \int_{-\infty}^{x_1}\int_{-\infty}^{x_2}\cdots\int_{-\infty}^{x_n}\phi(y_1,y_2,\cdots,y_n)\,\mathrm{d}y_1\mathrm{d}y_2\cdots\mathrm{d}y_n$$

和

$$\int_{-\infty}^{+\infty}\int_{-\infty}^{+\infty}\cdots\int_{-\infty}^{+\infty}\phi(y_1,y_2,\cdots,y_n)\mathrm{d}y_1\mathrm{d}y_2\cdots\mathrm{d}y_n=1$$

的函数,其中 Φ 是模糊向量$(\xi_1,\xi_2,\cdots,\xi_n)$的联合可信性分布。

1.2.5 独立性

定义 1.2.20 模糊变量 $\xi_1,\xi_2,\cdots,\xi_m$ 称作相互独立的,若对于 $\mathbf{R}$ 的任意集合 $\mathbf{B}_1,\mathbf{B}_2,\cdots,\mathbf{B}_m$, 有

$$\mathrm{Cr}\left\{\bigcap_{i=1}^{m}\{\xi_i\in\mathbf{B}_i\}\right\}=\min_{1\leqslant i\leqslant m}\mathrm{Cr}\{\xi_i\in\mathbf{B}_i\}$$

定理 1.2.15 模糊变量 $\xi_1,\xi_2,\cdots,\xi_m$ 为相互独立的,当且仅当对于 $\mathbf{R}$ 的任意集合 $\mathbf{B}_1,\mathbf{B}_2,\cdots,\mathbf{B}_m$, 有

$$\mathrm{Cr}\left\{\bigcup_{i=1}^{m}\{\xi_i\in\mathbf{B}_i\}\right\}=\max_{1\leqslant i\leqslant m}\mathrm{Cr}\{\xi_i\in\mathbf{B}_i\}$$

定理 1.2.16 设 $\xi_1,\xi_2,\cdots,\xi_m$ 为相互独立的模糊变量且 $f_i:\mathbf{R}\to\mathbf{R}(i=1,2,\cdots,m)$, 则 $f_1(\xi_1),f_2(\xi_2),\cdots,f_m(\xi_m)$也为相互独立的模糊变量。

定理 1.2.17 设 ξ 和 η 为相互独立的模糊变量,则有以下结论:

(1) 对所有的 $\alpha\in(0,1]$,有 $(\xi+\eta)_\alpha^L=\xi_\alpha^L+\eta_\alpha^L$;

(2) 对所有的 $\alpha\in(0,1]$,有 $(\xi+\eta)_\alpha^U=\xi_\alpha^U+\eta_\alpha^U$;

(3) 若 ξ 和 η 为正的模糊变量,则对所有的 $\alpha\in(0,1]$,有 $(\xi\cdot\eta)_\alpha^L=\xi_\alpha^L\cdot\eta_\alpha^L$;

(4) 若 ξ 和 η 为正的模糊变量,则对所有的 $\alpha\in(0,1]$,有 $(\xi\cdot\eta)_\alpha^U=\xi_\alpha^U\cdot\eta_\alpha^U$。

定理 1.2.18(Zadeh 扩展原理) 设 $\xi_1,\xi_2,\cdots,\xi_n$ 为相互独立的模糊变量,它们的隶属度函数分别为 $\mu_1,\mu_2,\cdots,\mu_n$,且函数 $f:\mathbf{R}^n\to\mathbf{R}$, 则 $\xi=f(\xi_1,\xi_2,\cdots,\xi_n)$的隶属度函数 μ 可由隶属度函数 $\mu_1,\mu_2,\cdots,\mu_n$ 得到,即对于任意 $x\in\mathbf{R}$, 有

$$\mu(x)=\sup_{x=f(x_1,x_2,\cdots,x_n)}\min_{1\leqslant i\leqslant n}\mu_i(x_i)$$

若不存在实数 $x_1,x_2,\cdots,x_n$, 使得 $x=f(x_1,x_2,\cdots,x_n)$, 则 $\mu(x)=0$。

例 1.2.12 设 ξ_1 及 ξ_2 为相互独立的模糊变量,它们的隶属度函数分别为 μ_1 及 μ_2, 则 $\xi_1+\xi_2$ 的隶属度函数为

$$\mu(x)=\sup_{y\in\Re}\mu_1(x-y)\wedge\mu_2(y)$$

例 1.2.13 由定理 1.2.18 可得,两个相互独立的梯形模糊变量 $\xi=(a_1,a_2,a_3,a_4)$及 $\eta=(b_1,b_2,b_3,b_4)$的和仍是梯形模糊变量且 $\xi+\eta=(a_1+b_1,a_2+b_2,a_3+b_3,a_4+b_4)$。梯形模糊变量 $\xi=(a_1,a_2,a_3,a_4)$和一个常数 λ 的乘积为

$$\lambda\cdot\xi=\begin{cases}(\lambda a_1,\lambda a_2,\lambda a_3,\lambda a_4), & \lambda\geqslant 0\\(\lambda a_4,\lambda a_3,\lambda a_2,\lambda a_1), & \lambda<0\end{cases}$$

即一个梯形模糊变量和一个常数的乘积仍然是一个梯形模糊变量。

定理 1.2.19(可信性逆定理)　设 $\xi_1,\xi_2,\cdots,\xi_n$ 为相互独立的模糊变量,其隶属度函数分别为 $\mu_1,\mu_2,\cdots,\mu_n$ 且函数 $f:\mathbf{R}^n\to\mathbf{R}$, 则对于 $\mathbf{R}$ 中的任意集合 $\mathbf{B}$,可信性测度为

$$\mathrm{Cr}\{f(\xi_1,\xi_2,\cdots,\xi_n)\in B\}=\frac{1}{2}\left[\sup_{f(x_1,x_2,\cdots,x_n)\in B}\min_{1\leqslant i\leqslant n}\mu_i(x_i)+1-\sup_{f(x_1,x_2,\cdots,x_n)\in B^c}\min_{1\leqslant i\leqslant n}\mu_i(x_i)\right]$$

1.2.6　同分布

定义 1.2.21　模糊变量 ξ 和 η 称为同分布的,若对于 $\mathbf{R}$ 中任意集合 $\mathbf{B}$, 有

$$\mathrm{Cr}\{\xi\in\mathbf{B}\}=\mathrm{Cr}\{\eta\in\mathbf{B}\}$$

定理 1.2.20　模糊变量 ξ 和 η 是同分布的,当且仅当 ξ 和 η 具有相同的隶属度函数。

定理 1.2.21　若 ξ 和 η 是同分布的模糊变量,那么 ξ 和 η 具有相同的可信性分布。

例 1.2.14　定理 1.2.21 的逆命题不正确。若模糊变量 ξ 和 η 有以下的隶属度函数,则

$$\mu_1(x)=\begin{cases}1.0, & x=0\\ 0.6, & x=1\\ 0.8, & x=2\end{cases}\qquad \mu_2(x)=\begin{cases}1.0, & x=0\\ 0.7, & x=1\\ 0.8, & x=2\end{cases}$$

易见,ξ 和 η 具有相同的可信性分布

$$\Phi(x)=\begin{cases}0, & x<0\\ 0.6, & 0\leqslant x<2\\ 1, & x\geqslant 2\end{cases}$$

但它们不是同分布的模糊变量。

定理 1.2.22　设模糊变量 ξ 和 η 的可信性密度函数存在,若 ξ 和 η 是同分布的模糊变量,那么 ξ 和 η 具有相同的可信性密度函数。

1.2.7　模糊期望值

定义 1.2.22　设 ξ 是模糊变量,那么 ξ 的期望值定义为

$$E[\xi]=\int_0^{+\infty}\mathrm{Cr}\{\xi\geqslant r\}\,\mathrm{d}r-\int_{-\infty}^0\mathrm{Cr}\{\xi\leqslant r\}\,\mathrm{d}r$$

若两个积分至少有一个积分是有限的,特别地,若 ξ 是一非负的模糊变量,则

$$E[\xi]=\int_0^{+\infty}\mathrm{Cr}\{\xi\geqslant r\}\,\mathrm{d}r$$

定理 1.2.23　设 ξ 为模糊变量,期望值 $E[\xi]$是有限的,则

$$E[\xi]=\frac{1}{2}\int_0^1[\xi_\alpha^L+\xi_\alpha^U]\,\mathrm{d}\alpha$$

其中 ξ_α^L 和 ξ_α^U 分别被称为 α-悲观值和 α-乐观值。

例 1.2.15 三角模糊变量 $\xi=(a,b,c)$ 的期望值为

$$E[\xi]=\frac{1}{4}(a+2b+c)$$

例 1.2.16 梯形模糊变量 $\xi=(a,b,c,d)$ 的期望值为

$$E[\xi]=\frac{1}{4}(a+b+c+d)$$

例 1.2.17 期望值运算的定义也适用于离散情形。设 ξ 为一简单的模糊变量,其隶属度函数为

$$\mu(x)=\begin{cases}\mu_1, & x=a_1\\ \mu_2, & x=a_2\\ \quad\vdots & \\ \mu_m, & x=a_m\end{cases}$$

不失一般性,设 $a_1,a_2,\cdots,a_m$ 为常数,由定义 1.2.22 可知,ξ 的期望值为

$$E[\xi]=\sum_{i=1}^{m}\omega_i a_i$$

其中 $\omega_i(i=1,2,\cdots,m)$ 可由

$$\omega_i=\frac{1}{2}\left[\max_{1\leqslant k\leqslant m}\{\mu_k \mid a_k\leqslant a_i\}-\max_{1\leqslant k\leqslant m}\{\mu_k \mid a_k<a_i\}+\max_{1\leqslant k\leqslant m}\{\mu_k \mid a_k\geqslant a_i\}-\max_{1\leqslant k\leqslant m}\{\mu_k \mid a_k>a_i\}\right]$$

给出。也可证明对于所有的 $\omega_i\geqslant 0$, 所有权重的和为 1。

例 1.2.18 设 ξ 为模糊变量,若它的隶属度函数为

$$\mu(x)=\begin{cases}0, & x<0\\ x, & 0\leqslant x\leqslant 1\\ 1, & x>1\end{cases}$$

则它的期望值为$+\infty$。若 ξ 的隶属度函数为

$$\mu(x)=\begin{cases}1, & x<0\\ 1-x, & 0\leqslant x\leqslant 1\\ 0, & x>1\end{cases}$$

那么它的期望值为$-\infty$。

例 1.2.19 对于一些模糊变量的期望值可能不存在。例如,模糊变量 ξ 的隶属度函数 $\mu(x)=1/(1+|x|)$ 没有期望值,因为两个积分

$$\int_0^{+\infty}\mathrm{Cr}\{\xi\geqslant r\}\mathrm{d}r \quad 和 \quad \int_{-\infty}^{0}\mathrm{Cr}\{\xi\leqslant r\}\mathrm{d}r$$

都是无限的。

定理 1.2.24　设模糊变量 ξ 的可信性密度函数 ϕ 存在。若勒贝格积分

$$\int_{-\infty}^{+\infty} x\phi(x)\mathrm{d}x$$

有限，则有

$$E[\xi] = \int_{-\infty}^{+\infty} x\phi(x)\mathrm{d}x$$

例 1.2.20　设模糊变量 ξ 的可信性分布为 Φ。一般来说，有

$$E[\xi] \neq \int_{-\infty}^{+\infty} x\mathrm{d}\Phi(x)$$

若模糊变量 ξ 的隶属度函数为

$$\mu(x)=\begin{cases}0, & x<0\\ x, & 0\leqslant x\leqslant 1\\ 1, & x>1\end{cases}$$

那么 $E[\xi]=+\infty$。但是

$$\int_{-\infty}^{+\infty} x\mathrm{d}\Phi(x) = \frac{1}{4} \neq +\infty$$

定理 1.2.25　设模糊变量 ξ 的可信性分布是 Φ。若

$$\lim_{x\to-\infty}\Phi(x)=0,\quad \lim_{x\to+\infty}\Phi(x)=1$$

且勒贝格积分

$$\int_{-\infty}^{+\infty} x\mathrm{d}\Phi(x)$$

是有限的，那么有

$$E[\xi] = \int_{-\infty}^{+\infty} x\mathrm{d}\Phi(x)$$

定理 1.2.26　设 ξ 和 η 是相互独立的模糊变量，且存在有限的期望值，那么对于任意常数 a,b，有

$$E[a\xi+b\eta]=aE[\xi]+bE[\eta]$$

例 1.2.21　当 ξ_1 和 ξ_2 不独立，定理 1.2.23 未必成立。例如 $\Theta=\{\theta_1,\theta_2,\theta_3\}$，$\mathrm{Cr}\{\theta_1\}=0.7$，$\mathrm{Cr}\{\theta_2\}=0.3$，$\mathrm{Cr}\{\theta_3\}=0.2$，若模糊变量定义为

$$\xi_1(\theta)=\begin{cases}1, & \theta=\theta_1\\ 0, & \theta=\theta_2;\\ 2, & \theta=\theta_3\end{cases}\quad \xi_2(\theta)=\begin{cases}0, & \theta=\theta_1\\ 2, & \theta=\theta_2\\ 3, & \theta=\theta_3\end{cases}$$

则有

$$(\xi_1+\xi_2)(\theta)=\begin{cases}1, & \theta=\theta_1\\ 2, & \theta=\theta_2\\ 5, & \theta=\theta_3\end{cases}$$

因此,$E[\xi_1]=0.9$,$E[\xi_2]=0.8$,$E[\xi_1+\xi_2]=1.9$,即可看出

$$E[\xi_1+\xi_2]>E[\xi_1]+E[\xi_2]$$

若模糊变量定义为

$$\xi_1(\theta)=\begin{cases}0, & \theta=\theta_1\\ 1, & \theta=\theta_2\\ 2, & \theta=\theta_3\end{cases};\quad \xi_2(\theta)=\begin{cases}0, & \theta=\theta_1\\ 3, & \theta=\theta_2\\ 1, & \theta=\theta_3\end{cases}$$

则有

$$(\xi_1+\xi_2)(\theta)=\begin{cases}0, & \theta=\theta_1\\ 4, & \theta=\theta_2\\ 3, & \theta=\theta_3\end{cases}$$

因此,有 $E[\xi_1]=0.5$,$E[\xi_2]=0.9$,$E[\xi_1+\xi_2]=1.2$,即可看出

$$E[\xi_1+\xi_2]<E[\xi_1]+E[\xi_2]$$

定义 1.2.23 设 ξ 为模糊变量且 $f:\mathbf{R}\to\mathbf{R}$ 为一函数,那么 $f(\xi)$ 的期望值为

$$E[f(\xi)]=\int_0^{+\infty}\mathrm{Cr}\{f(\xi)\geqslant r\}\,\mathrm{d}r-\int_{-\infty}^0\mathrm{Cr}\{f(\xi)\leqslant r\}\,\mathrm{d}r$$

1.3 随机模糊理论

随机模糊理论是用来描述随机模糊现象的数学分支。Liu[2] 提出的随机模糊变量定义为从可信性空间到随机变量集合的函数,换言之,随机模糊变量就是取值为随机变量的模糊变量。

1.3.1 随机模糊变量

定义 1.3.1 随机模糊变量是从可信性空间$(\Theta,\mathbf{P}(\Theta),\mathrm{Cr})$到随机变量集合的函数。

例 1.3.1 假设 $\eta_1,\eta_2,\cdots,\eta_m$ 为随机变量,$\mu_1,\mu_2,\cdots,\mu_m$ 为$[0,1]$之间的实数且有 $\mu_1\vee\mu_2\vee\cdots\vee\mu_m=1$,则

$$\xi=\begin{cases}\eta_1, & \text{隶属度为 }\mu_1\\ \eta_2, & \text{隶属度为 }\mu_2\\ \quad\vdots & \\ \eta_m, & \text{隶属度为 }\mu_m\end{cases}$$

是一个随机模糊变量。

例 1.3.2 设 η 是一个随机变量,$\tilde{a}$为定义在可信性空间$(\Theta,\mathbf{P}(\Theta),\mathrm{Cr})$上的

模糊变量,那么 $\xi=\eta+\tilde{a}$为一个随机模糊变量,定义为

$$\xi(\theta)=\eta+\tilde{a}(\theta),\quad \forall\theta\in\Theta$$

η 与$\tilde{a}$的乘积 $\xi=\eta\cdot\tilde{a}$也为一个随机模糊变量,定义为

$$\xi(\theta)=\eta\cdot\tilde{a}(\theta),\quad \forall\theta\in\Theta$$

例 1.3.3　设 $\xi\sim N(\rho,1)$,其中 ρ 为模糊变量,隶属度函数为 $\mu_\rho(x)=[1-|x-2|]\vee 0$,那么 ξ 是一个随机模糊变量,且其取值为正态分布的随机变量 $N(\rho,1)$。

例 1.3.4　在许多统计问题中,概率分布是完全已知的,但其中的参数往往是未知的。例如,某部件的寿命 ξ 是一个指数分布的变量,含有未知参数 β,并有以下形式的概率密度函数。

$$\phi(x)=\begin{cases}\dfrac{1}{\beta}\exp\left(-\dfrac{x}{\beta}\right), & x\geqslant 0\\ 0, & x<0\end{cases}$$

通常情况下,我们可以指定 β 为一个区间或给出近似估计值,但不能准确确定 β 的具体值。若将 β 的值视为模糊变量,那么 ξ 服从随机模糊二维指数分布,记作 $\xi\sim\mathrm{EXP}\left(\dfrac{1}{\beta}\right)$。

定义 1.3.2　若 ξ 为定义在可信性空间$(\Theta,\mathbf{P}(\Theta),\mathrm{Cr})$上的随机模糊变量,称 ξ 为非负的随机模糊变量,当且仅当 $\theta\in\Theta$ 且 $\mu_{\xi(\theta)}(x)>0$,有 $\Pr\{\xi(\theta)<0\}=0$。

定理 1.3.1　若 ξ 为定义在可信性空间$(\Theta,\mathbf{P}(\Theta),\mathrm{Cr})$上的随机模糊变量,对 $\forall\theta\in\Theta$,有

(1) 对 $\mathbf{R}$ 上的任何 Borel 集 B,概率 $\Pr\{\xi(\theta)\in B\}$ 为模糊变量;

(2) 若期望值 $E[\xi(\theta)]$有限,则 $E[\xi(\theta)]$为模糊变量。

定义 1.3.3　设 ξ 和 η 为定义在可信性空间$(\Theta,\mathbf{P}(\Theta),\mathrm{Cr})$上的随机模糊变量,那么 $\xi=\eta$,当且仅当对于所有的 $\theta\in\Theta$,$\xi(\theta)=\eta(\theta)$。

定义 1.3.4　一个 n 维随机模糊向量定义为从可信性空间$(\Theta,\mathbf{P}(\Theta),\mathrm{Cr})$到 n 维随机向量集的函数。

定理 1.3.2　向量$(\xi_1,\xi_2,\cdots,\xi_n)$为一个随机模糊向量,当且仅当 $\xi_1,\xi_2,\cdots,\xi_n$ 为随机模糊变量。

定理 1.3.3　设 ξ 是 n 维随机模糊向量且 $f:\mathbf{R}^n\to\mathbf{R}$ 为一可测函数,那么$f(\xi)$为一随机模糊变量。

定义 1.3.5(单一空间上的随机模糊运算)　设 $f:\mathbf{R}^n\to\mathbf{R}$ 为一可测函数,$\xi_1,\xi_2,\cdots,\xi_n$ 为可信性空间$(\Theta,\mathbf{P}(\Theta),\mathrm{Cr})$上的随机模糊变量,则 $\xi=f(\xi_1,\xi_2,\cdots,\xi_n)$也为随机模糊变量,定义为

$$\xi(\theta)=f(\xi_1(\theta),\xi_2(\theta),\cdots,\xi_n(\theta)),\quad \forall\theta\in\boldsymbol{\Theta}$$

例 1.3.5 设 ξ_1 和 ξ_2 是定义在可信性空间($\boldsymbol{\Theta},\mathbf{P}(\Theta)$,Cr)上的两个随机模糊变量,则 ξ_1 与 ξ_2 的和 $\xi=\xi_1+\xi_2$ 为随机模糊变量,定义为

$$\xi(\theta)=\xi_1(\theta)+\xi_2(\theta),\quad \forall\theta\in\boldsymbol{\Theta}$$

ξ_1 与 ξ_2 的乘积 $\xi=\xi_1\cdot\xi_2$ 也是一个随机模糊变量,定义为

$$\xi(\theta)=\xi_1(\theta)\cdot\xi_2(\theta),\quad \forall\theta\in\boldsymbol{\Theta}$$

定义 1.3.6(不同空间上的随机模糊运算) 设 $f:\mathbf{R}^n\to\mathbf{R}$ 为可测函数,ξ_i 分别为可信性空间($\boldsymbol{\Theta}_i,\mathbf{P}(\Theta_i),\mathrm{Cr}_i$)($i=1,2,\cdots,n$)上的随机模糊变量,则 $\xi=f(\xi_1,\xi_2,\cdots,\xi_n)$ 为定义在有限乘积可信性空间($\boldsymbol{\Theta},\mathbf{P}(\Theta)$,Cr)上的随机模糊变量,且对所有 $(\theta_1,\theta_2,\cdots,\theta_n)\in\boldsymbol{\Theta}$,都有

$$\xi(\theta_1,\theta_2,\cdots,\theta_n)=f(\xi_1(\theta_1),\xi_2(\theta_2),\cdots,\xi_n(\theta_n))$$

例 1.3.6 设 ξ_1 和 ξ_2 分别为定义在可信性空间($\boldsymbol{\Theta}_1,\mathbf{P}(\Theta_1),\mathrm{Cr}_1$)和($\boldsymbol{\Theta}_2,\mathbf{P}(\Theta_2),\mathrm{Cr}_2$)上的两个随机模糊变量,则 $\xi=\xi_1+\xi_2$ 为可信性空间($\boldsymbol{\Theta}_1\times\boldsymbol{\Theta}_2,\mathbf{P}(\Theta_1\times\Theta_2),\mathrm{Cr}_1\wedge\mathrm{Cr}_2$)上的随机模糊变量,定义为

$$\xi(\theta_1,\theta_2)=\xi_1(\theta_1)+\xi_2(\theta_2),\quad \forall(\theta_1,\theta_2)\in\boldsymbol{\Theta}_1\times\boldsymbol{\Theta}_2$$

$\xi=\xi_1\cdot\xi_2$ 为可信性空间($\boldsymbol{\Theta}_1\times\boldsymbol{\Theta}_2,\mathbf{P}(\Theta_1\times\Theta_2),\mathrm{Cr}_1\wedge\mathrm{Cr}_2$)上的随机模糊变量,定义为

$$\xi(\theta_1,\theta_2)=\xi_1(\theta_1)\cdot\xi_2(\theta_2),\quad \forall(\theta_1,\theta_2)\in\boldsymbol{\Theta}_1\times\boldsymbol{\Theta}_2$$

例 1.3.7 设 ξ_1 和 ξ_2 为两个随机模糊变量,定义为

$$\xi_1\sim\begin{cases}\mathcal{N}(\mu_1,\sigma_1^2), & \text{隶属度为 } 0.7\\ \mathcal{N}(\mu_2,\sigma_2^2), & \text{隶属度为 } 1.0\end{cases}$$

$$\xi_2\sim\begin{cases}\mathcal{N}(\mu_3,\sigma_3^2), & \text{隶属度为 } 1.0\\ \mathcal{N}(\mu_4,\sigma_4^2), & \text{隶属度为 } 0.8\end{cases}$$

那么两个随机模糊变量的和 $\xi=\xi_1+\xi_2$ 也为一个随机模糊变量,即

$$\xi\sim\begin{cases}\mathcal{N}(\mu_1+\mu_3,\sigma_1^2+\sigma_3^2), & \text{隶属度为 } 0.7\\ \mathcal{N}(\mu_1+\mu_4,\sigma_1^2+\sigma_4^2), & \text{隶属度为 } 0.7\\ \mathcal{N}(\mu_2+\mu_3,\sigma_2^2+\sigma_3^2), & \text{隶属度为 } 1.0\\ \mathcal{N}(\mu_2+\mu_4,\sigma_2^2+\sigma_4^2), & \text{隶属度为 } 0.8\end{cases}$$

1.3.2 平均机会测度

定义 1.3.7 设 ξ 为定义在可信性空间($\boldsymbol{\Theta},\mathbf{P}(\Theta)$,Cr)上随机模糊变量,随机模糊事件 $\{\xi\in\mathbf{B}\}$ 的平均机会 Ch 定义为

$$\mathrm{Ch}\{\xi \in \mathbf{B}\} = \int_0^1 \mathrm{Cr}\{\theta \in \mathbf{\Theta} \mid \mathrm{Pr}\{\xi(\theta) \in \mathbf{B}\} \geqslant p\} \mathrm{d}p$$

注 1.3.1　若 ξ 退化为随机变量，则 $\mathrm{Ch}\{\xi \in \mathbf{B}\}$ 退化为 $\mathrm{Pr}\{\xi \in \mathbf{B}\}$，即随机事件的概率测度。若 ξ 退化为模糊变量，则 $\mathrm{Ch}\{\xi \in \mathbf{B}\}$ 退化为 $\mathrm{Cr}\{\xi \in \mathbf{B}\}$，即模糊事件的可信性测度。

1.3.3　独立性

定义 1.3.8　随机模糊变量 $\xi_1,\xi_2,\cdots,\xi_n$ 称为相互独立的，如果满足

(1) 对于 $\forall \theta \in \mathbf{\Theta}$，$\xi_1(\theta),\xi_2(\theta),\cdots,\xi_n(\theta)$ 为相互独立的随机变量；

(2) $E[\xi_1(\cdot)],E[\xi_2(\cdot)],\cdots,E[\xi_n(\cdot)]$ 为相互独立的模糊变量。

注 1.3.2　若 $\xi_1,\xi_2,\cdots,\xi_n$ 为相互独立的随机模糊变量，则对任意实数 a_i 和 b_i $(i=1,2,\cdots,n)$ 有 $a_1\xi_1+b_1,a_2\xi_2+b_2,\cdots,a_n\xi_n+b_n$ 是相互独立的。

1.3.4　随机模糊期望值

定义 1.3.9　设 ξ 为定义在可信性空间 $(\mathbf{\Theta},\mathbf{P}(\mathbf{\Theta}),\mathrm{Cr})$ 上的随机模糊变量。那么 ξ 的期望值定义为

$$E[\xi] = \int_0^{+\infty} \mathrm{Cr}\{\theta \in \mathbf{\Theta} \mid E[\xi(\theta) \geqslant r]\} \mathrm{d}r - \int_{-\infty}^0 \mathrm{Cr}\{\theta \in \mathbf{\Theta} \mid E[\xi(\theta) \leqslant r]\} \mathrm{d}r$$

若以上两个积分至少有一个是有限的。特别地，若 ξ 为非负随机模糊变量，则

$$E[\xi] = \int_0^{+\infty} \mathrm{Cr}\{\theta \in \mathbf{\Theta} \mid E[\xi(\theta) \geqslant r]\} \mathrm{d}r$$

注 1.3.3　若随机模糊变量 ξ 退化为随机变量，则随机模糊期望值退化为

$$E[\xi] = \int_0^{+\infty} \mathrm{Pr}\{\xi \geqslant r\} \mathrm{d}r - \int_{-\infty}^0 \mathrm{Pr}\{\xi \leqslant r\} \mathrm{d}r$$

若随机模糊变量 ξ 退化为模糊变量，则随机模糊期望值退化为

$$E[\xi] = \int_0^{+\infty} \mathrm{Cr}\{\xi \geqslant r\} \mathrm{d}r - \int_{-\infty}^0 \mathrm{Cr}\{\xi \leqslant r\} \mathrm{d}r$$

例 1.3.8　假设 ξ 为随机模糊变量，定义为

$$\xi \sim U(\mathbf{P},\rho+2), \quad \rho=(0,1,2)$$

不失一般性，设 ρ 为定义在可信性空间 $(\mathbf{\Theta},\mathbf{P}(\mathbf{\Theta}),\mathrm{Cr})$ 上的模糊变量。对于每个 $\theta \in \mathbf{\Theta}$，$\xi(\theta)$ 为随机变量且 $E[\xi(\theta)]=\rho(\theta)+1$。因此 ξ 的期望值为

$$E[\xi]=E[\rho]+1=2$$

定理 1.3.4　设 ξ 和 η 为相互独立的随机模糊变量且存在有限期望值，那么对于任意实数 a,b，有

$$E[a\xi+b\eta]=aE[\xi]+bE[\eta]$$

第2章

基于随机寿命的不可修系统

本章主要讨论随机情形下的不可修系统。所谓不可修系统,是指组成系统的各部件失效后,不对失效的部件进行任何维修。不进行任何维修的原因是多种多样的,有的是技术上的原因,不能进行维修;有的是经济上的原因,不值得进行维修;有的系统本身是可修的,但为了分析方便,作为第一步,先近似地将其当作不可修系统进行研究。因此,研究不可修系统是具有现实意义的。本章将摘录著作[1]中不可修系统的数学模型,包括串联系统、并联系统、串—并联系统、并—串联系统、冷贮备系统、温贮备系统、冲击模型和二维指数分布,方便读者将本章内容与第三章及第四章中的模型进行比较。

不可修系统的主要可靠性数量指标为可靠度(记作 $R(t)$)及平均寿命(记作 MTTF),这两项指标描述了不可修系统的可靠性特征。我们通常用一个非负随机变量 X 来描述产品的寿命,X 相应的寿命分布函数为

$$F(t)=\Pr\{X\leqslant t\},\quad t\geqslant 0$$

有了寿命分布函数 $F(t)$,我们就知道系统在时刻 t 以前都正常(不失效)的概率,即系统在时刻 t 的生存概率

$$R(t)=\Pr\{X>t\}=1-F(t)=\overline{F}(t)$$

$R(t)$ 称为该系统的可靠度函数或可靠度。因此,可靠度也可定义为:系统在规定的条件下,在规定的时间内,完成规定功能的概率。

系统的平均寿命定义为

$$\mathrm{MTTF}=EX=\int_0^{+\infty} t\mathrm{d}F(t)$$

若产品的寿命为非负连续型随机变量 X,其分布函数为 $F(t)$,密度函数为 $f(t)$,定义

$$r(t)=\frac{f(t)}{\overline{F}(t)},\quad t\in\{t:F(t)<1\}$$

为随机变量 X 的失效率函数,简称失效率(或故障率)。

$r(t)$有如下的概率解释。若产品工作到时刻 t 仍然正常,则它在$(t,t+\Delta t]$中失效的概率为

$$\Pr\{X\leqslant t+\Delta t\mid X>t\}=\frac{F(t+\Delta t)-F(t)}{1-F(t)}\sim\frac{f(t)\Delta t}{\overline{F}(t)}=r(t)\Delta t$$

因此,当 Δt 很小时,$r(t)\Delta t$ 表示该产品在 t 以前正常工作的条件下,在$(t,t+\Delta t]$中失效的概率。

2.1　串联系统和并联系统

2.1.1　串联系统

假设该系统由 n 个部件串联而成,即任一部件失效就引起系统失效。图 2.1 表示 n 个部件构成的串联系统的可靠性框图。令第 i 个部件的寿命为 X_i,可靠度为 $R_i(t)=\Pr\{X_i>t\}(i=1,2,\cdots,n)$。假定 $X_1,X_2,\cdots,X_n$ 相互独立,在初始时刻所有部件都是新的且同时开始工作。显然,串联系统的寿命为 $X=\min\{X_1,X_2,\cdots,X_n\}$。

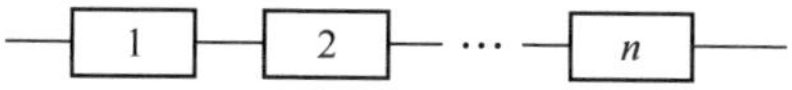

图 2.1　串联系统

故该串联系统的可靠度为

$$\begin{aligned}R(t)&=\Pr\{\min\{X_1,X_2,\cdots,X_n\}>t\}\\&=\Pr\{X_1>t,X_2>t,\cdots,X_n>t\}\\&=\prod_{i=1}^{n}\Pr\{X_i>t\}=\prod_{i=1}^{n}R_i(t)\end{aligned}\tag{2-1}$$

当第 i 个部件的失效率为 $\lambda_i(t)$时,则系统的可靠度为

$$R(t)=\prod_{i=1}^{n}\exp\left\{-\int_0^t\lambda_i(u)\mathrm{d}u\right\}=\exp\left\{-\int_0^t\sum_{i=1}^{n}\lambda_i(u)\mathrm{d}u\right\}\tag{2-2}$$

系统的失效率为

$$\lambda(t)=\frac{-R'(t)}{R(t)}=\sum_{i=1}^{n}\lambda_i(t)$$

因此,一个由独立部件组成的串联系统的失效率是所有部件的失效率之和。该串联系统的平均寿命为

$$\mathrm{MTTF}=\int_0^{+\infty}R(t)\mathrm{d}t=\int_0^{+\infty}\exp\left\{-\int_0^t\lambda(u)\mathrm{d}u\right\}\mathrm{d}t\tag{2-3}$$

当 $R_i(t)=\exp\{-\lambda_i t\}(i=1,2,\cdots,n)$,即当第 i 个部件的寿命遵从参数 λ_i 的指数分布时,串联系统的可靠度和平均寿命为

$$\begin{cases} R(t) = \exp\left\{-\sum_{i=1}^{n}\lambda_i t\right\} \\ \mathrm{MTTF} = \dfrac{1}{\sum_{i=1}^{n}\lambda_i} \end{cases} \tag{2-4}$$

特别地,当 $R_i(t)=\mathrm{e}^{-\lambda t}(i=1,2,\cdots,n)$,有

$$\begin{cases} R(t)=\mathrm{e}^{-n\lambda t} \\ \mathrm{MTTF}=\dfrac{1}{n\lambda} \end{cases} \tag{2-5}$$

2.1.2 并联系统

假设该系统由 n 个部件并联而成,即只有当这 n 个部件都失效时系统才失效。图 2.2 表示 n 个部件构成的并联系统的可靠性框图。令第 i 个部件的寿命为 X_i,可靠度为 $R_i(t)(i=1,2,\cdots,n)$。假定 $X_1,X_2,\cdots,X_n$ 相互独立,在初始时刻所有部件都是新的且同时开始工作。则该并联系统的寿命为 $X=\max\{X_1,X_2,\cdots,X_n\}$。故该并联系统的可靠度为

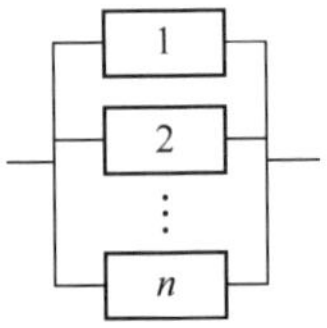

图 2.2 并联系统

$$\begin{aligned} R(t) &= \Pr\{\max\{X_1,X_2,\cdots,X_n\} > t\} \\ &= 1-\Pr\{\max\{X_1,X_2,\cdots,X_n\} \leqslant t\} \\ &= 1-\Pr\{X_1 \leqslant t,X_2 \leqslant t,\cdots,X_n \leqslant t\} \\ &= 1-\prod_{i=1}^{n}[1-R_i(t)] \end{aligned} \tag{2-6}$$

当 $R_i(t)=\mathrm{e}^{-\lambda_i t}(i=1,2,\cdots,n)$,则

$$R(t)=1-\prod_{i=1}^{n}[1-\mathrm{e}^{-\lambda_i t}] \tag{2-7}$$

式(2-7)也可写为

$$R(t)=\sum_{i=1}^{n}\mathrm{e}^{-\lambda_i t}-\sum_{1\leqslant i<j\leqslant n}\mathrm{e}^{-(\lambda_i+\lambda_j)t}+\cdots+(-1)^{i-1}\sum_{1\leqslant j_1<\cdots<j_i\leqslant n}\mathrm{e}^{-(\lambda_{j_1}+\lambda_{j_2}+\cdots+\lambda_{j_i})t}+\cdots+(-1)^{n-1}\mathrm{e}^{-(\lambda_1+\cdots+\lambda_n)t}$$

因而系统的平均寿命为

$$\mathrm{MTTF}=\int_0^{+\infty}R(t)\,\mathrm{d}t$$

$$= \sum_{i=1}^{n} \frac{1}{\lambda_i} - \sum_{1 \leq i < j \leq n} \frac{1}{\lambda_i + \lambda_j} + \cdots + (-1)^{n-1} \frac{1}{\lambda_1 + \lambda_2 + \cdots + \lambda_n} \tag{2-8}$$

特别地，当 $n=2$ 时，有

$$\begin{cases} R(t) = e^{-\lambda_1 t} + e^{-\lambda_2 t} - e^{-(\lambda_1+\lambda_2)t} \\ \text{MTTF} = \dfrac{1}{\lambda_1} + \dfrac{1}{\lambda_2} - \dfrac{1}{\lambda_1+\lambda_2} \end{cases} \tag{2-9}$$

当 $R_i(t) = e^{-\lambda t}(i=1,2,\cdots,n)$，则

$$\begin{cases} R(t) = 1 - (1 - e^{-\lambda t})^n \\ \text{MTTF} = \displaystyle\int_0^{+\infty} [1 - (1 - e^{-\lambda t})^n] \mathrm{d}t = \sum_{i=1}^{n} \frac{1}{i\lambda} \end{cases} \tag{2-10}$$

2.1.3　串—并联系统

图 2.3 所表示的系统称为串—并联系统。若各部件的可靠度分别为 $R_{ij}(t)$，$i=1,2,\cdots,n$，$j=1,2,\cdots,m_i$，且所有部件的寿命都相互独立。

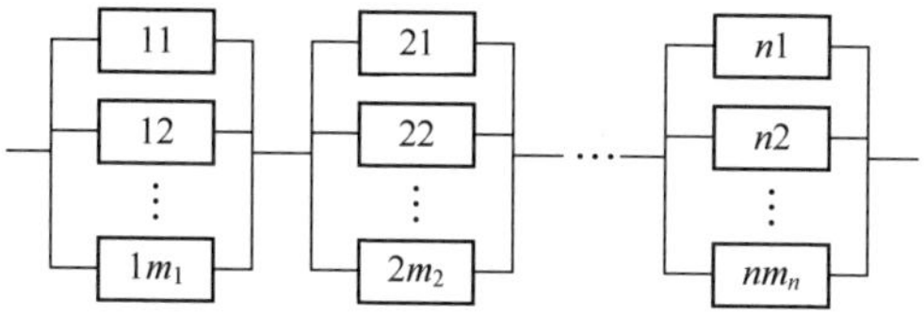

图 2.3　串—并联系统

由式(2-1)和式(2-6)可得该串—并联系统的可靠度为

$$R(t) = \prod_{i=1}^{n} \left\{1 - \prod_{j=1}^{m_i} [1 - R_{ij}(t)]\right\} \tag{2-11}$$

当所有 $R_{ij}(t) = R_0(t)$，$m_i = m$ 时，有

$$R(t) = \{1 - [1 - R_0(t)]^m\}^n \tag{2-12}$$

特别地，当 $R_0(t) = e^{-\lambda t}$ 时，有

$$\begin{cases} R(t) = \{1 - [1 - e^{-\lambda t}]^m\}^n \\ \text{MTTF} = \dfrac{1}{\lambda} \displaystyle\sum_{j=1}^{n} (-1)^j \binom{n}{j} \sum_{k=1}^{m_j} (-1)^k \binom{m_j}{k} \frac{1}{k} \end{cases} \tag{2-13}$$

2.1.4　并—串联系统

图 2.4 所表示的系统称为并—串联系统。若各部件的可靠度分别为 $R_{ij}(t)(i=1,2,\cdots,n;j=1,2,\cdots,m_i)$，且所有部件相互独立。

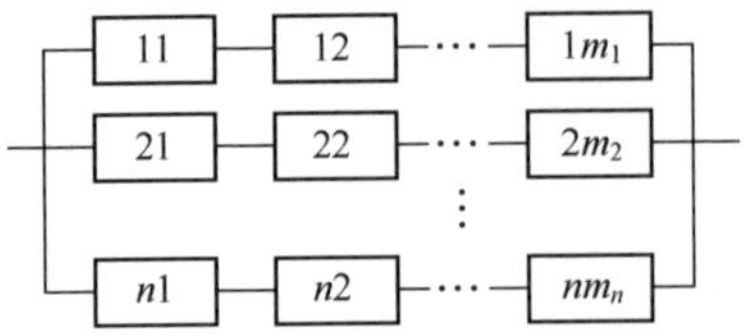

图 2.4　并—串联系统

由式(2-1)和式(2-6),可得该并—串联系统的可靠度为

$$R(t) = 1 - \prod_{i=1}^{n} \left[1 - \prod_{j=1}^{m_j} R_{ij}(t)\right] \tag{2-14}$$

当所有 $R_{ij}(t)=R_0(t)$,$m_i=m$ 时,有

$$R(t)=1-[1-R_0^m(t)]^n \tag{2-15}$$

特别地,当 $R_0(t)=\mathrm{e}^{-\lambda t}$时,有

$$\begin{cases} R(t) = 1 - [1 - \mathrm{e}^{-m\lambda t}]^n \\ \mathrm{MTTF} = \dfrac{1}{m\lambda} \displaystyle\sum_{i=1}^{n} \dfrac{1}{i} \end{cases} \tag{2-16}$$

2.2　冷贮备系统

2.2.1　转换开关完全可靠的情形

假设系统由 n 个部件组成。在初始时刻,一个部件开始工作,其余的 $n-1$ 个部件作冷贮备。当工作的部件失效时,贮备部件逐个地去替换,直到所有部件都失效时,系统就失效。

所谓冷贮备就是指贮备的部件不失效也不劣化,贮备期的长短对以后使用时的工作寿命没有影响。此系统可用图 2.5 表示。这里,我们假定贮备部件替换失效部件时,转换开关 K 是完全可靠的,而且转换是瞬时完成的。

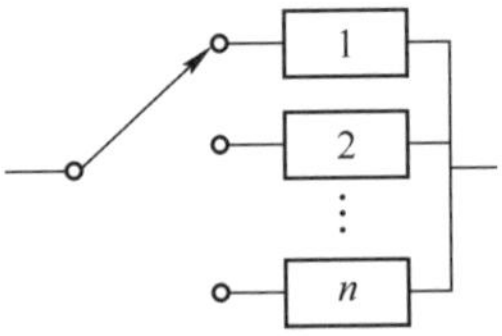

图 2.5　冷贮备系统

假设这 n 个部件的寿命分别为 $X_1,X_2,\cdots,X_n$,且相互独立。易见,该冷贮备系统的寿命为

$$X=X_1+X_2+\cdots+X_n$$

因此,系统的寿命分布为

$$F(t)=\Pr\{X_1+\cdots+X_n\leqslant t\}=F_1(t) * F_2(t) * \cdots * F_n(t)$$

其中 $F_i(t)$ 为第 i 个部件的寿命分布,$*$ 表示卷积。故该冷贮备系统的可靠度为

$$R(t)=1-F_1(t)*F_2(t)*\cdots*F_n(t) \tag{2-17}$$

平均寿命为

$$\mathrm{MTTF}=E[X_1+X_2+\cdots+X_n]=\sum_{i=1}^{n}EX_i \tag{2-18}$$

当 $F_i(t)=1-\mathrm{e}^{-\lambda t}, i=1,2,\cdots,n$ 时,系统的寿命是 n 个独立同指数分布的随机变量之和。因此,系统的可靠度和平均寿命为

$$\begin{cases} R(t)=\mathrm{e}^{-\lambda t}\sum\limits_{k=0}^{n-1}\dfrac{(\lambda t)^k}{k!} \\ \mathrm{MTTF}=\dfrac{n}{\lambda} \end{cases} \tag{2-19}$$

当 $F_i(t)=1-\mathrm{e}^{-\lambda_i t}(i=1,2,\cdots,n)$,且 $\lambda_1,\lambda_2,\cdots,\lambda_n$ 都两两不相等时,若记系统寿命分布 $F(t)$ 的 LS 变换为

$$\hat{F}(s)=\int_0^{+\infty}\mathrm{e}^{-st}\mathrm{d}F(t),\quad s\geqslant 0$$

则有

$$\begin{aligned} \hat{F}(s) &= E\{\mathrm{e}^{-sX}\}=E\{\mathrm{e}^{-s(X_1+\cdots+X_n)}\} \\ &= \prod_{i=1}^{n}E\{\mathrm{e}^{-sX_i}\}=\prod_{i=1}^{n}\int_0^{+\infty}\mathrm{e}^{-st}\mathrm{d}F_i(t) \\ &= \prod_{i=1}^{n}\frac{\lambda_i}{s+\lambda_i}=\sum_{i=1}^{n}c_i\frac{\lambda_i}{s+\lambda_i},\quad s\geqslant 0 \end{aligned} \tag{2-20}$$

其中

$$c_i=\prod_{\substack{k=1\\k\neq i}}^{n}\frac{\lambda_k}{\lambda_k-\lambda_i},\quad i=1,2,\cdots,n \tag{2-21}$$

对式(2-20)的两端作 LS 变换的反演,得

$$F(t)=\sum_{i=1}^{n}c_i(1-\mathrm{e}^{-\lambda_i t})=\sum_{i=1}^{n}c_i-\sum_{i=1}^{n}c_i\mathrm{e}^{-\lambda_i t}$$

由于当 $t\to+\infty$,有 $F(t)\to 1$,因此 $\sum\limits_{i=1}^{n}c_i=1$。故最后可得该冷贮备系统的可靠度和平均寿命为

$$\begin{cases} R(t)=\sum\limits_{i=1}^{n}\left[\prod\limits_{\substack{k=1\\k\neq i}}^{n}\dfrac{\lambda_k}{\lambda_k-\lambda_i}\right]\mathrm{e}^{-\lambda_i t} \\ \mathrm{MTTF}=\sum\limits_{i=1}^{n}\dfrac{1}{\lambda_i} \end{cases} \tag{2-22}$$

特别地,当系统由两个部件组成时有

$$\begin{cases} R(t)=\dfrac{\lambda_2}{\lambda_2-\lambda_1}e^{-\lambda_1 t}+\dfrac{\lambda_1}{\lambda_1-\lambda_2}e^{-\lambda_2 t} \\ \text{MTTF}=\dfrac{1}{\lambda_1}+\dfrac{1}{\lambda_2} \end{cases} \tag{2-23}$$

在实际问题中,冷贮备系统的转换开关也可能失效,因而转换开关的好坏是影响系统可靠度的一个重要因素。在实践中,转换开关的好坏及其对系统的影响可能有各种不同的类型。下面将对两种不同的类型进行讨论:开关寿命 0-1 型和开关寿命指数型。

2.2.2 转换开关不完全可靠的情形:开关寿命 0-1 型

假设系统由 n 个部件和 1 个转换开关组成。在初始时刻,1 个部件开始工作,其余部件作冷贮备。当工作部件失效时,转换开关立即从刚失效的部件转向下一个贮备部件。这里转换开关不完全可靠,其寿命是 0-1 型的,即每次使用开关时,开关正常的概率为 p,开关失效的概率为 $q=1-p$。在以下两种情形之一,系统就失效:

(1) 当正在工作的部件失效,使用转换开关时开关失效,此时系统失效。

(2) 所有 $n-1$ 次使用开关时,开关都正常,在这种情形下,n 个部件都失效时系统失效。

我们进一步假设,n 个部件的寿命 $X_1,X_2,\cdots,X_n$ 独立同指数分布 $1-e^{-\lambda t}$,且与开关的好坏也是独立的。为求得系统的可靠度,我们引进一个随机变量

$$v=\begin{cases} j, & \text{第 } j \text{ 次使用开关时,开关首次失效}, j=1,2,\cdots,n-1 \\ n, & n-1 \text{ 次使用开关,开关都正常} \end{cases}$$

由 v 的定义,易见

$$\Pr\{v=j\}=p^{j-1}q, \quad j=1,2,\cdots,n-1$$
$$\Pr\{v=n\}=p^{n-1}$$

由于

$$\sum_{j=1}^{n}\Pr\{v=j\}=1$$

可知 v 为一个随机变量。并有

$$\begin{aligned} E\{v\} &= \sum_{j=1}^{n} j\Pr\{v=j\} \\ &= \sum_{j=1}^{n-1} jp^{j-1}q+np^{n-1}=\frac{1}{q}(1-p^n) \end{aligned} \tag{2-24}$$

用随机变量 X 来表示该冷贮备系统的寿命,则有

$$X=X_1+X_2+\cdots+X_v$$

由于 $X_1,X_2,\cdots,X_n$ 与开关好坏互相独立，即与 v 相互独立。故系统的可靠度为

$$\begin{aligned}R(t) &= \Pr\{X_1+X_2+\cdots+X_v>t\}\\&=\sum_{j=1}^{n}\Pr\{X_1+X_2+\cdots+X_v>t\mid v=j\}\Pr\{v=j\} \qquad (2-25)\\&=\sum_{j=1}^{n-1}\Pr\{X_1+X_2+\cdots+X_j>t\}p^{j-1}q+\Pr\{X_1+X_2+\cdots+X_n>t\}p^{n-1}\end{aligned}$$

由式(2-19)有

$$\Pr\{X_1+X_2+\cdots+X_j>t\}=\sum_{i=0}^{j-1}\frac{(\lambda t)^i}{i!}\mathrm{e}^{-\lambda t},\quad j=1,2,\cdots,n \qquad (2-26)$$

将式(2-26)代入式(2-25)，可得该冷贮备系统的可靠度为

$$\begin{aligned}R(t) &= \sum_{j=1}^{n-1}p^{j-1}q\sum_{i=0}^{j-1}\frac{(\lambda t)^i}{i!}\mathrm{e}^{-\lambda t}+p^{n-1}\sum_{i=0}^{n-1}\frac{(\lambda t)^i}{i!}\mathrm{e}^{-\lambda t}\\&=\sum_{j=0}^{n-2}p^jq\sum_{i=0}^{j}\frac{(\lambda t)^i}{i!}\mathrm{e}^{-\lambda t}+p^{n-1}\sum_{i=0}^{n-1}\frac{(\lambda t)^i}{i!}\mathrm{e}^{-\lambda t}\\&=\sum_{i=0}^{n-2}\frac{(\lambda t)^i}{i!}\mathrm{e}^{-\lambda t}q\sum_{j=i}^{n-2}p^j+p^{n-1}\sum_{i=0}^{n-1}\frac{(\lambda t)^i}{i!}\mathrm{e}^{-\lambda t} \qquad (2-27)\\&=\sum_{i=0}^{n-1}\frac{(\lambda pt)^i}{i!}\mathrm{e}^{-\lambda t}\end{aligned}$$

由 $X_1,X_2,\cdots,X_n$ 与 v 的独立性，以及式(2-24)，可得该冷贮备系统的平均寿命为

$$\begin{aligned}\mathrm{MTTF} &= E\{X_1+X_2+\cdots+X_v\}\\&=\sum_{j=1}^{n}E\{X_1+X_2+\cdots+X_v\mid v=j\}\Pr\{v=j\}\\&=\sum_{j=1}^{n}jE\{X_1\}\Pr\{v=j\} \qquad (2-28)\\&=\frac{1}{\lambda}E\{v\}=\frac{1}{\lambda q}(1-p^n)\end{aligned}$$

当每个部件的失效率都两两不相同时，可类似地求得 $R(t)$ 和 MTTF，但是表达式比较复杂。我们仅对两个部件的情形列出如下结果：

$$\Pr\{v=j\}=\begin{cases}q, & j=1\\p, & j=2\end{cases}$$

$$\begin{aligned}R(t) &= \Pr\left\{\sum_{j=1}^{v}X_j>t\right\}\\&=q\Pr\{X_1>t\}+p\Pr\{X_1+X_2>t\}\\&=q\mathrm{e}^{-\lambda_1 t}+p\left(\frac{\lambda_2}{\lambda_2-\lambda_1}\mathrm{e}^{-\lambda_1 t}+\frac{\lambda_1}{\lambda_1-\lambda_2}\mathrm{e}^{-\lambda_2 t}\right)\end{aligned}$$

$$= e^{-\lambda_1 t} + \frac{p\lambda_1}{\lambda_1 - \lambda_2}(e^{-\lambda_2 t} - e^{-\lambda_1 t})$$

$$\mathrm{MTTF} = \frac{1}{\lambda_1} + p\frac{1}{\lambda_2}$$

当 $p=1$,即当转换开关完全可靠时,这里所有的结果都与转换开关完全可靠的情形一致。

2.2.3 转换开关不完全可靠的情形:开关寿命指数型

假设开关的寿命 X_K 服从参数为 λ_K 的指数分布,并与各部件的寿命相互独立。其余假定与 2.2.2 节相同。此时,开关对系统的影响还可能有两种不同的形式。

(1) 当开关失效时,系统立即失效。显然,该系统的寿命是

$$X = \min[X_1 + X_2 + \cdots + X_n, X_K]$$

因而,系统可靠度和平均寿命分别为

$$\begin{aligned} R(t) &= \Pr\{\min[X_1 + X_2 + \cdots + X_n, X_K] > t\} \\ &= \Pr\{X_K > t\}\Pr\{X_1 + X_2 + \cdots + X_n > t\} \\ &= e^{-\lambda_K t}\sum_{k=0}^{n-1}\frac{(\lambda t)^k}{k!}e^{-\lambda t} \\ &= e^{-(\lambda+\lambda_K)t}\sum_{k=0}^{n-1}\frac{(\lambda t)^k}{k!} \end{aligned} \tag{2-29}$$

和

$$\begin{aligned} \mathrm{MTTF} &= \int_0^{+\infty} R(t)\,dt \\ &= \sum_{k=0}^{n-1}\frac{\lambda^k}{k!}\int_0^{+\infty} t^k e^{-(\lambda+\lambda_K)t}\,dt \\ &= \sum_{k=0}^{n-1}\frac{\lambda^k}{(\lambda+\lambda_K)^{k+1}}\cdot\frac{1}{k!}\int_0^{+\infty} x^k e^{-x}\,dx \\ &= \frac{1}{\lambda+\lambda_K}\sum_{k=0}^{n-1}\left(\frac{\lambda}{\lambda+\lambda_K}\right)^k = \frac{1}{\lambda_K}\left[1-\left(\frac{\lambda}{\lambda+\lambda_K}\right)^n\right] \end{aligned} \tag{2-30}$$

(2) 开关失效时,系统并不立即失效,当工作部件失效需要开关转换时,由于开关失效而使系统失效。

为简单起见,我们只考虑两个部件的情形。假设两个部件的寿命 X_1,X_2 和开关寿命 X_K 分别服从参数为 λ_1,λ_2 和 λ_K 的指数分布,且它们都相互独立。在初始时刻部件 1 进入工作状态,部件 2 作冷贮备。当部件 1 失效时,需要使用转换开关,若此时开关已经失效($X_K<X_1$),则系统就失效,因此系统的寿命就是部件 1 的寿命 X_1。当部件 1 失效时,若转换开关正常($X_K>X_1$),则部件 2 替换部件 1 进入工

作状态，直到部件 2 失效，系统就失效，这时系统的寿命是 X_1+X_2。根据以上系统的描述，易见系统寿命 X 为

$$X=X_1+X_2 \cdot I_{\{X_K>X_1\}} \tag{2-31}$$

其中 $I_{\{X_K>X_1\}}$ 是随机事件 $\{X_K>X_1\}$ 的示性函数，即

$$I_{\{X_K>X_1\}}=\begin{cases}1, & X_K>X_1\\ 0, & X_K\leqslant X_1\end{cases}$$

因而

$$\begin{aligned}1-R(t)&=\Pr\{X\leqslant t\}\\&=\Pr\{X_1\leqslant t,X_K\leqslant X_1\}+\Pr\{X_1+X_2\leqslant t,X_K>X_1\}\\&=\int_0^t\Pr\{X_K\leqslant u\}\mathrm{d}\Pr\{X_1\leqslant u\}+\int_0^t\Pr\{X_2\leqslant t-u,X_K>u\}\mathrm{d}\Pr\{X_1\leqslant u\}\\&=\int_0^t(1-\mathrm{e}^{-\lambda_K u})\lambda_1\mathrm{e}^{-\lambda_1 u}\mathrm{d}u+\int_0^t(1-\mathrm{e}^{-\lambda_2(t-u)})\mathrm{e}^{-\lambda_K u}\lambda_1\mathrm{e}^{-\lambda_1 u}\mathrm{d}u\\&=1-\mathrm{e}^{-\lambda_1 t}-\frac{\lambda_1}{\lambda_K+\lambda_1-\lambda_2}[\mathrm{e}^{-\lambda_2 t}-\mathrm{e}^{-(\lambda_1+\lambda_K)t}]\end{aligned}$$

则该冷贮备系统的可靠度和平均寿命为

$$\begin{cases}R(t)=\mathrm{e}^{-\lambda_1 t}+\dfrac{\lambda_1}{\lambda_K+\lambda_1-\lambda_2}[\mathrm{e}^{-\lambda_2 t}-\mathrm{e}^{-(\lambda_1+\lambda_K)t}]\\ \mathrm{MTTF}=\dfrac{1}{\lambda_1}+\dfrac{\lambda_1}{\lambda_2(\lambda_1+\lambda_K)}\end{cases} \tag{2-32}$$

特别地，当 $\lambda_K=0$ 时，式(2-29)、式(2-30)和式(2-32)与 2.2.1 节中转换开关绝对可靠的情形是一致的。

2.3　温贮备系统

2.3.1　转换开关完全可靠的情形

温贮备系统与冷贮备系统的不同在于，温贮备系统中贮备部件在贮备期内也可能失效，部件的贮备寿命分布和工作寿命分布一般不相同。

假设系统由 n 个同型部件组成，部件的工作寿命和贮备寿命分别服从参数为 λ 和 μ 的指数分布。在初始时刻，一个部件工作，其余部件作温贮备。所有部件均可能失效。当工作部件失效时，由尚未失效的贮备部件去替换，直到所有部件都失效，则系统失效。这里我们假定：

(1) 转换开关是完全可靠的，且转换是瞬时的。

(2) 部件的工作寿命与其曾经贮备了多长时间无关,都服从分布 $1-e^{-\lambda t}, t \geqslant 0$。

(3) 所有部件的寿命均相互独立。

为求系统的可靠度和平均寿命,我们用 S_i 表示第 i 个失效部件的失效时刻($i=1,2,\cdots,n$),且令 $S_0=0$。显然

$$S_n = \sum_{i=1}^{n} (S_i - S_{i-1})$$

为系统的失效时刻。在时间区间(S_{i-1}, S_i)中,系统已有 $i-1$ 个部件失效,还有 $n-i+1$ 个部件是正常的,其中一个部件工作,$n-i$ 个部件作温贮备。由于指数分布的无记忆性,S_i-S_{i-1} 服从参数为 $\lambda+(n-i)\mu$ 的指数分布($i=1,2,\cdots,n$),且它们都相互独立。故该系统等价于 n 个独立部件组成的冷贮备系统,其中第 i 个部件的寿命服从参数为 $\lambda_i=\lambda+(n-i)\mu$ 的指数分布。当 $\mu>0$ 时,由式(2-22)得

$$\begin{cases} R(t) = \Pr\{S_n > t\} \\ \quad = \sum_{i=1}^{n} \left[\prod_{\substack{k=1 \\ k \neq i}}^{n} \dfrac{\lambda + (n-k)\mu}{(i-k)\mu} \right] e^{-[\lambda+(n-i)\mu]t} \\ \quad = \sum_{i=0}^{n-1} \left[\prod_{\substack{k=0 \\ k \neq i}}^{n-1} \dfrac{\lambda + k\mu}{(k-i)\mu} \right] e^{-(\lambda+i\mu)t} \\ \text{MTTF} = \sum_{i=1}^{n} \dfrac{1}{\lambda_i} = \sum_{i=1}^{n} \dfrac{1}{\lambda + (n-i)\mu} = \sum_{i=0}^{n-1} \dfrac{1}{\lambda + i\mu} \end{cases} \tag{2-33}$$

当 $\mu=0$ 时,可直接利用式(2-19)计算。当 $\mu=\lambda$ 时,此系统归结为 n 个同型部件的并联系统。此时,式(2-33)即为式(2-10)。

当部件寿命分布的参数不相同时,求温贮备系统可靠度相当繁琐。在这里我们仅讨论两个部件的情形。在初始时刻,部件 1 工作,部件 2 作温贮备。部件 1 和部件 2 的工作寿命为 X_1, X_2,部件 2 的贮备寿命为 Y_2,且 X_1, X_2 和 Y_2 分别服从参数为 λ_1, λ_2 和 μ 的指数分布。此时系统的寿命为

$$X = X_1 + X_2 \cdot I_{\{Y_2 > X_1\}}$$

因此,该系统的可靠度和平均寿命为

$$\begin{cases} R(t) = e^{-\lambda_1 t} + \dfrac{\lambda_1}{\lambda_1 - \lambda_2 + \mu} \left[e^{-\lambda_2 t} - e^{-(\lambda_1+\mu)t} \right] \\ \text{MTTF} = \dfrac{1}{\lambda_1} + \dfrac{1}{\lambda_2} \left(\dfrac{\lambda_1}{\lambda_1 + \mu} \right) \end{cases} \tag{2-34}$$

2.3.2 转换开关不完全可靠的情形:开关寿命 0-1 型

假设转换开关不完全可靠,其寿命是 0-1 型的,即使用开关时,开关正常的概

率是 p。为简单起见，我们只考虑两个不同型部件的情形，其余假设同 2.3.1 节。令

$$X_K=\begin{cases}1, & \text{使用开关时开关正常}\\ 0, & \text{使用开关时开关失效}\end{cases}$$

于是系统的寿命可表示为

$$X=X_1+X_2\cdot I_{\{Y_2>X_1\}}\cdot I_{\{X_K=1\}}$$

故由全概率公式和独立性，可得系统的可靠度为

$$\begin{aligned}R(t)&=\Pr\{X>t\}\\&=\Pr\{X_1>t,X_K=0\}+\Pr\{X_1+X_2\cdot I_{\{Y_2>X_1\}}>t,X_K=1\}\\&=q\Pr\{X_1>t\}+p\Pr\{X_1+X_2\cdot I_{\{Y_2>X_1\}}>t\}\\&=e^{-\lambda_1 t}+p\frac{\lambda_1}{\lambda_1-\lambda_2+\mu}[e^{-\lambda_2 t}-e^{-(\lambda_1+\mu)t}]\end{aligned}\tag{2-35}$$

上式最后一个等号由式(2-34)得出。系统的平均寿命为

$$\text{MTTF}=\frac{1}{\lambda_1}+p\frac{\lambda_1}{\lambda_2(\lambda_1+\mu)}$$

2.3.3　转换开关不完全可靠的情形：开关寿命指数型

假定开关的寿命 X_K 服从参数为 λ_K 的指数分布，并与部件的寿命相互独立，其余假设同 2.3.2 节。此时，开关对系统的影响也有两种不同的形式。

(1) 当开关失效时，系统立即失效。此时，系统的寿命是

$$X=\min\{X_1+I_{\{Y_2>X_1\}}\cdot X_2,X_K\}$$

由式(2-34)，立即可得系统的可靠度和平均寿命为

$$\begin{cases}R(t)=\Pr\{X_K>t\}\Pr\{X_1+X_2\cdot I_{\{Y_2>X_1\}}>t\}\\ \quad=e^{-\lambda_K t}\left\{e^{-\lambda_1 t}+\dfrac{\lambda_1}{\lambda_1-\lambda_2+\mu}[e^{-\lambda_2 t}-e^{-(\lambda_1+\mu)t}]\right\}\\ \text{MTTF}=\dfrac{1}{\lambda_1+\lambda_K}+\dfrac{\lambda_1}{(\lambda_2+\lambda_K)(\lambda_1+\mu+\lambda_K)}\end{cases}\tag{2-36}$$

(2) 当开关失效时，系统并不立即失效，当工作部件失效需要开关转换时，由于开关失效而使系统失效。若记开关寿命为 X_K，则系统寿命是

$$X=X_1+X_2\cdot I_{\{Y_2>X_1\}}\cdot I_{\{X_K>X_1\}}$$

故

$$\begin{aligned}1-R(t)&=\Pr\{X\leqslant t\}\\&=\Pr\{X\leqslant t,Y_2<X_1\}+\Pr\{X\leqslant t,Y_2>X_1,X_K<X_1\}\\&\quad+\Pr\{X\leqslant t,Y_2>X_1,X_K>X_1\}\end{aligned}$$

$$
\begin{aligned}
&= \Pr\{X_1 \leqslant t, Y_2 < X_1\} + \Pr\{X_1 \leqslant t, Y_2 > X_1, X_K < X_1\} + \\
&\quad \Pr\{X_1 + X_2 \leqslant t, Y_2 > X_1, X_K > X_1\} \\
&= \int_0^t (1 - e^{-\mu u}) \lambda_1 e^{-\lambda_1 u} du + \int_0^t e^{-\mu u} (1 - e^{-\lambda_K u}) \lambda_1 e^{-\lambda_1 u} du + \\
&\quad \int_0^t (1 - e^{-\lambda_2 (t-u)}) e^{-\mu u} e^{-\lambda_K u} \lambda_1 e^{-\lambda_1 u} du \\
&= 1 - e^{-\lambda_1 t} - \frac{\lambda_1}{\lambda_1 + \lambda_K + \mu - \lambda_2} [e^{-\lambda_2 t} - e^{-(\lambda_1 + \lambda_K + \mu) t}]
\end{aligned}
$$

因此,系统的可靠度和平均寿命分别为

$$
\begin{cases}
R(t) = e^{-\lambda_1 t} + \dfrac{\lambda_1}{\lambda_1 + \lambda_K + \mu - \lambda_2} [e^{-\lambda_2 t} - e^{-(\lambda_1 + \lambda_K + \mu) t}] \\
\text{MTTF} = \dfrac{1}{\lambda_1} + \dfrac{\lambda_1}{\lambda_2 (\lambda_1 + \lambda_K + \mu)}
\end{cases}
\tag{2-37}
$$

2.4 冲击模型及二维指数分布

寿命分布可推广到多维。为简单起见,我们只讨论二维指数分布,它可以由冲击模型导出。

2.4.1 冲击模型

假定系统由两个部件组成,这些部件在受到外界冲击后可能会失效。有 3 个相互独立的泊松过程 P_1,P_2 和 P_3 控制着冲击源的发生,其强度分别为 λ_1,λ_2 和 λ_{12}。当 P_1 中冲击出现时,仅以概率 p_1 引起部件 1 失效;当 P_2 中冲击出现时,仅以概率 p_2 引起部件 2 失效;当 P_3 中冲击出现时,对两个部件都有影响,它分别以概率 p_{01} 和 p_{10} 引起部件 1 和部件 2 失效,以概率 p_{00} 引起两个部件同时失效,以概率 p_{11} 使两个部件都不失效。显然,$p_{00}+p_{01}+p_{10}+p_{11}=1$。

现记 X 和 Y 分别为部件 1 和部件 2 的寿命。令

$$
\overline{F}(x,y) = \Pr\{X>x, Y>y\}, \quad x,y \geqslant 0 \tag{2-38}
$$

下面利用泊松过程的性质来导出 $\overline{F}(x,y)$ 的表达式。记 $N_i(s,t)$ 为泊松过程 P_i 在 $(s,t]$ 中出现的冲击数目。先讨论 $0 \leqslant x \leqslant y$ 的情形,此时有

$\overline{F}(x,y) = \Pr\{N_1(0,x) = i, i$ 次冲击不使部件 1 失效$(i = 0,1,\cdots)$;

$N_2(0,y) = j, j$ 次冲击不使部件 2 失效$(j = 0,1,\cdots)$;

$N_3(0,x) = k, k$ 次冲击不使部件 1 或部件 2 失效$(k = 0,1,\cdots)$;

$N_3(x,y) = l, l$ 次冲击不使部件 2 失效$(l = 0,1,\cdots)\}$。

$$= \sum_{i=0}^{\infty} \frac{(\lambda_1 x)^i}{i!} e^{-\lambda_1 x} (1-p_1)^i \cdot \sum_{j=0}^{\infty} \frac{(\lambda_2 y)^j}{j!} e^{-\lambda_2 y} (1-p_2)^j \cdot$$

$$\sum_{k=0}^{\infty} \frac{(\lambda_{12} x)^k}{k!} e^{-\lambda_{12} x} p_{11}^k \cdot \sum_{l=0}^{\infty} \frac{[\lambda_{12}(y-x)]^l}{l!} e^{-\lambda_{12}(y-x)} (p_{01}+p_{11})^l$$

$$= \exp\{-\lambda_1 p_1 x - \lambda_2 p_2 y - \lambda_{12}(1-p_{11})x - \lambda_{12}(p_{00}+p_{10})(y-x)\}$$

$$= \exp\{-(\lambda_1 p_1 + \lambda_{12} p_{01})x - [\lambda_2 p_2 + \lambda_{12}(p_{00}+p_{10})]y\} \tag{2-39}$$

对 $0 \leqslant y \leqslant x$ 的情形，同理可得

$$\overline{F}(x,y) = \exp\{-[\lambda_1 p_1 + \lambda_{12}(p_{00}+p_{01})]x - (\lambda_2 p_2 + \lambda_{12} p_{10})y\} \tag{2-40}$$

将式(2-39)和式(2-40)统一，则有

$$\overline{F}(x,y) = \Pr\{X>x, Y>y\} = \exp\{-\delta_1 x - \delta_2 y - \delta_{12}\max(x,y)\} \tag{2-41}$$

其中

$$\delta_1 = \lambda_1 p_1 + \lambda_{12} p_{01}, \delta_2 = \lambda_2 p_2 + \lambda_{12} p_{10}, \delta_{12} = \lambda_{12} p_{00} \tag{2-42}$$

特别地，当 $p_1 = p_2 = p_{00} = 1$ 时，即每一个冲击的出现都引起相应的部件失效。此时有

$$\overline{F}(x,y) = \exp\{-\lambda_1 x - \lambda_2 y - \lambda_{12}\max(x,y)\} \tag{2-43}$$

式(2-43)的情形称为致命冲击模型，而式(2-41)的情形称为非致命冲击模型。下面就利用致命冲击模型引入的分布来定义二维指数分布。

2.4.2　二维指数分布

定义 2.4.1　若随机变量 (X,Y) 有联合生存概率

$$\overline{F}(x,y) = \exp\{-\lambda_1 x - \lambda_2 y - \lambda_{12}\max(x,y)\}, \quad x,y \geqslant 0 \tag{2-44}$$

则称 (X,Y) 服从参数为 $\lambda_1, \lambda_2, \lambda_{12}$ 的二维指数分布。记作

$$(X,Y) \sim BVE(\lambda_1, \lambda_2, \lambda_{12})$$

利用致命冲击模型，可以给予 (X,Y) 更清楚的直观意义。考虑两个部件组成的一个系统，受 3 个互相独立的冲击源的影响。第一个冲击源的冲击只损坏部件 1，它出现在随机时间 U_1：

$$\Pr\{U_1 > t\} = e^{-\lambda_1 t}$$

第二个冲击源的冲击只损坏部件 2，它出现在 U_2：

$$\Pr\{U_2 > t\} = e^{-\lambda_2 t}$$

第三个冲击源的冲击同时损坏部件 1 和 2，它出现在 U_{12}：

$$\Pr\{U_{12} > t\} = e^{-\lambda_{12} t}$$

因此部件 1 和 2 的寿命分别为

$$X = \min(U_1, U_{12}); Y = \min(U_2, U_{12}) \tag{2-45}$$

易见，(X,Y) 的联合生存概率 $\overline{F}(x,y)$ 即为式(2-44)。

由定义 2.4.1 容易看出 X, Y 的边缘生存概率为

$$\begin{cases}\overline{F}_1(x)=\Pr\{X>x\}=\mathrm{e}^{-(\lambda_1+\lambda_{12})x}, x\geqslant 0\\ \overline{F}_2(y)=\Pr\{Y>y\}=\mathrm{e}^{-(\lambda_2+\lambda_{12})y}, y\geqslant 0\end{cases} \tag{2-46}$$

即 X 和 Y 的边缘分布均为指数分布,又由式(2-44)可知,(X,Y) 的联合分布函数 $F(x,y)$ 为

$$F(x,y)=\Pr\{X\leqslant x, Y\leqslant y\}=1-\overline{F}_1(x)-\overline{F}_2(y)+\overline{F}(x,y) \tag{2-47}$$

由此容易得到关于矩的公式

$$EX=\frac{1}{\lambda_1+\lambda_{12}}, \mathrm{Var}X=\frac{1}{(\lambda_1+\lambda_{12})^2}$$

$$EY=\frac{1}{\lambda_2+\lambda_{12}}, \mathrm{Var}Y=\frac{1}{(\lambda_2+\lambda_{12})^2}$$

$$E(XY)=\frac{1}{\lambda}\left(\frac{1}{\lambda_1+\lambda_{12}}+\frac{1}{\lambda_2+\lambda_{12}}\right)$$

其中

$$\lambda=\lambda_1+\lambda_2+\lambda_{12}$$

因而 X,Y 的相关系数为

$$\rho=\mathrm{Cov}(X,Y)=\frac{\lambda_{12}}{\lambda}$$

X,Y 的矩母函数为

$$E\mathrm{e}^{-(sX+tY)}=\frac{(\lambda+s+t)(\lambda_1+\lambda_{12})(\lambda_2+\lambda_{12})+\lambda_{12}st}{(\lambda+s+t)(\lambda_1+\lambda_{12}+s)(\lambda_2+\lambda_{12}+t)}$$

对于一维指数分布,最显著的一个性质是"无记忆性"。即若一个产品的寿命服从指数分布,当它使用了时间 t 以后如果仍正常,则它在 t 以后的剩余寿命与新的寿命一样服从原来的指数分布。用严格的数学形式表示为

定理 2.4.1 若 X 为非负非退化的随机变量,$F(t)$ 为其分布函数,则

$$F(t)=1-\mathrm{e}^{-\lambda t}, \quad \lambda>0, t\geqslant 0$$

的充分必要条件为

$$\Pr\{X>s+t \mid X>t\}=\Pr\{X>s\}, \quad \forall s,t\geqslant 0$$

下面将证明二维指数分布也具备此性质。

引理 2.4.1 由式(2-44)定义的二维指数分布具有"无记忆性",即对任意 x, $y,t\geqslant 0$,有

$$\Pr\{X>x+t, Y>y+t \mid X>t, Y>t\}=\Pr\{X>x, Y>y\} \tag{2-48}$$

或

$$\overline{F}(x+t,y+t)=\overline{F}(x,y)\overline{F}(t,t) \tag{2-49}$$

我们可以进一步证明,满足式(2-49),具有指数边缘分布的 $\overline{F}(x,y)$ 必有

式(2-44)这种形式。为此,先证明一个引理。

引理 2.4.2　若式(2-49)成立,则对某个 $\theta>0$,

$$\overline{F}(x,y)=\begin{cases} e^{-\theta y}\overline{F}_1(x-y), & x\geqslant y \\ e^{-\theta x}\overline{F}_2(y-x), & x\leqslant y \end{cases} \tag{2-50}$$

这里 $F_1(x)=F(x,+\infty)$,$F_2(y)=F(+\infty,y)$分别是 X,Y 的边缘分布。

证明:在式(2-49)中令 $x=y=s$,则有

$$\overline{F}(s+t,s+t)=\overline{F}(s,s)\overline{F}(t,t)$$

由定理 2.4.1 可推得$\overline{F}(s,s)=e^{-\theta s}$,对某个 $\theta>0$,在式(2-49)中令 $y=0$,则有

$$\overline{F}(x+t,t)=\overline{F}(x,0)\overline{F}(t,t)=\overline{F}_1(x)e^{-\theta t}$$

即

$$\overline{F}(x,y)=e^{-\theta y}\overline{F}_1(x-y),\quad x\geqslant y$$

另一式同理可证。证毕。

定理 2.4.2　二维指数分布是唯一满足式(2-49)且有指数边缘分布的二维分布。

证明:必要性在引理 2.4.1 中已经证明。下面证明充分性。记二维非负随机变量(X,Y)有分布函数 $F(x,y)$,边缘分布分别为 $F_1(x)$和 $F_2(y)$,且满足式(2-49)。又由假设可知

$$\overline{F}_1(x)=e^{-\delta_1 x},\overline{F}_2(y)=e^{-\delta_2 y},\quad x,y\geqslant 0;\delta_1,\delta_2>0$$

由引理 2.4.2 可知,$\overline{F}(x,y)$可写成

$$\overline{F}(x,y)=\begin{cases} e^{-\theta y-\delta_1(x-y)}, & x\geqslant y \\ e^{-\theta x-\delta_2(y-x)}, & x\leqslant y \end{cases} \tag{2-51}$$

其中 $\theta>0$。令 $\lambda_1=\theta-\delta_2,\lambda_2=\theta-\delta_1$。由于$\overline{F}(x,y)$分别对 x,y 单调递减,由式(2-51)中的第一式知 $\lambda_2\geqslant 0$,由第二式知 $\lambda_1\geqslant 0$。进一步,记 $\lambda_{12}=\delta_1+\delta_2-\theta$,下面证明 $\lambda_{12}\geqslant 0$。我们考虑

$$G(x)=F(x,x)$$

显然

$$\begin{aligned} G(x)&=F(x,x)\\ &=1-\overline{F}_1(x)-\overline{F}_2(x)+\overline{F}(x,x)\\ &=1-e^{-\delta_1 x}-e^{-\delta_2 x}+e^{-\theta x},\quad x\geqslant 0 \end{aligned}$$

它是一个分布函数,其密度函数为

$$g(x)=\delta_1 e^{-\delta_1 x}+\delta_2 e^{-\delta_2 x}-\theta e^{-\theta x}\geqslant 0,\quad x\geqslant 0$$

令 $x\to 0^+$,即得 $\delta_1+\delta_2-\theta\geqslant 0$。由于 $\lambda_1=\theta-\delta_2,\lambda_2=\theta-\delta_1,\lambda_{12}=\delta_1+\delta_2-\theta$,于是有

$$\theta=\lambda_1+\lambda_2+\lambda_{12},\delta_1=\lambda_1+\lambda_{12},\delta_2=\lambda_2+\lambda_{12}$$

将上式代入式(2-51)即得式(2-44)。证毕。

由于式(2-49)可改写成

$$\frac{\overline{F}(x+t,y+t)}{\overline{F}(x,y)}=\overline{F}(t,t) \tag{2-52}$$

因此,二维指数分布的“无记忆性”可解释为:年龄为 x,y 的两部件串联系统的生存概率与一个新的系统的生存概率一样。所以,由指数边缘分布的两个用过的部件组成串联系统的寿命分布与部件的年龄无关,当且仅当两部件的联合分布是二维指数分布。

二维指数分布还有其他一些性质。

定理 2.4.3 若(X,Y)有 $BVE(\lambda_1,\lambda_2,\lambda_{12})$,则

(1) $\Pr\{\min(X,Y)\leqslant t\}=1-e^{-\lambda t}, t\geqslant 0, \lambda=\lambda_1+\lambda_2+\lambda_{12}$。

(2) $\min(X,Y)$与下列事件独立:

$$\{X<Y\},\{X>Y\},\{X=Y\}。$$

(3) $\min(X,Y)$与$|X-Y|$独立。

证明:(1) 由式(2-45),$\min(X,Y)=\min(U_1,U_2,U_{12})$,即得证。

(2) 要证明 $\min(X,Y)$与$\{X<Y\}$独立,只要证明,对任意 $t\geqslant 0$,有

$$\Pr\{\min(X,Y)>t \mid X<Y\}=\Pr\{\min(X,Y)>t\}=e^{-\lambda t} \tag{2-53}$$

但是

$$\begin{aligned}
&\Pr\{\min(X,Y)>t,X<Y\}\\
&=\Pr\{t<X<Y\}\\
&=\Pr\{t<U_1<U_2,t<U_1<U_{12}\}\\
&=\int_t^{+\infty}\Pr\{t<U_1<U_2,t<U_1<U_{12}\mid U_1=u\}\,d\Pr\{U_1\leqslant u\}\\
&=\int_t^{+\infty}\Pr\{u<U_2,u<U_{12}\}\,d\Pr\{U_1\leqslant u\}\\
&=\int_t^{+\infty}e^{-\lambda_2 u}e^{-\lambda_{12}u}\lambda_1 e^{-\lambda_1 u}du=\frac{\lambda_1}{\lambda}e^{-\lambda t}
\end{aligned}$$

$$\begin{aligned}
\Pr\{X<Y\}&=\Pr\{U_1<\min(U_2,U_{12})\}\\
&=\int_0^{+\infty}\Pr\{u<\min(U_2,U_{12})\}\,d\Pr\{U_1\leqslant u\}=\frac{\lambda_1}{\lambda}
\end{aligned}$$

故式(2-53)成立。其他结果同理可证。

(3) 只要证明,对任意 $t_1,t_2\geqslant 0$,有

$$\begin{aligned}
&\Pr\{\min(X,Y)>t_1,\ |X-Y|>t_2\}\\
&=\Pr\{\min(X,Y)>t_1\}\Pr\{\ |X-Y|>t_2\}
\end{aligned} \tag{2-54}$$

但是

$$
\begin{aligned}
\text{左端} &= \Pr\{\min(X,Y)>t_1, X-Y>t_2\}+\Pr\{\min(X,Y)>t_1, Y-X>t_2\}\\
&= \Pr\{Y>t_1, X>Y+t_2\}+\Pr\{X>t_1, Y>X+t_2\}\\
&= \Pr\{U_2>t_1, \min(U_1,U_{12})>U_2+t_2\}+\Pr\{U_1>t_1, \min(U_2,U_{12})>U_1+t_2\}\\
&= \mathrm{I}+\mathrm{II}
\end{aligned}
$$

其中

$$
\begin{aligned}
\mathrm{I} &= \int_{t_1}^{+\infty}\Pr\{\min(U_1,U_{12})>U_2+t_2 \mid U_2=u\}\,\mathrm{d}\Pr\{U_2\leqslant u\}\\
&= \int_{t_1}^{+\infty}\Pr\{\min(U_1,U_{12})>u+t_2\}\lambda_2 \mathrm{e}^{-\lambda_2 u}\mathrm{d}u\\
&= \frac{\lambda_2}{\lambda}\mathrm{e}^{-\lambda t_1}\mathrm{e}^{-(\lambda_1+\lambda_{12})t_2}
\end{aligned}
$$

$$
\mathrm{II} = \frac{\lambda_1}{\lambda}\mathrm{e}^{-\lambda t_1}\mathrm{e}^{-(\lambda_2+\lambda_{12})t_2}
$$

故式(2-54)的

$$
\text{左端}=\mathrm{e}^{-\lambda t_1}\left\{\frac{\lambda_2}{\lambda}\mathrm{e}^{-(\lambda_1+\lambda_{12})t_2}+\frac{\lambda_1}{\lambda}\mathrm{e}^{-(\lambda_2+\lambda_{12})t_2}\right\}
$$

在上式中令 t_1,t_2 等于 0,即得

$$
\Pr\{|X-Y|>t_2\}=\frac{\lambda_2}{\lambda}\mathrm{e}^{-(\lambda_1+\lambda_{12})t_2}+\frac{\lambda_1}{\lambda}\mathrm{e}^{-(\lambda_2+\lambda_{12})t_2}
$$

$$
\Pr\{\min(X,Y)>t_1\}=\mathrm{e}^{-\lambda t_1}
$$

因此式(2-54)成立。证毕。

下面,讨论二维指数分布 $F(x,y)$ 的分解。由勒贝格(Lebesgue)分解定理可知,F 可以分解成绝对连续部分 F_a 及奇异部分 F_s,记

$$
\overline{F}(x,y)=\alpha\overline{F}_a(x,y)+(1-\alpha)\overline{F}_s(x,y),\quad x,y\geqslant 0,
$$

其中 $0\leqslant\alpha\leqslant 1$。$F_a$ 绝对连续,而

$$
\frac{\partial^2}{\partial x\,\partial y}F_s(x,y)=0
$$

关于二维勒贝格测度几乎处处成立。下面的定理 2.4.4 确定了 F_a 和 F_s。

定理 2.4.4 若 $F(x,y)$ 有 $BVE(\lambda_1,\lambda_2,\lambda_{12})$,则

$$
\overline{F}(x,y)=\frac{\lambda_1+\lambda_2}{\lambda}\overline{F}_a(x,y)+\frac{\lambda_{12}}{\lambda}\overline{F}_s(x,y),\quad x,y\geqslant 0, \tag{2-55}
$$

其中

$$
\overline{F}_s(x,y)=\mathrm{e}^{-\lambda\max(x,y)} \tag{2-56}
$$

是奇异部分,而绝对连续部分是

$$\overline{F}_a(x,y)=\frac{\lambda}{\lambda_1+\lambda_2}e^{-[\lambda_1 x+\lambda_2 y+\lambda_{12}\max(x,y)]}-\frac{\lambda_{12}}{\lambda_1+\lambda_2}e^{-\lambda\max(x,y)},\text{对所有 } x,y\geqslant 0 \quad (2-57)$$

证明:由全概率公式可知

$$\begin{aligned}\overline{F}(x,y)&=\Pr\{X>x,Y>y,U_{12}>\min(U_1,U_2)\}\\&\quad+\Pr\{X>x,Y>y,U_{12}\leqslant\min(U_1,U_2)\}\\&=\mathrm{I}+\mathrm{II}\end{aligned} \quad (2-58)$$

其中

$$\begin{aligned}\mathrm{II}&=\Pr\{U_{12}>x,U_{12}>y,U_{12}\leqslant\min(U_1,U_2)\}\\&=\Pr\{U_{12}>\max(x,y),U_{12}\leqslant\min(U_1,U_2)\}\\&=\int_{\max(x,y)}^{+\infty}\Pr\{u\leqslant\min(U_1,U_2)\}\mathrm{d}\Pr\{U_{12}\leqslant u\}\\&=\frac{\lambda_{12}}{\lambda}e^{-\lambda\max(x,y)}=\frac{\lambda_{12}}{\lambda}\overline{F}_s(x,y)\end{aligned}$$

将此式代入式(2-58)可得

$$\begin{aligned}\mathrm{I}&=\overline{F}(x,y)-\mathrm{II}\\&=e^{-\lambda_1 x-\lambda_2 y-\lambda_{12}\max(x,y)}-\frac{\lambda_{12}}{\lambda}e^{-\lambda\max(x,y)}\\&=\frac{\lambda_1+\lambda_2}{\lambda}\left\{\frac{\lambda}{\lambda_1+\lambda_2}e^{-\lambda_1 x-\lambda_2 y-\lambda_{12}\max(x,y)}-\frac{\lambda_{12}}{\lambda_1+\lambda_2}e^{-\lambda\max(x,y)}\right\}\\&=\frac{\lambda_1+\lambda_2}{\lambda}\overline{F}_a(x,y)\end{aligned}$$

进一步,$\overline{F}_a(x,y)$可表示成不定积分形式

$$\overline{F}_a(x,y)=\int_x^{+\infty}\int_y^{+\infty}f_a(u,v)\mathrm{d}v\mathrm{d}u$$

其中

$$f_a(x,y)=\begin{cases}\dfrac{\lambda\lambda_1(\lambda_2+\lambda_{12})}{\lambda_1+\lambda_2}e^{-\lambda_1 x-(\lambda_2+\lambda_{12})y}, & 0\leqslant x<y\\[2ex]\dfrac{\lambda\lambda_2(\lambda_1+\lambda_{12})}{\lambda_1+\lambda_2}e^{-(\lambda_1+\lambda_{12})x-\lambda_2 y}, & 0\leqslant y<x\end{cases}$$

因此$\overline{F}_a(x,y)$是绝对连续的。由于

$$\overline{F}_s(x,y)=\begin{cases}e^{-\lambda x}, & x>y\\e^{-\lambda y}, & x<y\end{cases}$$

故除了二维勒贝格零测集$\{(x,y):x=y\}$外,显然有

$$\frac{\partial^2}{\partial x\partial y}\overline{F}_s(x,y)=0$$

因此$\overline{F}_s(x,y)$是奇异的。证毕。

第 3 章

基于模糊寿命的不可修系统

在本章中我们假设不可修系统的寿命为定义在可信性空间($\boldsymbol{\Theta}, \mathbf{P}(\Theta)$, Cr)上的非负模糊变量,沿用可靠度和平均寿命作为衡量模糊不可修系统可靠性的主要数量指标,并给出全新定义。

定义 3.1 若 X 为不可修系统的模糊寿命,其可靠度 $R(t)$ 定义为

$$R(t)=\mathrm{Cr}\{X>t\}$$

定义 3.2 若 X 为不可修系统的模糊寿命,其平均寿命 MTTF 定义为

$$\mathrm{MTTF}=\int_0^{+\infty} R(t)\,\mathrm{d}t$$

3.1 串联系统和并联系统

3.1.1 串联系统

假设系统由 n 个部件串联而成,即任意部件失效就引起整个系统失效。令第 i 个部件的寿命 X_i 为定义在可信性空间($\boldsymbol{\Theta}_i, \mathbf{P}(\Theta_i)$, Cr_i)上相互独立的非负模糊变量($i=1,2,\cdots,n$)。假设初始时刻所有部件都是新的,且同时开始工作。显然,该不可修串联系统的寿命为 $X=\min\{X_1,X_2,\cdots,X_n\}$,$X$ 是一个定义在有限乘积可信性空间($\boldsymbol{\Theta}, \mathbf{P}(\boldsymbol{\Theta})$, Cr)上的模糊变量,其中 $\boldsymbol{\Theta}=\boldsymbol{\Theta}_1\times\cdots\times\boldsymbol{\Theta}_n$, $\mathrm{Cr}=\mathrm{Cr}_1\wedge\cdots\wedge\mathrm{Cr}_n$。

定理 3.1.1 若串联系统中部件 i 的寿命 $X_i(i=1,2,\cdots,n)$ 为非负模糊变量且相互独立。则该模糊串联系统的可靠度为

$$R(t)=\min_{1\le i\le n}\mathrm{Cr}\{X_i>t\} \tag{3-1}$$

证明:由定义 3.1 及定义 1.2.20 可知

$$\begin{aligned}R(t)&=\mathrm{Cr}\{\min\{X_1,X_2,\cdots,X_n\}>t\}\\&=\mathrm{Cr}\{X_1>t,X_2>t,\cdots,X_n>t\}\\&=\mathrm{Cr}\{\bigcap_{1\le i\le n}\{X_i>t\}\}\end{aligned}$$

$$= \min_{1\leqslant i\leqslant n} \mathrm{Cr}\{X_i>t\}$$

证毕。

定理 3.1.2 若串联系统中部件 i 的寿命 $X_i(i=1,2,\cdots,n)$ 为非负模糊变量且相互独立。则该模糊串联系统的平均寿命为

$$\mathrm{MTTF} = \min_{1\leqslant i\leqslant n} E[X_i]$$

证明:由定义 3.2 及定理 3.1.1 可知

$$\mathrm{MTTF} = \int_0^{+\infty} \min_{1\leqslant i\leqslant n} \mathrm{Cr}\{X_i>t\}\,\mathrm{d}t \tag{3-2}$$

一方面,

$$\int_0^{+\infty} \min_{1\leqslant i\leqslant n} \mathrm{Cr}\{X_i>t\}\,\mathrm{d}t \leqslant \int_0^{+\infty} \mathrm{Cr}\{X_i>t\}\,\mathrm{d}t$$

因为 i 是下标集$\{1,2,\cdots,n\}$中的任意元素,则

$$\int_0^{+\infty} \min_{1\leqslant i\leqslant n} \mathrm{Cr}\{X_i>t\}\,\mathrm{d}t \leqslant \min_{1\leqslant i\leqslant n} \int_0^{+\infty} \mathrm{Cr}\{X_i>t\}\,\mathrm{d}t \tag{3-3}$$

另一方面,对任意 $i\in\{1,2,\cdots,n\}$,有

$$\min_{1\leqslant i\leqslant n} \int_0^{+\infty} \mathrm{Cr}\{X_i>t\}\,\mathrm{d}t \leqslant \int_0^{+\infty} \mathrm{Cr}\{X_i>t\}\,\mathrm{d}t$$

成立,于是有

$$\min_{1\leqslant i\leqslant n} \int_0^{+\infty} \mathrm{Cr}\{X_i>t\}\,\mathrm{d}t \leqslant \int_0^{+\infty} \mathrm{Cr}\{X_k>t\}\,\mathrm{d}t$$

其中 $\mathrm{Cr}\{X_k>t\} = \min_{1\leqslant i\leqslant n} \mathrm{Cr}\{X_i>t\}$,即

$$\min_{1\leqslant i\leqslant n} \int_0^{+\infty} \mathrm{Cr}\{X_i>t\}\,\mathrm{d}t \leqslant \int_0^{+\infty} \min_{1\leqslant i\leqslant n} \mathrm{Cr}\{X_i>t\}\,\mathrm{d}t \tag{3-4}$$

由(3-3)及式(3-4)有

$$\int_0^{+\infty} \min_{1\leqslant i\leqslant n} \mathrm{Cr}\{X_i>t\}\,\mathrm{d}t = \min_{1\leqslant i\leqslant n} \int_0^{+\infty} \mathrm{Cr}\{X_i>t\}\,\mathrm{d}t \tag{3-5}$$

由定义 1.2.22 可知

$$E[X_i] = \int_0^{+\infty} \mathrm{Cr}\{X_i>t\}\,\mathrm{d}t \tag{3-6}$$

最后,由式(3-2)、式(3-5)、式(3-6)可得

$$\mathrm{MTTF} = \min_{1\leqslant i\leqslant n} E[X_i]$$

证毕。

例 3.1.1 若某串联系统的部件寿命 $X_i(i=1,2,\cdots,n)$ 为独立同分布的三角模糊变量(a,b,c)。由定理 3.1.1 及定理 3.1.2 可知

$$R(t)=\begin{cases}1, & t\leqslant a\\ \dfrac{2b-a-t}{2(b-a)}, & a\leqslant t\leqslant b\\ \dfrac{c-t}{2(c-b)}, & b\leqslant t\leqslant c\\ 0, & t\geqslant c\end{cases}$$

和

$$\text{MTTF}=\min_{1\leqslant i\leqslant n}E[X_i]=\frac{1}{4}(a+2b+c)$$

例 3.1.2　若某串联系统中的部件寿命 $X_i(i=1,2,\cdots,n)$ 为独立同分布的梯形模糊变量 (a,b,c,d)。由定理 3.1.1 及定理 3.1.2 可知

$$R(t)=\begin{cases}1, & t\leqslant a\\ \dfrac{2b-a-t}{2(b-a)}, & a\leqslant t\leqslant b\\ \dfrac{1}{2}, & b\leqslant t\leqslant c\\ \dfrac{d-t}{2(d-c)}, & c\leqslant t\leqslant d\\ 0, & t\geqslant d\end{cases}$$

和

$$\text{MTTF}=\min_{1\leqslant i\leqslant n}E[X_i]=\frac{1}{4}(a+b+c+d)$$

3.1.2　并联系统

假设系统由 n 个部件并联而成,即只有当这 n 个部件都失效时系统才失效。令第 i 个部件的寿命 X_i 为定义在可信性空间 $(\boldsymbol{\Theta}_i,\mathbf{P}(\Theta_i),\text{Cr}_i)$ 上相互独立的非负模糊变量 $(i=1,2,\cdots,n)$。初始时刻所有部件都是新的,且同时开始工作。显然,该不可修并联系统的寿命为 $X=\max\{X_1,X_2,\cdots,X_n\}$,$X$ 是一个定义在有限乘积可信性空间 $(\boldsymbol{\Theta},\mathbf{P}(\boldsymbol{\Theta}),\text{Cr})$ 上的模糊变量,其中 $\boldsymbol{\Theta}=\boldsymbol{\Theta}_1\times\cdots\times\boldsymbol{\Theta}_n$,$\text{Cr}=\text{Cr}_1\wedge\cdots\wedge\text{Cr}_n$。

定理 3.1.3　若并联系统中部件 i 的寿命 $X_i(i=1,2,\cdots,n)$ 为非负模糊变量且相互独立。则该模糊并联系统的可靠度为

$$R(t)=\max_{1\leqslant i\leqslant n}\text{Cr}\{X_i>t\}\tag{3-7}$$

证明:由定义 3.1 及定理 1.2.15 可知

$$\begin{aligned}R(t)&=\text{Cr}\{\max\{X_1,X_2,\cdots,X_n\}>t\}\\&=\text{Cr}\{X_1>t,X_2>t,\cdots,X_n>t\}\end{aligned}$$

$$
\begin{aligned}
&= \mathrm{Cr}\left\{ \bigcup_{1 \leqslant i \leqslant n} \{X_i > t\} \right\} \\
&= \max_{1 \leqslant i \leqslant n} \mathrm{Cr}\{X_i > t\}
\end{aligned}
$$

证毕。

定理 3.1.4 若并联系统中部件 i 的寿命 $X_i(i=1,2,\cdots,n)$ 为非负模糊变量且相互独立,则该模糊并联系统的平均寿命为

$$\mathrm{MTTF} = \max_{1 \leqslant i \leqslant n} E[X_i]$$

证明:由定义 3.2 及定理 3.1.3 可知

$$\mathrm{MTTF} = \int_0^{+\infty} \max_{1 \leqslant i \leqslant n} \mathrm{Cr}\{X_i > t\}\, \mathrm{d}t \tag{3-8}$$

显然

$$\int_0^{+\infty} \mathrm{Cr}\{X_i > t\}\, \mathrm{d}t \leqslant \max_{1 \leqslant i \leqslant n} \int_0^{+\infty} \mathrm{Cr}\{X_i > t\}\, \mathrm{d}t$$

因为 i 是下标集 $\{1,2,\cdots,n\}$ 中的任意元素,则

$$\int_0^{+\infty} \max_{1 \leqslant i \leqslant n} \mathrm{Cr}\{X_i > t\}\, \mathrm{d}t \leqslant \max_{1 \leqslant i \leqslant n} \int_0^{+\infty} \mathrm{Cr}\{X_i > t\}\, \mathrm{d}t \tag{3-9}$$

另一方面,对任意 $i \in \{1,2,\cdots,n\}$,有

$$\int_0^{+\infty} \max_{1 \leqslant i \leqslant n} \mathrm{Cr}\{X_i > t\}\, \mathrm{d}t \geqslant \int_0^{+\infty} \mathrm{Cr}\{X_i > t\}\, \mathrm{d}t$$

成立,于是有

$$\int_0^{+\infty} \max_{1 \leqslant i \leqslant n} \mathrm{Cr}\{X_i > t\}\, \mathrm{d}t \geqslant \int_0^{+\infty} \mathrm{Cr}\{X_k > t\}\, \mathrm{d}t$$

其中 $\int_0^{+\infty} \mathrm{Cr}\{X_k > t\}\, \mathrm{d}t = \max_{1 \leqslant i \leqslant n} \int_0^{+\infty} \mathrm{Cr}\{X_i > t\}\, \mathrm{d}t$,即

$$\int_0^{+\infty} \max_{1 \leqslant i \leqslant n} \mathrm{Cr}\{X_i > t\}\, \mathrm{d}t \geqslant \max_{1 \leqslant i \leqslant n} \int_0^{+\infty} \mathrm{Cr}\{X_i > t\}\, \mathrm{d}t \tag{3-10}$$

由式(3-9)及式(3-10)可知

$$\int_0^{+\infty} \max_{1 \leqslant i \leqslant n} \mathrm{Cr}\{X_i > t\}\, \mathrm{d}t = \max_{1 \leqslant i \leqslant n} \int_0^{+\infty} \mathrm{Cr}\{X_i > t\}\, \mathrm{d}t \tag{3-11}$$

再由定义 1.2.22 可知

$$E[X_i] = \int_0^{+\infty} \mathrm{Cr}\{X_i > t\}\, \mathrm{d}t \tag{3-12}$$

最后,由式(3-8)、式(3-11)和式(3-12)可知

$$\mathrm{MTTF} = \max_{1 \leqslant i \leqslant n} E[X_i]$$

证毕。

3.1.3 串—并联系统

考虑某串—并联系统,即一个含有 m 个串联子系统,且每个子系统包含 n 个并

联部件的系统。令第 i 个子系统中第 j 个部件的寿命 X_{ij} 是定义在可信性空间 $(\boldsymbol{\Theta}_{ij}, \mathbf{P}(\Theta_{ij}), \mathrm{Cr}_{ij})$ 上的非负模糊变量且相互独立 $(i=1,2,\cdots,m; j=1,2,\cdots,n)$。则该不可修串—并联系统的寿命为 $X=\min\limits_{1\leqslant i\leqslant m}(\max\limits_{1\leqslant j\leqslant n} X_{ij})$，$X$ 为一个定义在有限乘积可信性空间 $(\boldsymbol{\Theta}, \mathbf{P}(\boldsymbol{\Theta}), \mathrm{Cr})$ 上的模糊变量，其中 $\boldsymbol{\Theta}=\boldsymbol{\Theta}_{11}\times\boldsymbol{\Theta}_{12}\times\cdots\times\Theta_{mn}$，$\mathrm{Cr}=\mathrm{Cr}_{11}\wedge\mathrm{Cr}_{12}\wedge\cdots\wedge\mathrm{Cr}_{mn}$。

定理 3.1.5　若 X_{ij} 是定义在可信性空间 $(\boldsymbol{\Theta}_{ij}, \mathbf{P}(\Theta_{ij}), \mathrm{Cr}_{ij})$ 上的相互独立的非负模糊变量 $(i=1,2,\cdots,m; j=1,2,\cdots,n)$。则该模糊不可修串—并联系统的可靠度为

$$R(t)=\min_{1\leqslant i\leqslant m}\max_{1\leqslant j\leqslant n}\mathrm{Cr}\{X_{ij}>t\}$$

证明：由定义 3.1，定义 1.2.20 及定理 1.2.15 可知

$$\begin{aligned}R(t)&=\mathrm{Cr}\{\min_{1\leqslant i\leqslant m}(\max_{1\leqslant j\leqslant n}X_{ij})\}\\&=\mathrm{Cr}\Big\{\bigcap_{1\leqslant i\leqslant m}\bigcup_{1\leqslant j\leqslant n}\{X_{ij}>t\}\Big\}\\&=\min_{1\leqslant i\leqslant m}\mathrm{Cr}\Big\{\bigcup_{1\leqslant j\leqslant n}\{X_{ij}>t\}\Big\}\\&=\min_{1\leqslant i\leqslant m}\max_{1\leqslant j\leqslant n}\mathrm{Cr}\{X_{ij}>t\}\end{aligned}$$

证毕。

定理 3.1.6　若 X_{ij} 是定义在可信性空间 $(\boldsymbol{\Theta}_{ij}, \mathbf{P}(\Theta_{ij}), \mathrm{Cr}_{ij})$ 上的相互独立的非负模糊变量 $(i=1,2,\cdots,m; j=1,2,\cdots,n)$。则该模糊不可修串—并联系统的平均寿命为

$$\mathrm{MTTF}=\min_{1\leqslant i\leqslant m}\max_{1\leqslant j\leqslant n}E[X_{ij}]$$

证明：由定理 3.1.2 和 3.1.4 即可得证。

3.1.4　并—串联系统

考虑一个并—串联系统，即含有 m 个并联子系统，且每个子系统包含 n 个串联部件的系统。令第 i 个子系统中的第 j 个部件的寿命 X_{ij} 为定义在可信性空间 $(\boldsymbol{\Theta}_{ij}, \mathbf{P}(\Theta_{ij}), \mathrm{Cr}_{ij})$ 上的非负模糊变量且相互独立，$(i=1,2,\cdots,m; j=1,2,\cdots,n)$。则该不可修并—串联系统的寿命为 $X=\max\limits_{1\leqslant i\leqslant m}(\min\limits_{1\leqslant j\leqslant n} X_{ij})$，$X$ 为一个定义在有限乘积可信性空间 $(\boldsymbol{\Theta}, \mathbf{P}(\Theta), \mathrm{Cr})$ 上的模糊变量，其中 $\boldsymbol{\Theta}=\boldsymbol{\Theta}_{11}\times\boldsymbol{\Theta}_{12}\times\cdots\times\boldsymbol{\Theta}_{mn}$，$\mathrm{Cr}=\mathrm{Cr}_{11}\wedge\mathrm{Cr}_{12}\cdots\wedge\mathrm{Cr}_{mn}$。

定理 3.1.7　若 X_{ij} 是定义在可信性空间 $(\Theta_{ij}, \mathbf{P}(\Theta_{ij}), \mathrm{Cr}_{ij})$ 上的相互独立的非负模糊变量，$(i=1,2,\cdots,m; j=1,2,\cdots,n)$。则该模糊不可修并—串联系统的可靠度为

$$R(t)=\max_{1\leqslant i\leqslant m}\min_{1\leqslant j\leqslant n}\mathrm{Cr}\{X_{ij}>t\}$$

证明：由定义 3.1，定义 1.2.20 及定理 1.2.15 可知

$$\begin{aligned}R(t)&=\mathrm{Cr}\{\max_{1\leqslant i\leqslant m}(\min_{1\leqslant j\leqslant n}X_{ij})\}\\&=\mathrm{Cr}\Big\{\bigcup_{1\leqslant i\leqslant m}\bigcap_{1\leqslant j\leqslant n}\{X_{ij}>t\}\Big\}\end{aligned}$$

$$= \max_{1\leqslant i\leqslant m} \operatorname{Cr}\left\{ \bigcap_{1\leqslant j\leqslant n} \{X_{ij}>t\} \right\}$$
$$= \max_{1\leqslant i\leqslant m} \min_{1\leqslant j\leqslant n} \operatorname{Cr}\{X_{ij}>t\}$$

证毕。

定理 3.1.8 若 X_{ij} 是定义在可信性空间($\boldsymbol{\Theta}_{ij}$,$\mathbf{P}(\Theta_{ij})$,Cr_{ij})上的相互独立的非负模糊变量,($i=1,2,\cdots,m$;$j=1,2,\cdots,n$)。则该模糊不可修并—串联系统的平均寿命为

$$\text{MTTF}=\int_0^{+\infty} \max_{1\leqslant i\leqslant m} \min_{1\leqslant j\leqslant n} \operatorname{Cr}\{X_{ij}>t\}\,\mathrm{d}t$$

证明:由定理 3.1.2 和定理 3.1.4 即得证。

3.2 冷贮备系统

假设系统由 n 个部件组成。在初始时刻,一个部件开始工作,其余 $n-1$ 个部件作冷贮备。当工作部件失效时,贮备部件逐个地去替换,直到所有部件都失效,系统就失效。所谓冷贮备系统就是指贮备的部件不失效,贮备期的长短对以后使用时的工作寿命没有影响。

3.2.1 转换开关完全可靠的情形

假定贮备部件替换失效部件时,转换开关是完全可靠的,且转换是瞬间完成的。令第 i 个部件的寿命 X_i 是定义在可信性空间($\boldsymbol{\Theta}_i$,$\mathbf{P}(\Theta_i)$,Cr_i)上的非负随机模糊变量($i=1,2,\cdots,n$)。显然,该不可修冷贮备系统的寿命为 $X=X_1+X_2+\cdots+X_n$,X 为定义在有限乘积可信性空间($\boldsymbol{\Theta}$,$\mathbf{P}(\Theta)$,Cr)上的模糊变量,其中 $\boldsymbol{\Theta}=\boldsymbol{\Theta}_1\times\cdots\times\boldsymbol{\Theta}_n$,$\operatorname{Cr}=\operatorname{Cr}_1\wedge\cdots\wedge\operatorname{Cr}_n$。

定理 3.2.1 假设部件 i 的寿命 X_i($i=1,2,\cdots,n$)为相互独立的非负模糊变量,则该不可修冷贮备系统的可靠度为

$$R(t)=\operatorname{Cr}\{X_1+X_2+\cdots+X_n>t\}$$

定理 3.2.2 假设部件 i 的寿命 X_i($i=1,2,\cdots,n$)为相互独立的非负模糊变量,则该不可修冷贮备系统的平均寿命为

$$\text{MTTF}=\sum_{i=1}^{n} E[X_i]$$

证明:由定理 1.2.26 可知

$$\text{MTTF}=E[X_1+X_2+\cdots+X_n]=\sum_{i=1}^{n} E[X_i]$$

证毕。

例 3.2.1　假设在某冷贮备系统中，部件 i 的寿命 X_i 为三角模糊变量$(a_i,b_i,c_i)(i=1,2,\cdots,n)$，则该冷贮备系统的寿命为三角模糊变量$\left(\sum_{i=1}^{n} a_i, \sum_{i=1}^{n} b_i, \sum_{i=1}^{n} c_i\right)$。由定理 3.2.1 和定理 3.2.2 可知

$$R(t)=\begin{cases}1, & t\leqslant \sum_{i=1}^{n} a_i \\ \dfrac{\sum_{i=1}^{n}(2b_i-a_i)-t}{\sum_{i=1}^{n}(b_i-a_i)}, & \sum_{i=1}^{n} a_i\leqslant t\leqslant \sum_{i=1}^{n} b_i \\ \dfrac{\sum_{i=1}^{n}c_i-t}{2\sum_{i=1}^{n}(c_i-b_i)}, & \sum_{i=1}^{n} b_i\leqslant t\leqslant \sum_{i=1}^{n} c_i \\ 0, & t\geqslant \sum_{i=1}^{n} c_i\end{cases}$$

和

$$\mathrm{MTTF}=\sum_{i=1}^{n} E[X_i]=\frac{1}{4}\sum_{i=1}^{n}(a_i+2b_i+c_i)$$

3.2.2　转换开关不完全可靠的情形：开关寿命连续型

在实际问题中，冷贮备系统的转换开关也可能失效。因此，转换开关的好坏也是影响系统可靠度的一个重要因素。这里假定开关的寿命 X_K 为定义在可信性空间$(\boldsymbol{\Theta}_K,\mathbf{P}(\Theta_K),\mathrm{Cr}_K)$上的非负模糊变量，且与各部件的寿命相互独立。此时，开关失效和所有部件失效均会引起整个系统失效。该模糊冷贮备系统的寿命为 $X=\min\{X_1+X_2+\cdots+X_n,X_K\}$，$X$ 是定义在有限乘积可信性空间$(\boldsymbol{\Theta},\mathbf{P}(\Theta),\mathrm{Cr})$上的模糊变量，其中 $\boldsymbol{\Theta}=\boldsymbol{\Theta}_1\times\cdots\times\boldsymbol{\Theta}_n\times\boldsymbol{\Theta}_K$，$\mathrm{Cr}=\mathrm{Cr}_1\wedge\cdots\wedge\mathrm{Cr}_n\wedge\mathrm{Cr}_K$。

定理 3.2.3　假设转换开关的寿命 X_K 及部件的寿命 $X_i(i=1,2,\cdots,n)$ 均为相互独立的非负模糊变量，则该冷贮备系统的可靠度为

$$R(t)=\min\{\mathrm{Cr}\{X_1+X_2+\cdots+X_n>t\},\mathrm{Cr}\{X_K>t\}\}$$

定理 3.2.4　假设转换开关的寿命 X_K 及部件的寿命 $X_i(i=1,2,\cdots,n)$ 均为相互独立的非负模糊变量，则该冷贮备系统的平均寿命为

$$\mathrm{MTTF}=\min\{E[X_1+X_2+\cdots+X_n],E[X_K]\}$$

第4章

基于随机模糊寿命的不可修系统

在现实生活中,出现最多的是随机性和模糊性并存于同一不可修系统中的情形。在本章中,我们假设各部件的寿命为相互独立的非负随机模糊变量,分别建立随机模糊串联系统、随机模糊并联系统、随机模糊串—并联系统、随机模糊并—串联系统、随机模糊冷贮备系统及随机模糊温贮备系统的可靠性数学模型并进行分析,给出各可靠性数量指标的数学表达式。此外,针对部件寿命相关联的情况,我们也提出了随机模糊冲击模型和随机模糊致命冲击模型,并由随机模糊致命冲击模型诱导出了随机模糊二维指数分布。最后,给出随机模糊二维指数分布的相关性质。

首先,给出随机模糊不可修系统可靠度和平均寿命的全新定义。

定义 4.1 设不可修系统的寿命 X 为定义在可信性空间$(\boldsymbol{\Theta},\mathbf{P}(\Theta),\mathrm{Cr})$上的非负随机模糊变量,该不可修系统的可靠度定义为

$$R(t)=\mathrm{Ch}\{X>t\}$$

定义 4.2 设不可修系统的寿命 X 为定义在可信性空间$(\boldsymbol{\Theta},\mathbf{P}(\Theta),\mathrm{Cr})$上的非负随机模糊变量,该不可修系统的平均寿命定义为

$$\mathrm{MTTF}=\int_0^{+\infty}\mathrm{Cr}\{\theta\in\Theta\mid E[X(\theta)]\geqslant r\}\,\mathrm{d}r$$

4.1 串联系统和并联系统

4.1.1 串联系统

假设系统由 n 个部件串联而成,即任意部件失效就引起整个系统失效。令第 i 个部件的寿命 X_i 为定义在可信性空间$(\boldsymbol{\Theta}_i,\mathbf{P}(\Theta_i),\mathrm{Cr}_i)$上相互独立的非负随机模糊变量$(i=1,2,\cdots,n)$。我们还假设初始时刻所有部件都是新的,且同时开始工作。显然,该不可修串联系统的寿命为 $X=\min\{X_1,X_2,\cdots,X_n\}$,$X$ 是一个定义在可信性空间$(\boldsymbol{\Theta},\mathbf{P}(\Theta),\mathrm{Cr})$上的随机模糊变量,其中 $\boldsymbol{\Theta}=\boldsymbol{\Theta}_1\times\cdots\times\boldsymbol{\Theta}_n$,$\mathrm{Cr}=\mathrm{Cr}_1\wedge\cdots\wedge\mathrm{Cr}_n$。

定理 4.1.1　设 $X_i(i=1,2,\cdots,n)$ 为非负随机模糊变量，$E[X_i(\theta_i)](i=1,2,\cdots),n$ 的α-悲观值和 α-乐观值在 $\alpha\in(0,1]$ 处几乎是处处连续的，则该随机模糊串联系统的可靠度为

$$R(t)=E\left[\prod_{i=1}^{n}\Pr\{\omega\in\boldsymbol{\Omega}\mid X_i(\theta_i)(\omega)>t\}\right] \tag{4-1}$$

证明：由定义 4.1，定义 1.3.7 和定理 1.2.23 可知

$$\begin{aligned}R(t)&=\mathrm{Ch}\{X>t\}\\&=\int_0^1\mathrm{Cr}\{\theta\in\boldsymbol{\Theta}\mid\Pr\{X(\theta)>t\}\geqslant p\}\mathrm{d}p\\&=\frac{1}{2}\int_0^1(\Pr_\alpha^L\{\omega\in\boldsymbol{\Omega}\mid X(\theta)(\omega)>t\}+\Pr_\alpha^U\{\omega\in\boldsymbol{\Omega}\mid X(\theta)(\omega)>t\})\mathrm{d}\alpha\end{aligned} \tag{4-2}$$

令 $A_i=\{\theta_i\in\boldsymbol{\Theta}_i\mid\mu\{\theta_i\}\geqslant\alpha\}(i=1,2,\cdots,n)$。由于 $E[X_i(\theta_i)],\theta_i\in\boldsymbol{\Theta}_i(i=1,2,\cdots,n)$ 的α-悲观值和α-乐观值在任意 $\alpha\in(0,1]$ 处几乎是处处连续的，则必存在点 $\theta'_i,\theta''_i\in\mathbf{A}_i(i=1,2,\cdots,n)$，使得

$$E[X_i(\theta'_i)]=E[X_i(\theta_i)]_\alpha^L;\quad E[X_i(\theta''_i)]=E[X_i(\theta_i)]_\alpha^U$$

对任意 $\theta_{i,\alpha}\in\mathbf{A}_i$，有

$$E[X_i(\theta'_i)]\leqslant E[X_i(\theta_{i,\alpha})]\leqslant E[X_i(\theta''_i)],\quad i=1,2,\cdots,n \tag{4-3}$$

因此，由定理 1.1.21 可知

$$X_i(\theta'_i)\leqslant_d X_i(\theta_{i,\alpha})\leqslant_d X_i(\theta''_i);\forall\theta_{i,\alpha}\in\mathbf{A}_i,\quad i=1,2,\cdots,n \tag{4-4}$$

由定义 1.1.31 可知对于 $i=1,2,\cdots,n$，有

$$\begin{aligned}\Pr\{\omega\in\boldsymbol{\Omega}\mid X_i(\theta'_i)(\omega)>t\}&\leqslant\Pr\{\omega\in\boldsymbol{\Omega}\mid X_i(\theta_{i,\alpha})(\omega)>t\}\\&\leqslant\Pr\{\omega\in\boldsymbol{\Omega}\mid X_i(\theta''_i)(\omega)>t\}\end{aligned} \tag{4-5}$$

显然

$$\begin{aligned}\prod_{i=1}^{n}\Pr\{\omega\in\boldsymbol{\Omega}\mid X_i(\theta'_i)(\omega)>t\}&\leqslant\prod_{i=1}^{n}\Pr\{\omega\in\boldsymbol{\Omega}\mid X_i(\theta_{i,\alpha})(\omega)>t\}\\&\leqslant\prod_{i=1}^{n}\Pr\{\omega\in\boldsymbol{\Omega}\mid X_i(\theta''_i)(\omega)>t\}\end{aligned} \tag{4-6}$$

即

$$\begin{aligned}&\Pr\{\omega\in\boldsymbol{\Omega}\mid\min\{X_1(\theta'_1)(\omega),\cdots,X_n(\theta'_n)(\omega)\}>t\}\\&\leqslant\Pr\{\omega\in\boldsymbol{\Omega}\mid\min\{X_1(\theta_{1,\alpha})(\omega),\cdots,X_n(\theta_{n,\alpha})(\omega)\}>t\}\\&\leqslant\Pr\{\omega\in\boldsymbol{\Omega}\mid\min\{X_1(\theta''_1)(\omega),\cdots,X_n(\theta''_n)(\omega)\}>t\}\end{aligned} \tag{4-7}$$

又因为 $\theta_{i,\alpha}$ 是 $A_i(i=1,2,\cdots,n)$ 中的任意点，则由式(4-7)可知

$$\begin{aligned}&\Pr_\alpha^L\{\omega\in\boldsymbol{\Omega}\mid X(\theta)(\omega)>t\}\\&=\Pr\{\omega\in\boldsymbol{\Omega}\mid\min\{X_1(\theta'_1)(\omega),\cdots,X_n(\theta'_n)(\omega)\}>t\}\end{aligned}$$

$$= \prod_{i=1}^{n} \Pr\{\omega \in \mathbf{\Omega} \mid X_i(\theta'_i)(\omega) > t\} \tag{4-8}$$

和

$$\begin{aligned}
&\Pr_{\alpha}^{U}\{\omega \in \mathbf{\Omega} \mid X(\theta)(\omega) > t\} \\
&= \Pr\{\omega \in \mathbf{\Omega} \mid \min\{X_1(\theta''_1)(\omega), \cdots, X_n(\theta''_n)(\omega)\} > t\} \\
&= \prod_{i=1}^{n} \Pr\{\omega \in \mathbf{\Omega} \mid X_i(\theta''_i)(\omega) > t\}
\end{aligned} \tag{4-9}$$

另一方面,由式(4-5)可知

$$\begin{aligned}
&\Pr_{\alpha}^{L}\{\omega \in \mathbf{\Omega} \mid X_i(\theta_i)(\omega) > t\} \\
&= \Pr\{\omega \in \mathbf{\Omega} \mid X_i(\theta'_i)(\omega) > t\}, \quad i = 1, 2, \cdots, n
\end{aligned} \tag{4-10}$$

和

$$\begin{aligned}
&\Pr_{\alpha}^{U}\{\omega \in \mathbf{\Omega} \mid X_i(\theta_i)(\omega) > t\} \\
&= \Pr\{\omega \in \mathbf{\Omega} \mid X_i(\theta''_i)(\omega) > t\}, \quad i = 1, 2, \cdots, n
\end{aligned} \tag{4-11}$$

由式(4-8),式(4-9),式(4-10)和式(4-11)可知

$$\Pr_{\alpha}^{L}\{\omega \in \mathbf{\Omega} \mid X(\theta)(\omega) > t\} = \prod_{i=1}^{n} \Pr_{\alpha}^{L}\{\omega \in \mathbf{\Omega} \mid X_i(\theta_i)(\omega) > t\} \tag{4-12}$$

和

$$\Pr_{\alpha}^{U}\{\omega \in \mathbf{\Omega} \mid X(\theta)(\omega) > t\} = \prod_{i=1}^{n} \Pr_{\alpha}^{U}\{\omega \in \mathbf{\Omega} \mid X_i(\theta_i)(\omega) > t\} \tag{4-13}$$

再由式(4-2),式(4-12)和式(4-13)可得到

$$\begin{aligned}
R(t) &= \frac{1}{2}\int_0^1 (\Pr_{\alpha}^{L}\{\omega \in \mathbf{\Omega} \mid X(\theta)(\omega) > t\} + \Pr_{\alpha}^{U}\{\omega \in \mathbf{\Omega} \mid X(\theta)(\omega) > t\}) \mathrm{d}\alpha \\
&= \frac{1}{2}\int_0^1 \left(\prod_{i=1}^{n} \Pr_{\alpha}^{L}\{\omega \in \mathbf{\Omega} \mid X_i(\theta_i)(\omega) > t\} + \prod_{i=1}^{n} \Pr_{\alpha}^{U}\{\omega \in \mathbf{\Omega} \mid X_i(\theta_i)(\omega) > t\} \right) \mathrm{d}\alpha \\
&= \frac{1}{2}\int_0^1 \left(\left[\prod_{i=1}^{n} \Pr\{\omega \in \mathbf{\Omega} \mid X_i(\theta_i)(\omega) > t\} \right]_{\alpha}^{L} + \left[\prod_{i=1}^{n} \Pr\{\omega \in \mathbf{\Omega} \mid X_i(\theta_i)(\omega) > t\} \right]_{\alpha}^{U} \right) \mathrm{d}\alpha \\
&= E\left[\prod_{i=1}^{n} \Pr\{\omega \in \mathbf{\Omega} \mid X_i(\theta_i)(\omega) > t\} \right]
\end{aligned} \tag{4-14}$$

证毕。

注 4.1.1 若 $X_i(i=1,2,\cdots,n)$ 退化成随机变量,则定理 4.1.1 中的结论退化为

$$\begin{aligned}
R(t) &= \Pr\{\omega \in \mathbf{\Omega} \mid \min\{X_1(\omega), X_2(\omega), \cdots, X_n(\omega)\} > t\} \\
&= \prod_{i=1}^{n} \Pr\{\omega \in \mathbf{\Omega} \mid X_i(\omega) > t\}
\end{aligned} \tag{4-15}$$

这正和传统可靠性理论中的结论一致。

注 4.1.2　若 $X_i(i=1,2,\cdots,n)$ 退化成模糊变量，则定理 4.1.1 中的结论退化为

$$R(t)=\mathrm{Cr}\{\theta\in\mathbf{\Theta}\mid\min\{X_1(\theta_1),X_2(\theta_2),\cdots,X_n(\theta_n)\}>t\}$$
$$=\min_{1\leqslant i\leqslant n}\mathrm{Cr}\{\theta\in\mathbf{\Theta}\mid X_i(\theta_i)>t\}\tag{4-16}$$

这正和模糊可靠性理论中的结论一致。

定理 4.1.2　设 $X_i(i=1,2,\cdots,n)$ 为非负随机模糊变量，$E[X_i(\theta_i)](i=1,2,\cdots,n)$ 的 α-悲观值和 α-乐观值在 $\alpha\in(0,1]$ 处几乎是处处连续的，则该随机模糊串联系统的平均寿命为

$$\mathrm{MTTF}=\frac{1}{2}\int_0^1\int_0^{+\infty}\left\{\prod_{i=1}^n\mathrm{Pr}_\alpha^L\{\omega\in\mathbf{\Omega}\mid X_i(\theta_i)(\omega)\geqslant t\}+\prod_{i=1}^n\mathrm{Pr}_\alpha^U\{\omega\in\mathbf{\Omega}\mid X_i(\theta_i)(\omega)\geqslant t\}\right\}\mathrm{d}t\mathrm{d}\alpha\tag{4-17}$$

证明：由定义 4.2 和定理 1.2.23 可知

$$\mathrm{MTTF}=\int_0^{+\infty}\mathrm{Cr}\{\theta\in\mathbf{\Theta}\mid E[X(\theta)]\geqslant r\}\mathrm{d}r$$
$$=\frac{1}{2}\int_0^1(E[X(\theta)]_\alpha^L+E[X(\theta)]_\alpha^U)\mathrm{d}\alpha\tag{4-18}$$

由式(4-7)可知

$$\min\{X_1(\theta'_1)(\omega),\cdots,X_n(\theta'_n)(\omega)\}$$
$$\leqslant_d\min\{X_1(\theta_{1,\alpha})(\omega),\cdots,X_n(\theta_{n,\alpha})(\omega)\}$$
$$\leqslant_d\min\{X_1(\theta''_1)(\omega),\cdots,X_n(\theta''_n)(\omega)\}\tag{4-19}$$

由定理 1.1.21 可知

$$E[\min\{X_1(\theta'_1)(\omega),\cdots,X_n(\theta'_n)(\omega)\}]$$
$$\leqslant E[\min\{X_1(\theta_{1,\alpha})(\omega),\cdots,X_n(\theta_{n,\alpha})(\omega)\}]$$
$$\leqslant E[\min\{X_1(\theta''_1)(\omega),\cdots,X_n(\theta''_n)(\omega)\}]\tag{4-20}$$

因为 $\theta_{i,\alpha}$ 是 $A_i(i=1,2,\cdots,n)$ 中的任意点，于是有

$$E[X(\theta)]_\alpha^L=E[\min\{X_1(\theta'_1)(\omega),\cdots,X_n(\theta'_n)(\omega)\}]$$
$$=\int_0^{+\infty}\prod_{i=1}^n\mathrm{Pr}\{\omega\in\mathbf{\Omega}\mid X_i(\theta'_i)(\omega)\geqslant t\}\mathrm{d}t\tag{4-21}$$

和

$$E[X(\theta)]_\alpha^U=E[\min\{X_1(\theta''_1)(\omega),\cdots,X_n(\theta''_n)(\omega)\}]$$
$$=\int_0^{+\infty}\prod_{i=1}^n\mathrm{Pr}\{\omega\in\mathbf{\Omega}\mid X_i(\theta''_i)(\omega)\geqslant t\}\mathrm{d}t\tag{4-22}$$

由式(4-10)，式(4-11)，式(4-18)，式(4-21)和式(4-22)可知

$$\begin{aligned}\mathrm{MTTF} &= \frac{1}{2}\int_0^1 (E[X(\theta)]_\alpha^L + E[X(\theta)]_\alpha^U)\mathrm{d}\alpha \\ &= \frac{1}{2}\int_0^1 \left\{\int_0^{+\infty}\prod_{i=1}^n \Pr\{\omega\in\mathbf{\Omega} \mid X_i(\theta'_i)(\omega)\geqslant t\}\mathrm{d}t + \right. \\ &\quad \left.\int_0^{+\infty}\prod_{i=1}^n \Pr\{\omega\in\mathbf{\Omega} \mid X_i(\theta''_i)(\omega)\geqslant t\}\mathrm{d}t\right\}\mathrm{d}\alpha \qquad (4-23) \\ &= \frac{1}{2}\int_0^1\int_0^{+\infty}\left\{\prod_{i=1}^n \Pr_\alpha^L\{\omega\in\mathbf{\Omega} \mid X_i(\theta_i)(\omega)\geqslant t\} + \right. \\ &\quad \left.\prod_{i=1}^n \Pr_\alpha^U\{\omega\in\mathbf{\Omega} \mid X_i(\theta_i)(\omega)\geqslant t\}\right\}\mathrm{d}t\mathrm{d}\alpha\end{aligned}$$

证毕。

注 4.1.3 若 $X_i(i=1,2,\cdots,n)$ 退化为随机变量,则定理 4.1.2 中的结论退化为

$$\mathrm{MTTF} = \int_0^{+\infty}\prod_{i=1}^n \Pr\{\omega\in\mathbf{\Omega} \mid X_i(\omega)\geqslant t\}\mathrm{d}t \qquad (4-24)$$

这正和传统可靠性理论中的结论一致。

注 4.1.4 若 $X_i(i=1,2,\cdots,n)$ 退化为模糊变量,则定理 4.1.2 中的结论退化为

$$\begin{aligned}\mathrm{MTTF} &= \int_0^{+\infty}\mathrm{Cr}\{\theta\in\mathbf{\Theta} \mid \min\{X_1(\theta_1),X_2(\theta_2),\cdots,X_n(\theta_n)\}\geqslant t\}\mathrm{d}t \\ &= \min_{1\leqslant i\leqslant n} E[X_i] \qquad (4-25)\end{aligned}$$

这正和模糊可靠性理论中的结论一致。

例 4.1.1 若部件 i 的寿命 X_i 服从随机模糊指数分布 $\mathbf{EXP}(\lambda_i)$,其参数 λ_i 为定义在可信性空间($\mathbf{\Theta}_i,\mathbf{P}(\Theta_i),\mathrm{Cr}_i$)上的模糊变量($i=1,2,\cdots,n$),我们可以得到

$$\begin{aligned}&\Pr_\alpha^L\{\omega\in\mathbf{\Omega} \mid X(\theta)(\omega)>t\} \\ &= \prod_{i=1}^n \exp(-\lambda_{i,\alpha}^U t) = \exp\left(-\sum_{i=1}^n \lambda_{i,\alpha}^U t\right)\end{aligned}$$

和

$$\begin{aligned}&\Pr_\alpha^U\{\omega\in\mathbf{\Omega} \mid X(\theta)(\omega)>t\} \\ &= \prod_{i=1}^n \exp(-\lambda_{i,\alpha}^L t) = \exp\left(-\sum_{i=1}^n \lambda_{i,\alpha}^L t\right)\end{aligned}$$

由定理 4.1.1 和定理 4.1.2 可得该串联系统的可靠度和平均寿命分别为

$$\begin{aligned}R(t) &= \frac{1}{2}\int_0^1 (\Pr_\alpha^L\{\omega\in\mathbf{\Omega} \mid X(\theta)(\omega)>t\} + \Pr_\alpha^U\{\omega\in\mathbf{\Omega} \mid X(\theta)(\omega)>t\})\mathrm{d}\alpha \\ &= \frac{1}{2}\int_0^1 \left(\exp\left(-\sum_{i=1}^n \lambda_{i,\alpha}^U t\right) + \exp\left(-\sum_{i=1}^n \lambda_{i,\alpha}^L t\right)\right)\mathrm{d}\alpha \\ &= E\left[\exp\left(-\sum_{i=1}^n t\lambda_i\right)\right]\end{aligned}$$

和

$$\mathrm{MTTF}=\int_0^{+\infty}E\left[\exp\left(-\sum_{i=1}^{n}t\lambda_i\right)\right]\mathrm{d}t$$

其中 E 是模糊变量的期望值运算符。

4.1.2 并联系统

假设系统由 n 个部件并联而成,即只有当这 n 个部件都失效时系统才失效。令第 i 个部件的寿命 X_i 为定义在可信性空间$(\boldsymbol{\Theta}_i,\mathbf{P}(\Theta_i),\mathrm{Cr}_i)$上相互独立的非负随机模糊变量$(i=1,2,\cdots,n)$。我们还假设在初始时刻所有部件都是新的,且同时开始工作。显然,该不可修并联系统的寿命为 $X=\max\{X_1,X_2,\cdots,X_n\}$,$X$ 是一个定义在乘积可信性空间$(\boldsymbol{\Theta},\mathbf{P}(\Theta),\mathrm{Cr})$上的随机模糊变量,其中 $\boldsymbol{\Theta}=\boldsymbol{\Theta}_1\times\boldsymbol{\Theta}_2\times\cdots\times\boldsymbol{\Theta}_n$,$\mathrm{Cr}=\mathrm{Cr}_1\wedge\mathrm{Cr}_2\wedge\cdots\wedge\mathrm{Cr}_n$。

定理 4.1.3　设 $X_i(i=1,2,\cdots,n)$ 为非负随机模糊变量,$E[X_i(\theta_i)](i=1,2,\cdots,n)$的$\alpha$-悲观值和$\alpha$-乐观值在 $\alpha\in(0,1]$ 处几乎是处处连续的,则该随机模糊并联系统的可靠度为

$$R(t)=1-E\left[\prod_{i=1}^{n}(1-\Pr\{\omega\in\boldsymbol{\Omega}\mid X_i(\theta_i)(\omega)>t\})\right]\tag{4-26}$$

证明:由定义 4.1,定义 1.3.7 和定理 1.2.23 可知

$$\begin{aligned}R(t)&=\mathrm{Ch}\{X>t\}\\&=\int_0^1\mathrm{Cr}\{\theta\in\boldsymbol{\Theta}\mid\Pr\{X(\theta)>t\}\geqslant p\}\mathrm{d}p\\&=\frac{1}{2}\int_0^1(\Pr_\alpha^L\{\omega\in\boldsymbol{\Omega}\mid X(\theta)(\omega)>t\}+\Pr_\alpha^U\{\omega\in\boldsymbol{\Omega}\mid X(\theta)(\omega)>t\})\mathrm{d}\alpha\end{aligned}\tag{4-27}$$

令 $A_i=\{\theta_i\in\boldsymbol{\Theta}_i\mid\mu\{\theta_i\}\geqslant\alpha\}(i=1,2,\cdots,n)$。由于 $E[X_i(\theta_i)]$,$\theta_i\in\boldsymbol{\Theta}_i(i=1,2,\cdots,n)$的$\alpha$-悲观值和$\alpha$-乐观值在任意 $\alpha\in(0,1]$ 处几乎是处处连续的,则必存在点 $\theta'_i,\theta''_i\in A_i(i=1,2,\cdots,n)$,使得

$$E[X_i(\theta'_i)]=E[X_i(\theta_i)]_\alpha^L,E[X_i(\theta''_i)]=E[X_i(\theta_i)]_\alpha^U$$

对任意 $\theta_{i,\alpha}\in\mathbf{A}_i$,有

$$E[X_i(\theta'_i)]\leqslant E[X_i(\theta_{i,\alpha})]\leqslant E[X_i(\theta''_i)],\quad i=1,2,\cdots,n\tag{4-28}$$

因此,由定理 1.1.21 可知

$$X_i(\theta'_i)\leqslant_d X_i(\theta_{i,\alpha})\leqslant_d X_i(\theta''_i),\forall\theta_{i,\alpha}\in\mathbf{A}_i,\quad i=1,2,\cdots,n\tag{4-29}$$

由定义 1.1.31 可知

$$\begin{aligned}&\Pr\{\omega\in\boldsymbol{\Omega}\mid X_i(\theta'_i)(\omega)>t\}\leqslant\Pr\{\omega\in\boldsymbol{\Omega}\mid X_i(\theta_{i,\alpha})(\omega)>t\}\\&\qquad\leqslant\Pr\{\omega\in\boldsymbol{\Omega}\mid X_i(\theta''_i)(\omega)>t\},\quad i=1,2,\cdots,n\end{aligned}\tag{4-30}$$

显然

$$1-\prod_{i=1}^{n}[1-\Pr\{\omega\in\boldsymbol{\Omega}\mid X_i(\theta'_i)(\omega)>t\}]$$
$$\leqslant 1-\prod_{i=1}^{n}[1-\Pr\{\omega\in\boldsymbol{\Omega}\mid X_i(\theta_{i,\alpha})(\omega)>t\}]$$
$$\leqslant 1-\prod_{i=1}^{n}[1-\Pr\{\omega\in\boldsymbol{\Omega}\mid X_i(\theta''_i)(\omega)>t\}] \tag{4-31}$$

即

$$\begin{aligned}&\Pr\{\omega\in\boldsymbol{\Omega}\mid \max\{X_1(\theta'_1)(\omega),\cdots,X_n(\theta'_n)(\omega)\}>t\}\\ \leqslant&\Pr\{\omega\in\boldsymbol{\Omega}\mid \max\{X_1(\theta_{1,\alpha})(\omega),\cdots,X_n(\theta_{n,\alpha})(\omega)\}>t\}\\ \leqslant&\Pr\{\omega\in\boldsymbol{\Omega}\mid \max\{X_1(\theta''_1)(\omega),\cdots,X_n(\theta''_n)(\omega)\}>t\}\end{aligned} \tag{4-32}$$

又因为 $\theta_{i,\alpha}$是 A_i, $i=1,2,\cdots,n$ 中的任意点,由式(4-32)可知

$$\begin{aligned}&\Pr{}_\alpha^L\{\omega\in\boldsymbol{\Omega}\mid X(\theta)(\omega)>t\}\\ =&\Pr\{\omega\in\boldsymbol{\Omega}\mid \max\{X_1(\theta'_1)(\omega),\cdots,X_n(\theta'_n)(\omega)\}>t\}\\ =&1-\prod_{i=1}^{n}[1-\Pr\{\omega\in\boldsymbol{\Omega}\mid X_i(\theta'_i)(\omega)>t\}]\end{aligned} \tag{4-33}$$

和

$$\begin{aligned}&\Pr{}_\alpha^U\{\omega\in\boldsymbol{\Omega}\mid X(\theta)(\omega)>t\}\\ =&\Pr\{\omega\in\boldsymbol{\Omega}\mid \max\{X_1(\theta''_1)(\omega),\cdots,X_n(\theta''_n)(\omega)\}>t\}\\ =&1-\prod_{i=1}^{n}[1-\Pr\{\omega\in\boldsymbol{\Omega}\mid X_i(\theta''_i)(\omega)>t\}]\end{aligned} \tag{4-34}$$

另一方面,由式(4-30)有

$$\begin{aligned}&\Pr{}_\alpha^L\{\omega\in\boldsymbol{\Omega}\mid X_i(\theta_i)(\omega)>t\}\\ =&\Pr\{\omega\in\boldsymbol{\Omega}\mid X_i(\theta'_i)(\omega)>t\},\quad i=1,2,\cdots,n\end{aligned} \tag{4-35}$$

和

$$\begin{aligned}&\Pr{}_\alpha^U\{\omega\in\boldsymbol{\Omega}\mid X_i(\theta_i)(\omega)>t\}\\ =&\Pr\{\omega\in\boldsymbol{\Omega}\mid X_i(\theta''_i)(\omega)>t\},\quad i=1,2,\cdots,n\end{aligned} \tag{4-36}$$

再由式(4-33),式(4-34),式(4-35),式(4-36)可得

$$\begin{aligned}&\Pr{}_\alpha^L\{\omega\in\boldsymbol{\Omega}\mid X(\theta)(\omega)>t\}\\ =&1-\prod_{i=1}^{n}[1-\Pr{}_\alpha^L\{\omega\in\boldsymbol{\Omega}\mid X_i(\theta_i)(\omega)>t\}]\end{aligned} \tag{4-37}$$

和

$$\begin{aligned}&\Pr{}_\alpha^U\{\omega\in\boldsymbol{\Omega}\mid X(\theta)(\omega)>t\}\\ =&1-\prod_{i=1}^{n}[1-\Pr{}_\alpha^U\{\omega\in\boldsymbol{\Omega}\mid X_i(\theta_i)(\omega)>t\}]\end{aligned} \tag{4-38}$$

由式(4-27),式(4-37)和式(4-38)有

$$\begin{aligned}R(t)&=\frac{1}{2}\int_0^1(\mathrm{Pr}_\alpha^L\{\omega\in\boldsymbol{\Omega}\mid X(\theta)(\omega)>t\}+\mathrm{Pr}_\alpha^U\{\omega\in\boldsymbol{\Omega}\mid X(\theta)(\omega)>t\})\mathrm{d}\alpha\\&=\frac{1}{2}\int_0^1\Big(1-\prod_{i=1}^{n}[1-\mathrm{Pr}_\alpha^L\{\omega\in\boldsymbol{\Omega}\mid X_i(\theta_i)(\omega)>t\}]+\\&\quad 1-\prod_{i=1}^{n}[1-\mathrm{Pr}_\alpha^U\{\omega\in\boldsymbol{\Omega}\mid X_i(\theta_i)(\omega)>t\}]\Big)\mathrm{d}\alpha\\&=1-\frac{1}{2}\int_0^1\Big(\Big\{\prod_{i=1}^{n}[1-\mathrm{Pr}\{\omega\in\boldsymbol{\Omega}\mid X_i(\theta_i)(\omega)>t\}]\Big\}_\alpha^U+\\&\quad\Big\{\prod_{i=1}^{n}[1-\mathrm{Pr}\{\omega\in\boldsymbol{\Omega}\mid X_i(\theta_i)(\omega)>t\}]\Big\}_\alpha^L\Big)\mathrm{d}\alpha\\&=1-E\Big[\prod_{i=1}^{n}(1-\mathrm{Pr}\{\omega\in\boldsymbol{\Omega}\mid X_i(\theta_i)(\omega)>t\})\Big]\end{aligned}\tag{4-39}$$

证毕。

注 4.1.5　若 $X_i(i=1,2,\cdots,n)$ 退化为随机变量,则定理 4.1.3 的结论退化为

$$\begin{aligned}R(t)&=\mathrm{Pr}\{\omega\in\boldsymbol{\Omega}\mid\max\{X_1(\omega),X_2(\omega),\cdots,X_n(\omega)\}>t\}\\&=1-\prod_{i=1}^{n}[1-\mathrm{Pr}\{\omega\in\boldsymbol{\Omega}\mid X_i(\omega)>t\}]\end{aligned}\tag{4-40}$$

这正和传统可靠性理论中的结论一致。

注 4.1.6　若 $X_i(i=1,2,\cdots,n)$ 退化为模糊变量,则定理 4.1.3 的结论退化为

$$\begin{aligned}R(t)&=\mathrm{Cr}\{\theta\in\boldsymbol{\Theta}\mid\max\{X_1(\theta_1),X_2(\theta_2),\cdots,X_n(\theta_n)\}>t\}\\&=\max_{1\leqslant i\leqslant n}\mathrm{Cr}\{\theta\in\boldsymbol{\Theta}\mid X_i(\theta_i)>t\}\end{aligned}\tag{4-41}$$

这正和模糊可靠性理论中的结论一致。

定理 4.1.4　设 $X_i(i=1,2,\cdots,n)$ 为非负随机模糊变量,$E[X_i(\theta_i)](i=1,2,\cdots)$,$n$ 的 α-悲观值和 α-乐观值在 $\alpha\in(0,1]$ 处几乎是处处连续的,则该随机模糊并联系统的平均寿命为

$$\begin{aligned}\mathrm{MTTF}=\frac{1}{2}\int_0^1\int_0^{+\infty}\Big\{2&-\prod_{i=1}^{n}[1-\mathrm{Pr}_\alpha^L\{\omega\in\boldsymbol{\Omega}\mid X_i(\theta_i)(\omega)\geqslant t\}]-\\&\prod_{i=1}^{n}[1-\mathrm{Pr}_\alpha^U\{\omega\in\boldsymbol{\Omega}\mid X_i(\theta_i)(\omega)\geqslant t\}]\Big\}\mathrm{d}t\mathrm{d}\alpha\end{aligned}\tag{4-42}$$

证明:由定义 4.2 和定理 1.2.23 可得

$$\begin{aligned}\mathrm{MTTF}&=\int_0^{+\infty}\mathrm{Cr}\{\theta\in\boldsymbol{\Theta}\mid E[X(\theta)]\geqslant r\}\mathrm{d}r\\&=\frac{1}{2}\int_0^1(E[X(\theta)]_\alpha^L+E[X(\theta)]_\alpha^U)\mathrm{d}\alpha\end{aligned}\tag{4-43}$$

由式(4-32)可知

$$\begin{aligned}&\max\{X_1(\theta'_1)(\omega),\cdots,X_n(\theta'_n)(\omega)\}\\&\leqslant_d\max\{X_1(\theta_{1,\alpha})(\omega),\cdots,X_n(\theta_{n,\alpha})(\omega)\}\\&\leqslant_d\max\{X_1(\theta''_1)(\omega),\cdots,X_n(\theta''_n)(\omega)\}\end{aligned}\tag{4-44}$$

由定理 1.1.21 可知

$$\begin{aligned}&E[\max\{X_1(\theta'_1)(\omega),\cdots,X_n(\theta'_n)(\omega)\}]\\&\leqslant E[\max\{X_1(\theta_{1,\alpha})(\omega),\cdots,X_n(\theta_{n,\alpha})(\omega)\}]\\&\leqslant E[\max\{X_1(\theta''_1)(\omega),\cdots,X_n(\theta''_n)(\omega)\}]\end{aligned}\tag{4-45}$$

因为 $\theta_{i,\alpha}$是 $A_i(i=1,2,\cdots,n)$中的任意点,则有

$$\begin{aligned}E[X(\theta)]_\alpha^L&=E[\max\{X_1(\theta'_1)(\omega),\cdots,X_n(\theta'_n)(\omega)\}]\\&=\int_0^{+\infty}\left\{1-\prod_{i=1}^{n}[1-\Pr\{\omega\in\boldsymbol{\Omega}\mid X_i(\theta'_i)(\omega)\geqslant t\}]\right\}\mathrm{d}t\end{aligned}\tag{4-46}$$

和

$$\begin{aligned}E[X(\theta)]_\alpha^U&=E[\max\{X_1(\theta''_1)(\omega),\cdots,X_n(\theta''_n)(\omega)\}]\\&=\int_0^{+\infty}\left\{1-\prod_{i=1}^{n}[1-\Pr\{\omega\in\boldsymbol{\Omega}\mid X_i(\theta''_i)(\omega)\geqslant t\}]\right\}\mathrm{d}t\end{aligned}\tag{4-47}$$

由式(4-35),式(4-36),式(4-43),式(4-46),式(4-47)可知

$$\begin{aligned}\mathrm{MTTF}&=\frac{1}{2}\int_0^1(E[X(\theta)]_\alpha^L+E[X(\theta)]_\alpha^U)\mathrm{d}\alpha\\&=\frac{1}{2}\int_0^1\left\{\int_0^{+\infty}\left\{1-\prod_{i=1}^{n}[1-\Pr\{\omega\in\boldsymbol{\Omega}\mid X_i(\theta'_i)(\omega)\geqslant t\}]\right\}\mathrm{d}t+\right.\\&\quad\left.\int_0^{+\infty}\left\{1-\prod_{i=1}^{n}[1-\Pr\{\omega\in\boldsymbol{\Omega}\mid X_i(\theta''_i)(\omega)\geqslant t\}]\right\}\mathrm{d}t\right\}\mathrm{d}\alpha\\&=\frac{1}{2}\int_0^1\left\{\int_0^{+\infty}\left\{1-\prod_{i=1}^{n}[1-\mathrm{Pr}_\alpha^L\{\omega\in\boldsymbol{\Omega}\mid X_i(\theta_i)(\omega)\geqslant t\}]\right\}\mathrm{d}t+\right.\\&\quad\left.\int_0^{+\infty}\left\{1-\prod_{i=1}^{n}[1-\mathrm{Pr}_\alpha^U\{\omega\in\boldsymbol{\Omega}\mid X_i(\theta_i)(\omega)\geqslant t\}]\right\}\mathrm{d}t\right\}\mathrm{d}\alpha\\&=\frac{1}{2}\int_0^1\int_0^{+\infty}\left\{2-\prod_{i=1}^{n}[1-\mathrm{Pr}_\alpha^L\{\omega\in\boldsymbol{\Omega}\mid X_i(\theta_i)(\omega)\geqslant t\}]-\right.\\&\quad\left.\prod_{i=1}^{n}[1-\mathrm{Pr}_\alpha^U\{\omega\in\boldsymbol{\Omega}\mid X_i(\theta_i)(\omega)\geqslant t\}]\right\}\mathrm{d}t\mathrm{d}\alpha\end{aligned}\tag{4-48}$$

证毕。

注 4.1.7 若 $X_i(i=1,2,\cdots,n)$退化为随机变量,则定理 4.1.4 中的结论退化为

$$\mathrm{MTTF}=\int_0^{+\infty}\left\{1-\prod_{i=1}^{n}\left[1-\Pr\{\omega\in\mathbf{\Omega}\mid X_i(\theta_i)(\omega)\geqslant t\}\right]\right\}\mathrm{d}t \tag{4-49}$$

这正和传统可靠性理论中的结论一致。

注 4.1.8　若 $X_i(i=1,2,\cdots,n)$ 退化为模糊变量，则定理 4.1.4 中的结论退化为

$$\begin{aligned}\mathrm{MTTF}&=\int_0^{+\infty}\mathrm{Cr}\{\theta\in\mathbf{\Theta}\mid \max\{X_1(\theta_1),X_2(\theta_2),\cdots,X_n(\theta_n)\}\geqslant t\}\mathrm{d}t\\&=\max_{1\leqslant i\leqslant n}E[X_i]\end{aligned} \tag{4-50}$$

这正和模糊可靠性理论中的结论一致。

例 4.1.2　若部件 i 的寿命 X_i 服从随机模糊指数分布 **EXP** $X(\lambda_i)$，其参数 λ_i 为定义在可信性空间 $(\mathbf{\Theta}_i,\mathbf{P}(\Theta_i),\mathrm{Cr}_i)$ 上的模糊变量 $(i=1,2,\cdots,n)$。我们有

$$\Pr{}_{\alpha}^{L}\{\omega\in\mathbf{\Omega}\mid X(\theta)(\omega)>t\}=1-\prod_{i=1}^{n}\left[1-\exp(-\lambda_{i,\alpha}^{U}t)\right]$$

和

$$\Pr{}_{\alpha}^{U}\{\omega\in\mathbf{\Omega}\mid X(\theta)(\omega)>t\}=1-\prod_{i=1}^{n}\left[1-\exp(-\lambda_{i,\alpha}^{L}t)\right]$$

再由定理 4.1.3 及定理 4.1.4 可得

$$\begin{aligned}R(t)&=\frac{1}{2}\int_0^1\left(\Pr{}_{\alpha}^{L}\{\omega\in\mathbf{\Omega}\mid X(\theta)(\omega)>t\}+\Pr{}_{\alpha}^{U}\{\omega\in\mathbf{\Omega}\mid X(\theta)(\omega)>t\}\right)\mathrm{d}\alpha\\&=\frac{1}{2}\int_0^1\left(1-\prod_{i=1}^{n}\left[1-\exp(-\lambda_{i,\alpha}^{U}t)\right]+1-\prod_{i=1}^{n}\left[1-\exp(-\lambda_{i,\alpha}^{L}t)\right]\right)\mathrm{d}\alpha\\&=1-E\left[\prod_{i=1}^{n}(1-\exp(-\lambda_i t))\right]\end{aligned}$$

和

$$\mathrm{MTTF}=\int_0^{+\infty}\left\{1-E\left[\prod_{i=1}^{n}(1-\exp(-\lambda_i t))\right]\right\}\mathrm{d}t$$

其中 E 是模糊变量的期望值运算符。

4.1.3　串—并联系统

考虑一个串—并联系统，即含有 m 个串联子系统，且每个子系统包含 n 个并联部件的系统。令第 i 个子系统中第 j 个部件的寿命 X_{ij} 是定义在可信性空间 $(\mathbf{\Theta}_{ij},\mathbf{P}(\Theta_{ij}),\mathrm{Cr}_{ij})$ 上的非负随机模糊变量且相互独立 $(i=1,2,\cdots,m;j=1,2,\cdots,n)$。显然，该不可修串—并联系统的寿命为 $X=\min\limits_{1\leqslant i\leqslant m}(\max\limits_{1\leqslant j\leqslant n}X_{ij})$，即一个定义在有限乘积可信性空间 $(\mathbf{\Theta},\mathbf{P}(\Theta),\mathrm{Cr})$ 上的随机模糊变量，其中 $\mathbf{\Theta}=\mathbf{\Theta}_{11}\times\mathbf{\Theta}_{12}\times\cdots\times\mathbf{\Theta}_{mn}$，$\mathrm{Cr}=\mathrm{Cr}_{11}\wedge\mathrm{Cr}_{12}\wedge\cdots\wedge\mathrm{Cr}_{mn}$。由定理 4.1.1 至定理 4.1.4 可得以下结论。

定理 4.1.5　设 X_{ij} 为非负随机模糊变量，$E[X_{ij}(\theta_{ij})]$ $(i=1,2,\cdots,m;j=1,2,$

$\cdots,n)$的 α-悲观值和 α-乐观值在 $\alpha\in(0,1]$处几乎是处处连续的,则该随机模糊串—并联系统的可靠度为

$$R(t)=E\left[\prod_{i=1}^{m}\left\{1-\prod_{j=1}^{n}\left[1-\Pr\{\omega\in\boldsymbol{\Omega}\mid X_{ij}(\theta_{ij})(\omega)>t\}\right]\right\}\right]$$

注 4.1.9 若 $X_{ij}(i=1,2,\cdots,m;j=1,2,\cdots,n)$退化为随机变量,则定理 4.1.5 中的结论退化为

$$R(t)=\prod_{i=1}^{m}\left\{1-\prod_{j=1}^{n}\left[1-\Pr\{\omega\in\boldsymbol{\Omega}\mid X_{ij}(\omega)>t\}\right]\right\}$$

这正和传统可靠性理论中的结论一致。

注 4.1.10 若 $X_{ij}(i=1,2,\cdots,m;j=1,2,\cdots,n)$退化为模糊变量,则定理 4.1.5 中的结论退化为

$$R(t)=\mathrm{Cr}\{\min_{1\leqslant i\leqslant m}(\max_{1\leqslant j\leqslant n}X_{ij})>t\}$$

这正和模糊可靠性理论中的结论一致。

定理 4.1.6 设 X_{ij} 为非负随机模糊变量,$E[X_{ij}(\theta_{ij})](i=1,2,\cdots,m;j=1,2,\cdots,n)$的$\alpha$-悲观值和 α-乐观值在 $\alpha\in(0,1]$处几乎是处处连续的,则该随机模糊串—并联系统的平均寿命为

$$\mathrm{MTTF}=\frac{1}{2}\int_0^1\int_0^{+\infty}\left\{\prod_{i=1}^{m}\left\{1-\prod_{j=1}^{n}\left[1-\Pr_\alpha^L\{\omega\in\boldsymbol{\Omega}\mid X_{ij}(\theta_{ij})(\omega)\geqslant t\}\right]\right\}+\prod_{i=1}^{m}\left\{1-\prod_{j=1}^{n}\left[1-\Pr_\alpha^U\{\omega\in\boldsymbol{\Omega}\mid X_{ij}(\theta_{ij})(\omega)\geqslant t\}\right]\right\}\right\}\mathrm{d}t\mathrm{d}\alpha$$

注 4.1.11 若 $X_{ij}(i=1,2,\cdots,m;j=1,2,\cdots,n)$退化成随机变量,则定理 4.1.6 中的结论退化成

$$\mathrm{MTTF}=\int_0^{+\infty}\prod_{i=1}^{m}\left\{1-\prod_{j=1}^{n}\left[1-\Pr\{\omega\in\boldsymbol{\Omega}\mid X_{ij}(\theta_{ij})(\omega)\geqslant t\}\right]\right\}\mathrm{d}t$$

这正和传统可靠性理论中的结论一致。

注 4.1.12 若 $X_{ij}(i=1,2,\cdots,m;j=1,2,\cdots,n)$退化成模糊变量,则定理 4.1.6 中的结论退化成

$$\begin{aligned}\mathrm{MTTF}&=\int_0^{+\infty}\mathrm{Cr}\{\theta\in\boldsymbol{\Theta}\mid\min_{1\leqslant i\leqslant m}(\max_{1\leqslant j\leqslant n}X_{ij}(\theta_{ij}))\geqslant t\}\mathrm{d}t\\&=\min_{1\leqslant i\leqslant m}\max_{1\leqslant i\leqslant n}E[X_i]\end{aligned}$$

这正和模糊可靠性理论中的结论一致。

4.1.4 并—串联系统

考虑一个并—串联系统,即含有 m 个并联子系统,且每个子系统包含 n 个串联

部件的系统。令第 i 个子系统中的第 j 个部件的寿命 X_{ij} 为定义在可信性空间($\boldsymbol{\Theta}_{ij}$，$\mathbf{P}(\Theta_{ij})$，Cr_{ij})上的非负随机模糊变量且相互独立($i=1,2,\cdots,m;j=1,2,\cdots,n$)。显然，该不可修并—串联系统的寿命为 $X=\max\limits_{1\leqslant i\leqslant m}(\min\limits_{1\leqslant j\leqslant n}X_{ij})$，$X$ 是一个定义在有限乘积可信性空间($\boldsymbol{\Theta}$,$\mathbf{P}(\Theta)$,Cr)上的随机模糊变量，其中 $\boldsymbol{\Theta}=\boldsymbol{\Theta}_{11}\times\boldsymbol{\Theta}_{12}\times\cdots\times\boldsymbol{\Theta}_{mn}$，$\mathrm{Cr}=\mathrm{Cr}_{11}\wedge\mathrm{Cr}_{12}\wedge\cdots\wedge\mathrm{Cr}_{mn}$。由定理 4.1.1 至定理 4.1.4 可得以下结论。

定理 4.1.7　设 X_{ij} 为非负随机模糊变量，$E[X_{ij}(\theta_{ij})]$ ($i=1,2,\cdots,m;j=1,2,\cdots,n$)的$\alpha$-悲观值和$\alpha$-乐观值在 $\alpha\in(0,1]$ 处几乎是处处连续的，则该随机模糊并—串联系统的可靠度为

$$R(t)=1-E\left[\prod_{i=1}^{m}\left\{1-\prod_{j=1}^{n}\Pr\{\omega\in\boldsymbol{\Omega}\mid X_{ij}(\theta_{ij})(\omega)>t\}\right\}\right]$$

注 4.1.13　若 X_{ij}($i=1,2,\cdots,m;j=1,2,\cdots,n$)退化为随机变量，则定理 4.1.7 中的结论退化为

$$R(t)=1-\prod_{i=1}^{m}\left\{1-\prod_{j=1}^{n}\Pr\{\omega\in\boldsymbol{\Omega}\mid X_{ij}(\omega)>t\}\right\}$$

这正和传统可靠性理论中的结论一致。

注 4.1.14　若 X_{ij}($i=1,2,\cdots,m;j=1,2,\cdots,n$)退化成模糊变量，则定理 4.1.7 中的结论退化为

$$R(t)=\mathrm{Cr}\{\max_{1\leqslant i\leqslant m}(\min_{1\leqslant j\leqslant n}X_{ij})>t\}$$

这正和模糊可靠性理论中的结论一致。

定理 4.1.8　设 X_{ij} 为非负随机模糊变量，$E[X_{ij}(\theta_{ij})]$ ($i=1,2,\cdots,m;j=1,2,\cdots,n$)的 α-悲观值和 α-乐观值在 $\alpha\in(0,1]$ 处几乎是处处连续的，则该随机模糊并—串联系统的平均寿命为

$$\begin{aligned}\mathrm{MTTF}=&\frac{1}{2}\int_0^1\int_0^{+\infty}\left\{2-\prod_{i=1}^{m}\left[1-\prod_{j=1}^{n}\Pr_\alpha^L\{\omega\in\boldsymbol{\Omega}\mid X_{ij}(\theta_{ij})(\omega)\geqslant t\}\right]-\right.\\&\left.\prod_{i=1}^{m}\left[1-\prod_{j=1}^{n}\Pr_\alpha^U\{\omega\in\Omega\mid X_{ij}(\theta_{ij})(\omega)\geqslant t\}\right]\right\}\mathrm{d}t\mathrm{d}\alpha\end{aligned}$$

注 4.1.15　若 X_{ij}($i=1,2,\cdots,m;j=1,2,\cdots,n$)退化为随机变量，则定理 4.1.8 中的结论退化成

$$\mathrm{MTTF}=\int_0^{+\infty}\left\{1-\prod_{i=1}^{m}\left[1-\prod_{j=1}^{n}\Pr\{\omega\in\boldsymbol{\Omega}\mid X_{ij}(\omega)\geqslant t\}\right]\right\}\mathrm{d}t$$

这正和传统可靠性理论中的结论一致。

注 4.1.16　若 X_{ij}($i=1,2,\cdots,m;j=1,2,\cdots,n$)退化为模糊变量，则定理 4.1.8 中的结论退化成

$$\text{MTTF} = \int_0^{+\infty} \text{Cr}\{\theta \in \boldsymbol{\Theta} \mid \max_{1\leqslant i\leqslant m}(\min_{1\leqslant j\leqslant n} X_{ij}) \geqslant t\}\,\text{d}t$$
$$= \max_{1\leqslant i\leqslant m}\ \min_{1\leqslant j\leqslant n} E[X_i]$$

这正和模糊可靠性理论中的结论一致。

例 4.1.3 假设一个照明系统如图 4.1 所示,由 L_1, L_2, L_3 三组件构成,其寿命分别记作 X_1, X_2, X_3,系统的寿命记作 X。我们还假设 X_1, X_2, X_3 分别为定义在$(\boldsymbol{\Theta}_i, \mathbf{P}(\boldsymbol{\Theta}_i), \text{Cr}_i)(i=1,2,3)$上的随机模糊变量,且 $X_i(\lambda_i) \sim \mathbf{EXP}(\lambda_i)(i=1,2,3)$,其中 $\lambda_1=(1,2,3), \lambda_2=(0,1,2), \lambda_3=(0,1,2)$。

首先计算

$$\begin{cases}\lambda_{1,\alpha}^L = 1+\alpha \\ \lambda_{1,\alpha}^U = 3-\alpha\end{cases} \quad \begin{cases}\lambda_{2,\alpha}^L = \alpha \\ \lambda_{2,\alpha}^U = 2-\alpha\end{cases} \quad \begin{cases}\lambda_{3,\alpha}^L = \alpha \\ \lambda_{3,\alpha}^U = 2-\alpha\end{cases}$$

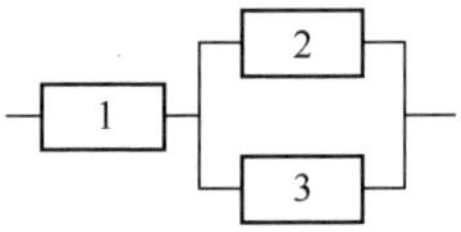

图 4.1 照明系统

进一步可得到

$$\text{Pr}_\alpha^L\{X>t\} = \text{Pr}_\alpha^L\{X_1>t\} \cdot \{1-(1-\text{Pr}_\alpha^L\{X_2>t\})(1-\text{Pr}_\alpha^L\{X_3>t\})\}$$
$$= \text{e}^{-(3-\alpha)t}\{1-(1-\text{e}^{-(2-\alpha)t})(1-\text{e}^{-(2-\alpha)t})\}$$
$$= 2\text{e}^{-(5-2\alpha)t} - \text{e}^{-(7-3\alpha)t}$$

和

$$\text{Pr}_\alpha^U\{X>t\} = \text{Pr}_\alpha^U\{X_1>t\} \cdot \{1-(1-\text{Pr}_\alpha^U\{X_2>t\})(1-\text{Pr}_\alpha^U\{X_3>t\})\}$$
$$= \text{e}^{-(1+\alpha)t}\{1-(1-\text{e}^{-\alpha t})(1-\text{e}^{-\alpha t})\}$$
$$= 2\text{e}^{-(1+2\alpha)t} - \text{e}^{-(1+3\alpha)t}$$

因此,该照明系统的可靠度和平均寿命分别为

$$R(t) = \frac{1}{2}\int_0^1 (\text{Pr}_\alpha^L\{X>t\} + \text{Pr}_\alpha^U\{X>t\})\,\text{d}\alpha$$
$$= \frac{1}{2}\int_0^1 [2\text{e}^{-(5-2\alpha)t} - \text{e}^{-(7-3\alpha)t} + 2\text{e}^{-(1+2\alpha)t} - \text{e}^{-(1+3\alpha)t}]\,\text{d}\alpha$$
$$= \frac{1}{6t}(2\text{e}^{-t} - 3^{-5t} + \text{e}^{-7t})$$

和

$$\text{MTTF} = \int_0^{+\infty} \frac{1}{6t}(2\text{e}^{-t} - 3\text{e}^{-5t} + \text{e}^{-7t})\,\text{d}t$$
$$\approx 0.4804$$

例 4.1.4 一个立体声音响系统如图 4.2 所示, 由以下部件构成:①FM 调谐器;②换片装置;③放大器;④说话人 A;⑤说话人 B。设部件 i 的寿命为 $X_i(i=1,$

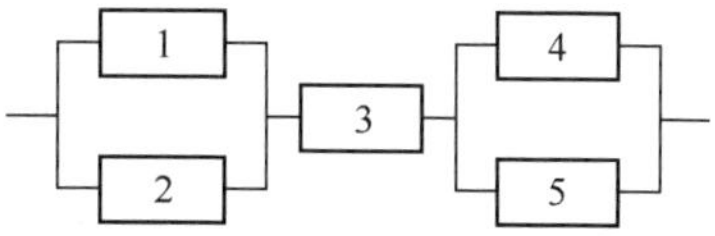

图 4.2　音响系统

2,…,5),系统的寿命为 X。我们还假设 $\overline{X}_i(\lambda_i) \sim$ **EXP** $\overline{X}_i(\lambda_i)$ $(i=1,2,\cdots,5)$,其中 $\lambda_1=(1,2,3)$, $\lambda_2=(1.5,2.5,3.5)$, $\lambda_3=(0,1,2,)$, $\lambda_4=(1,2,3)$, $\lambda_5=(0.5,1.5,2.5)$。

首先计算

$$\begin{cases}\lambda_{1,\alpha}^L=1+\alpha\\ \lambda_{1,\alpha}^U=3-\alpha\end{cases}\quad \begin{cases}\lambda_{2,\alpha}^L=1.5+\alpha\\ \lambda_{2,\alpha}^U=3.5-\alpha\end{cases}\quad \begin{cases}\lambda_{3,\alpha}^L=\alpha\\ \lambda_{3,\alpha}^U=2-\alpha\end{cases}\quad \begin{cases}\lambda_{4,\alpha}^L=1+\alpha\\ \lambda_{4,\alpha}^U=3-\alpha\end{cases}\quad \begin{cases}\lambda_{5,\alpha}^L=0.5+\alpha\\ \lambda_{5,\alpha}^U=2.5-\alpha\end{cases}$$

进一步可以得到

$$\begin{aligned}\mathrm{Pr}_\alpha^L\{X>t\}&=\{1-(1-\mathrm{Pr}_\alpha^L\{X_1>t\})(1-\mathrm{Pr}_\alpha^L\{X_2>t\})\}\cdot\mathrm{Pr}_\alpha^L\{X_3>t\}\cdot\\&\quad\{1-(1-\mathrm{Pr}_\alpha^L\{X_4>t\})(1-\mathrm{Pr}_\alpha^L\{X_5>t\})\}\\&=\{1-(1-\mathrm{e}^{-(3-\alpha)t})(1-\mathrm{e}^{-(3.5-\alpha)t})\}\mathrm{e}^{-(2-\alpha)t}\cdot\{1-(1-\mathrm{e}^{-(3-\alpha)t})(1-\mathrm{e}^{-(2.5-\alpha)t})\}\\&=\mathrm{e}^{-(2-\alpha)t}[\mathrm{e}^{-(3.5-\alpha)t}+\mathrm{e}^{-(3-\alpha)t}-\mathrm{e}^{-(6.5-2\alpha)t}]\cdot[\mathrm{e}^{-(3-\alpha)t}+\mathrm{e}^{-(2.5-\alpha)t}-\mathrm{e}^{-(3.5-2\alpha)t}]\end{aligned}$$

和

$$\begin{aligned}\mathrm{Pr}_\alpha^U\{X>t\}&=\{1-(1-\mathrm{Pr}_\alpha^U\{X_1>t\})(1-\mathrm{Pr}_\alpha^U\{X_2>t\})\}\cdot\mathrm{Pr}_\alpha^U\{X_3>t\}\cdot\\&\quad\{1-(1-\mathrm{Pr}_\alpha^U\{X_4>t\})(1-\mathrm{Pr}_\alpha^U\{X_5>t\})\}\\&=\{1-(1-\mathrm{e}^{-(1+\alpha)t})(1-\mathrm{e}^{-(1.5+\alpha)t})\}\cdot\mathrm{e}^{-\alpha t}\cdot\{1-(1-\mathrm{e}^{-(1+\alpha)t})(1-\mathrm{e}^{-(0.5+\alpha)t})\}\\&=\mathrm{e}^{-\alpha t}[\mathrm{e}^{-(1+\alpha)t}+\mathrm{e}^{-(1.5+\alpha)t}-\mathrm{e}^{-(2.5+2\alpha)t}]\cdot[\mathrm{e}^{-(1+\alpha)t}+\mathrm{e}^{-(0.5+\alpha)t}-\mathrm{e}^{-(1.5+2\alpha)t}]\end{aligned}$$

因此,该音响系统的可靠度和平均寿命分别为

$$\begin{aligned}R(t)&=\frac{1}{2}\int_0^1\{\mathrm{e}^{-(2-\alpha)t}[\mathrm{e}^{-(3.5-\alpha)t}+\mathrm{e}^{-(3-\alpha)t}-\mathrm{e}^{-(6.5-2\alpha)t}]\times[\mathrm{e}^{-(3-\alpha)t}+\mathrm{e}^{-(2.5-\alpha)t}-\mathrm{e}^{-(5.5-2\alpha)t}]+\\&\quad\mathrm{e}^{-\alpha t}[\mathrm{e}^{-(1+\alpha)t}+\mathrm{e}^{-(1.5+\alpha)t}-\mathrm{e}^{-(2.5+2\alpha)t}]\times[\mathrm{e}^{-(1+\alpha)t}+\mathrm{e}^{-(0.5+\alpha)t}-\mathrm{e}^{-(1.5+2\alpha)t}]\}\mathrm{d}\alpha\\&=\frac{1}{6t}(2\mathrm{e}^{-2t}+\mathrm{e}^{-1.5t}+\mathrm{e}^{-2.5t}-\mathrm{e}^{-8.5t}-2\mathrm{e}^{-8t}-\mathrm{e}^{-7.5t})+\frac{1}{10t}(\mathrm{e}^{-4t}-\mathrm{e}^{-14t})+\\&\quad\frac{1}{8t}(2\mathrm{e}^{-10t}-2\mathrm{e}^{-6t}+\mathrm{e}^{-10.5t}+\mathrm{e}^{-11.5t}-\mathrm{e}^{-2.5t}+2\mathrm{e}^{-7t}-2\mathrm{e}^{-3t}-\mathrm{e}^{-3.5t})\end{aligned}$$

和

$$\begin{aligned}\mathrm{MTTF}&=\int_0^{+\infty}\Big[\frac{1}{6t}(2\mathrm{e}^{-2t}+\mathrm{e}^{-1.5t}+\mathrm{e}^{-2.5t}-\mathrm{e}^{-8.5t}-2\mathrm{e}^{-8t}-\mathrm{e}^{-7.5t})+\frac{1}{10t}(\mathrm{e}^{-4t}-\mathrm{e}^{-14t})\\&\quad+\frac{1}{8t}(2\mathrm{e}^{-10t}-2\mathrm{e}^{-6t}+\mathrm{e}^{-10.5t}+\mathrm{e}^{-11.5t}-\mathrm{e}^{-2.5t}+2\mathrm{e}^{-7t}-2\mathrm{e}^{-3t}-\mathrm{e}^{-3.5t})\Big]\mathrm{d}t\\&\approx 0.3921\end{aligned}$$

4.2 冷贮备系统

我们仍假设系统由 n 个部件组成。在初始时刻,一个部件开始工作,其余 $n-1$ 个部件作冷贮备。当工作部件失效时,贮备部件逐个地去替换,直到所有部件都失效,系统就失效。

4.2.1 转换开关完全可靠的情形

假定贮备部件替换失效部件时,转换开关是完全可靠的,且转换是瞬间完成的。令第 i 个部件的寿命 X_i 是定义在可信性空间$(\boldsymbol{\Theta}_i,\mathbf{P}(\Theta_i),\mathrm{Cr}_i)$上的非负随机模糊变量且相互独立($i=1,2,\cdots,n$)。显然,该不可修冷贮备系统的寿命为 $X=X_1+X_2+\cdots+X_n$,X 是一个定义在乘积可信性空间$(\boldsymbol{\Theta},\mathbf{P}(\Theta),\mathrm{Cr})$上的随机模糊变量,其中 $\boldsymbol{\Theta}=\boldsymbol{\Theta}_1\times\boldsymbol{\Theta}_2\times\cdots\times\boldsymbol{\Theta}_n$,$\mathrm{Cr}=\mathrm{Cr}_1\wedge\mathrm{Cr}_2\wedge\cdots\wedge\mathrm{Cr}_n$。

定理 4.2.1 设 $X_i(i=1,2,\cdots,n)$ 为非负随机模糊变量,$E[X_i(\theta_i)](i=1,2,\cdots,n)$的$\alpha$-悲观值和 α-乐观值在 $\alpha\in(0,1]$处几乎是处处连续的,则该随机模糊冷贮备系统的可靠度为

$$R(t)=E[\Pr\{\omega\in\boldsymbol{\Omega}\mid X_1(\theta_1)(\omega)+\cdots+X_n(\theta_n)(\omega)>t\}] \tag{4-51}$$

证明:由定义 4.1,定义 1.3.7 和定理 1.2.23 可知

$$\begin{aligned}
R(t)&=\mathrm{Ch}\{X\geqslant t\}\\
&=\int_0^1\mathrm{Cr}\{\theta\in\boldsymbol{\Theta}\mid\Pr\{X(\theta)>t\}\geqslant p\}\,\mathrm{d}p\\
&=\frac{1}{2}\int_0^1(\Pr_\alpha^L\{\omega\in\boldsymbol{\Omega}\mid X(\theta)(\omega)>t\}+\Pr_\alpha^U\{\omega\in\boldsymbol{\Omega}\mid X(\theta)(\omega)>t\})\,\mathrm{d}\alpha\\
&=\frac{1}{2}\int_0^1(\Pr_\alpha^L\{\omega\in\boldsymbol{\Omega}\mid X_1(\theta_1)(\omega)+\cdots+X_n(\theta_n)(\omega)>t\}+\\
&\qquad\Pr_\alpha^U\{\omega\in\boldsymbol{\Omega}\mid X_1(\theta_1)(\omega)+\cdots+X_n(\theta_n)(\omega)>t\})\,\mathrm{d}\alpha\\
&=E[\Pr\{\omega\in\boldsymbol{\Omega}\mid X_1(\theta_1)(\omega)+\cdots+X_n(\theta_n)(\omega)>t\}]
\end{aligned} \tag{4-52}$$

证毕。

注 4.2.1 若 $X_i(i=1,2,\cdots,n)$退化为随机变量,则定理 4.2.1 中的结论退化为

$$R(t)=\Pr\{\omega\in\boldsymbol{\Omega}\mid X_1(\omega)+X_2(\omega)+\cdots+X_n(\omega)>t\} \tag{4-53}$$

这正和传统可靠性理论中的结论一致。

注 4.2.2 若 $X_i(i=1,2,\cdots,n)$退化成模糊变量,则定理 4.2.1 中的结论退化为

$$R(t)=\mathrm{Cr}\{\theta\in\boldsymbol{\Theta}\mid X_1(\theta_1)+X_2(\theta_2)+\cdots+X_n(\theta_n)>t\} \tag{4-54}$$

这正和模糊可靠性理论中的结论一致。

定理 4.2.2　设 $X_i(i=1,2,\cdots,n)$ 为非负随机模糊变量，$E[X_i(\theta_i)](i=1,2,\cdots,n)$ 的 α-悲观值和 α-乐观值在 $\alpha\in(0,1]$ 处几乎是处处连续的，则该随机模糊冷贮备系统的平均寿命为

$$\begin{aligned}\mathrm{MTTF}=&\frac{1}{2}\int_0^1\int_0^{+\infty}\{\mathrm{Pr}_\alpha^L\{\omega\in\boldsymbol{\Omega}\mid X_1(\theta_1)(\omega)+\cdots+X_n(\theta_n)(\omega)\geqslant t\}\\&+\mathrm{Pr}_\alpha^U\{\omega\in\boldsymbol{\Omega}\mid X_1(\theta_1)(\omega)+\cdots+X_n(\theta_n)(\omega)\geqslant t\}\}\mathrm{d}t\mathrm{d}\alpha\end{aligned}\tag{4-55}$$

证明：由定义 4.2 和定理 1.2.23 可知

$$\begin{aligned}\mathrm{MTTF}&=\int_0^{+\infty}\mathrm{Cr}\{\theta\in\boldsymbol{\Theta}\mid E[X(\theta)]\geqslant r\}\mathrm{d}r\\&=\frac{1}{2}\int_0^1(E[X(\theta)]_\alpha^L+E[X(\theta)]_\alpha^U)\mathrm{d}\alpha\end{aligned}\tag{4-56}$$

令 $A_i=\{\theta_i\in\boldsymbol{\Theta}_i\mid\mu\{\theta_i\}\geqslant\alpha\}(i=1,2,\cdots,n)$。由于 $E[X_i(\theta_i)]$，$\theta_i\in\boldsymbol{\Theta}_i(i=1,2,\cdots,n)$ 的 α-悲观值和 α-乐观值在任意 $\alpha\in(0,1]$ 处几乎是处处连续的，则必存在点 $\theta'_i,\theta''_i\in\mathbf{A}_i$ 使得

$$E[X_i(\theta'_i)]=E[X_i(\theta_i)]_\alpha^L,\quad E[X_i(\theta''_i)]=E[X_i(\theta_i)]_\alpha^U$$

对任意 $\theta_{i,\alpha}\in\mathbf{A}_i(i=1,2,\cdots,n)$，有

$$E[X_i(\theta'_i)]\leqslant E[X_i(\theta_{i,\alpha})]\leqslant E[X_i(\theta''_i)]\tag{4-57}$$

由定理 1.1.21 可知

$$X_i(\theta'_i)\leqslant_d X_i(\theta_{i,\alpha})\leqslant_d X_i(\theta''_i),\ \forall\theta_{i,\alpha}\in\mathbf{A}_i,\quad i=1,2,\cdots,n\tag{4-58}$$

因此有

$$\begin{aligned}X_1(\theta'_1)+\cdots+X_n(\theta'_n)&\leqslant_d X_1(\theta_{1,\alpha})+\cdots+X_n(\theta_{n,\alpha})\\&\leqslant_d X_1(\theta''_1)+\cdots+X_n(\theta''_n)\end{aligned}\tag{4-59}$$

由定理 1.1.21 可知

$$\begin{aligned}E[X_1(\theta'_1)+\cdots+X_n(\theta'_n)]&\leqslant E[X_1(\theta_{1,\alpha})+\cdots+X_n(\theta_{n,\alpha})]\\&\leqslant E[X_1(\theta''_1)+\cdots+X_n(\theta''_n)]\end{aligned}\tag{4-60}$$

因为 $\theta_{i,\alpha}$ 是 $A_i(i=1,2,\cdots,n)$ 中的任意点，有

$$\begin{aligned}E[X(\theta)]_\alpha^L&=E[X_1(\theta'_1),\cdots,X_n(\theta'_n)]\\&=\int_0^{+\infty}\mathrm{Pr}\{\omega\in\boldsymbol{\Omega}\mid X_1(\theta'_1)(\omega)+\cdots+X_n(\theta'_n)(\omega)\geqslant t\}\mathrm{d}t\end{aligned}\tag{4-61}$$

和

$$\begin{aligned}E[X(\theta)]_\alpha^U&=E[X_1(\theta''_1),\cdots,X_n(\theta''_n)]\\&=\int_0^{+\infty}\mathrm{Pr}\{\omega\in\boldsymbol{\Omega}\mid X_1(\theta''_1)(\omega)+\cdots+X_n(\theta''_n)(\omega)\geqslant t\}\mathrm{d}t\end{aligned}\tag{4-62}$$

由式(4-56),式(4-61)和式(4-62)可知

$$\begin{aligned}
\text{MTTF} &= \frac{1}{2}\int_0^1 (E[X(\theta)]_\alpha^L + E[X(\theta)]_\alpha^U)\,\mathrm{d}\alpha \\
&= \frac{1}{2}\int_0^1 \Big\{\int_0^{+\infty} \Pr\{\omega \in \boldsymbol{\Omega} \mid X_1(\theta'_1)(\omega) + \cdots + X_n(\theta'_n)(\omega) \geqslant t\}\,\mathrm{d}t + \\
&\quad \int_0^{+\infty} \Pr\{\omega \in \boldsymbol{\Omega} \mid X_1(\theta''_1)(\omega) + \cdots + X_n(\theta''_n)(\omega) \geqslant t\}\,\mathrm{d}t\Big\}\,\mathrm{d}\alpha \\
&= \frac{1}{2}\int_0^1 \int_0^{+\infty} \{\Pr\{\omega \in \boldsymbol{\Omega} \mid X_1(\theta'_1)(\omega) + \cdots + X_n(\theta'_n)(\omega) \geqslant t\} \\
&\quad + \Pr\{\omega \in \boldsymbol{\Omega} \mid X_1(\theta''_1)(\omega) + \cdots + X_n(\theta''_n)(\omega) \geqslant t\}\}\,\mathrm{d}t\mathrm{d}\alpha
\end{aligned} \tag{4-63}$$

另一方面,由式(4-59)以及定义 1. 1. 31 可知

$$\begin{aligned}
&\Pr\{\omega \in \boldsymbol{\Omega} \mid X_1(\theta'_1)(\omega)+\cdots+X_n(\theta'_n)(\omega) \geqslant t\} \\
&\leqslant \Pr\{\omega \in \boldsymbol{\Omega} \mid X_1(\theta_{1,\alpha})(\omega)+\cdots+X_n(\theta_{n,\alpha})(\omega) \geqslant t\} \\
&\leqslant \Pr\{\omega \in \boldsymbol{\Omega} \mid X_1(\theta''_1)(\omega)+\cdots+X_n(\theta''_n)(\omega) \geqslant t\}
\end{aligned} \tag{4-64}$$

又因为 $\theta_{i,\alpha}$ 是 $A_i(i=1,2,\cdots,n)$ 中的任意点,则有

$$\begin{aligned}
&\Pr_\alpha^L\{\omega \in \boldsymbol{\Omega} \mid X_1(\theta_1)(\omega)+\cdots+X_n(\theta_n)(\omega) \geqslant t\} \\
&= \Pr\{\omega \in \boldsymbol{\Omega} \mid X_1(\theta'_1)(\omega)+\cdots+X_n(\theta'_n)(\omega) \geqslant t\}
\end{aligned} \tag{4-65}$$

和

$$\begin{aligned}
&\Pr_\alpha^U\{\omega \in \boldsymbol{\Omega} \mid X_1(\theta_1)(\omega)+\cdots+X_n(\theta_n)(\omega) \geqslant t\} \\
&= \Pr\{\omega \in \boldsymbol{\Omega} \mid X_1(\theta''_1)(\omega)+\cdots+X_n(\theta''_n)(\omega) \geqslant t\}
\end{aligned} \tag{4-66}$$

由式(4-63),式(4-65)和式(4-66)可知

$$\begin{aligned}
\text{MTTF} = &\frac{1}{2}\int_0^1 \int_0^{+\infty} \{\Pr_\alpha^L\{\omega \in \boldsymbol{\Omega} \mid X_1(\theta_1)(\omega) + \cdots + X_n(\theta_n)(\omega) \geqslant t\} + \\
&\Pr_\alpha^U\{\omega \in \boldsymbol{\Omega} \mid X_1(\theta_1)(\omega) + \cdots + X_n(\theta_n)(\omega) \geqslant t\}\}\,\mathrm{d}t\mathrm{d}\alpha
\end{aligned} \tag{4-67}$$

证毕。

注 4. 2. 3 若 $X_i(i=1,2,\cdots,n)$ 退化为随机变量,则定理 4. 2. 2 中的结论退化为

$$\text{MTTF} = \int_0^{+\infty} \Pr\{\omega \in \boldsymbol{\Omega} \mid X_1(\omega)+\cdots+X_n(\omega) \geqslant t\}\,\mathrm{d}t = \sum_{i=1}^n E[X_i] \tag{4-68}$$

这正和传统可靠性理论中的结论一致。

注 4. 2. 4 若 $X_i(i=1,2,\cdots,n)$ 退化为模糊变量,则定理 4. 2. 2 中的结论退化成

$$\text{MTTF} = \int_0^{+\infty} \text{Cr}\{\theta \in \boldsymbol{\Theta} \mid X_1(\theta_1)+\cdots+X_n(\theta_n) \geqslant t\}\,\mathrm{d}t = \sum_{i=1}^n E[X_i] \tag{4-69}$$

这正和模糊可靠性理论中的结论一致。

4.2.2 转换开关不完全可靠的情形:开关寿命 0-1 型

假设冷贮备系统由 n 个部件和 1 个转换开关组成。在初始时刻,1 个部件开始工作,其余部件作冷贮备。当工作部件失效,转换开关立即从刚失效的部件转向下一个贮备部件。令第 i 个部件的寿命 X_i 为定义在可信性空间($\boldsymbol{\Theta}_i,\mathbf{P}(\Theta_i),\mathrm{Cr}_i$)上相互独立的非负随机模糊变量($i=1,2,\cdots,n$)。这里假设转换开关不完全可靠,其寿命是 0-1 型的随机变量,即每次使用开关时,开关正常的概率是 p,开关失效的概率为 $1-p$。为求得系统的可靠度,引入一个随机变量

$$v=\begin{cases} j,\text{第 } j \text{ 次使用开关时,开关首次失效}, & j=1,2,\cdots,n-1 \\ n,n-1 \text{ 次使用开关时,开关都正常} \end{cases}$$

由 v 的定义,易见

$$\Pr\{v=j\}=p^{j-1}q,\quad j=1,2,\cdots,n-1$$

$$\Pr\{v=n\}=p^{n-1}$$

显然,该冷贮备系统的寿命可表示为 $X=X_1+X_2+\cdots+X_v$,X 为一个定义在有限乘积可信性空间($\boldsymbol{\Theta},\mathbf{P}(\Theta),\mathrm{Cr}$)上的随机模糊变量,其中 $\boldsymbol{\Theta}=\boldsymbol{\Theta}_1\times\boldsymbol{\Theta}_2\times\cdots\times\boldsymbol{\Theta}_n$,$\mathrm{Cr}=\mathrm{Cr}_1\wedge\mathrm{Cr}_2\wedge\cdots\wedge\mathrm{Cr}_n$。

定理 4.2.3 假设部件 i 的寿命 $X_i(i=1,2,\cdots,n)$ 为非负随机模糊变量且与开关寿命相互独立,则该冷贮备系统的可靠度为

$$R(t)=\sum_{j=1}^{n-1}p^{j-1}qE[\Pr\{\omega\in\boldsymbol{\Omega}\mid X_1(\theta_1)(\omega)+\cdots+X_j(\theta_j)(\omega)>t\}]+ p^{n-1}E[\Pr\{\omega\in\boldsymbol{\Omega}\mid X_1(\theta_1)(\omega)+\cdots+X_n(\theta_n)(\omega)>t\}]$$

证明:令 $A_i=\{\theta_i\in\boldsymbol{\Theta}_i|\mu\{\theta_i\}\geqslant\alpha\}(i=1,2,\cdots,n)$。由于 $E[X_i(\theta_i)],\theta_i\in\boldsymbol{\Theta}_i(i=1,2,\cdots,n)$的 α-悲观值和 α-乐观值在任意 $\alpha\in(0,1]$ 处几乎是处处连续的,则必存在点 $\theta'_i,\theta''_i\in\mathbf{A}_i(i=1,2,\cdots,n)$,使得

$$E[X_i(\theta'_i)]=E[X_i(\theta_i)]_\alpha^L,E[X_i(\theta''_i)]=E[X_i(\theta_i)]_\alpha^U$$

对任意 $\theta_{i,\alpha}\in\mathbf{A}_i(i=1,2,\cdots,n)$,有

$$E[X_i(\theta'_i)]\leqslant E[X_i(\theta_{i,\alpha})]\leqslant E[X_i(\theta''_i)]$$

由定理 1.1.21 可知

$$X_i(\theta'_i)\leqslant_d X_i(\theta_{i,\alpha})\leqslant_d X_i(\theta''_i),\ \forall\,\theta_{i,\alpha}\in\mathbf{A}_i,\quad i=1,2,\cdots,n$$

因此,对任意 $j=1,2,\cdots,n$,有

$$\begin{aligned} X_1(\theta'_1)+\cdots+X_j(\theta'_j)&\leqslant_d X_1(\theta_{1,\alpha})+\cdots+X_j(\theta_{j,\alpha}) \\ &\leqslant_d X_1(\theta''_1)+\cdots+X_j(\theta''_j) \end{aligned}\tag{4-70}$$

由定义 1.1.31 可以得到对任意 $j=1,2,\cdots,n$,有

$$\begin{aligned}&\Pr\{\omega\in\boldsymbol{\Omega}\mid X_1(\theta'_1)(\omega)+\cdots+X_j(\theta'_j)(\omega)>t\}\\&\leqslant\Pr\{\omega\in\boldsymbol{\Omega}\mid X_1(\theta_{1,\alpha})(\omega)+\cdots+X_j(\theta_{j,\alpha})(\omega)>t\}\\&\leqslant\Pr\{\omega\in\boldsymbol{\Omega}\mid X_1(\theta''_1)(\omega)+\cdots+X_j(\theta''_j)(\omega)>t\}\end{aligned}\tag{4-71}$$

我们可以构造如下 3 个冷贮备系统，其开关寿命均为 0-1 型，即每次使用开关时，开关正常的概率为 p，开关失效的概率为 $q=1-p$。

(1) 冷贮备系统 A，部件 i 的寿命为 $X_i(\theta'_i)(i=1,2,\cdots,n)$；

(2) 冷贮备系统 B，部件 i 的寿命为 $X_i(\theta''_i)(i=1,2,\cdots,n)$；

(3) 冷贮备系统 C，部件 i 的寿命为 $X_i(\theta_{i,\alpha})(i=1,2,\cdots,n)$。

易见，冷贮备系统 A,B,C 均为随机的冷贮备系统。令 X_A,X_B 和 X_C 分别为冷贮备系统 A,B,C 的寿命，由传统可靠性理论中的结论可知

$$\begin{aligned}&\Pr\{\omega\in\boldsymbol{\Omega}\mid X_A(\omega)>t\}\\&=\sum_{j=1}^{n-1}\Pr\{\omega\in\boldsymbol{\Omega}\mid X_1(\theta'_1)(\omega)+\cdots+X_j(\theta'_j)(\omega)>t\}p^{j-1}q+\\&\quad\Pr\{\omega\in\boldsymbol{\Omega}\mid X_1(\theta'_1)(\omega)+\cdots+X_n(\theta'_n)(\omega)>t\}p^{n-1}\end{aligned}\tag{4-72}$$

$$\begin{aligned}&\Pr\{\omega\in\boldsymbol{\Omega}\mid X_B(\omega)>t\}\\&=\sum_{j=1}^{n-1}\Pr\{\omega\in\boldsymbol{\Omega}\mid X_1(\theta''_1)(\omega)+\cdots+X_j(\theta''_j)(\omega)>t\}p^{j-1}q+\\&\quad\Pr\{\omega\in\boldsymbol{\Omega}\mid X_1(\theta''_1)(\omega)+\cdots+X_n(\theta''_n)(\omega)>t\}p^{n-1}\end{aligned}\tag{4-73}$$

和

$$\begin{aligned}&\Pr\{\omega\in\boldsymbol{\Omega}\mid X_C(\omega)>t\}\\&=\sum_{j=1}^{n-1}\Pr\{\omega\in\boldsymbol{\Omega}\mid X_1(\theta_{1,\alpha})(\omega)+\cdots+X_j(\theta_{j,\alpha})(\omega)>t\}p^{j-1}q+\\&\quad\Pr\{\omega\in\boldsymbol{\Omega}\mid X_1(\theta_{1,\alpha})(\omega)+\cdots+X_n(\theta_{n,\alpha})(\omega)>t\}p^{n-1}\end{aligned}\tag{4-74}$$

由式(4-71)至式(4-74)可知

$$\begin{aligned}\Pr\{\omega\in\boldsymbol{\Omega}\mid X_A(\omega)>t\}&\leqslant\Pr\{\omega\in\boldsymbol{\Omega}\mid X_C(\omega)>t\}\\&\leqslant\Pr\{\omega\in\boldsymbol{\Omega}\mid X_B(\omega)>t\}\end{aligned}\tag{4-75}$$

因为 $\theta_{i,\alpha}$ 是 A_i 中的任意点 $(i=1,2,\cdots,n)$，于是有

$$\begin{aligned}&\Pr{}_{\alpha}^{L}\{\omega\in\boldsymbol{\Omega}\mid X(\theta)(\omega)>t\}\\&=\sum_{j=1}^{n-1}\Pr\{\omega\in\boldsymbol{\Omega}\mid X_1(\theta'_1)(\omega)+\cdots+X_j(\theta'_j)(\omega)>t\}p^{j-1}q+\\&\quad\Pr\{\omega\in\boldsymbol{\Omega}\mid X_1(\theta'_1)(\omega)+\cdots+X_n(\theta'_n)(\omega)>t\}p^{n-1}\end{aligned}\tag{4-76}$$

和

$$\begin{aligned}&\Pr_{\alpha}^{U}\{\omega\in\boldsymbol{\Omega}\mid X(\theta)(\omega)>t\}\\&=\sum_{j=1}^{n-1}\Pr\{\omega\in\boldsymbol{\Omega}\mid X_1(\theta_1'')(\omega)+\cdots+X_j(\theta_j'')(\omega)>t\}p^{j-1}q+\\&\quad\Pr\{\omega\in\boldsymbol{\Omega}\mid X_1(\theta_1'')(\omega)+\cdots+X_n(\theta_n'')(\omega)>t\}p^{n-1}\end{aligned}\tag{4-77}$$

另一方面,由式(4-71)可以得到对任意$j=1,2,\cdots,n$,有

$$\begin{aligned}&\Pr_{\alpha}^{L}\{\omega\in\boldsymbol{\Omega}\mid X_1(\theta_1)(\omega)+\cdots+X_j(\theta_j)(\omega)>t\}\\&=\Pr\{\omega\in\boldsymbol{\Omega}\mid X_1(\theta_1')(\omega)+\cdots+X_j(\theta_j')(\omega)>t\}\end{aligned}\tag{4-78}$$

和

$$\begin{aligned}&\Pr_{\alpha}^{U}\{\omega\in\boldsymbol{\Omega}\mid X_1(\theta_1)(\omega)+\cdots+X_j(\theta_j)(\omega)>t\}\\&=\Pr\{\omega\in\boldsymbol{\Omega}\mid X_1(\theta_1'')(\omega)+\cdots+X_j(\theta_j'')(\omega)>t\}\end{aligned}\tag{4-79}$$

再由式(4-76)至式(4-79)可得

$$\begin{aligned}&\Pr_{\alpha}^{L}\{\omega\in\boldsymbol{\Omega}\mid X(\theta)(\omega)>t\}\\&=\sum_{j=1}^{n-1}\Pr_{\alpha}^{L}\{\omega\in\boldsymbol{\Omega}\mid X_1(\theta_1)(\omega)+\cdots+X_j(\theta_j)(\omega)>t\}p^{j-1}q+\\&\quad\Pr_{\alpha}^{L}\{\omega\in\boldsymbol{\Omega}\mid X_1(\theta_1)(\omega)+\cdots+X_n(\theta_n)(\omega)>t\}p^{n-1}\end{aligned}\tag{4-80}$$

和

$$\begin{aligned}&\Pr_{\alpha}^{U}\{\omega\in\boldsymbol{\Omega}\mid X(\theta)(\omega)>t\}\\&=\sum_{j=1}^{n-1}\Pr_{\alpha}^{U}\{\omega\in\boldsymbol{\Omega}\mid X_1(\theta_1)(\omega)+\cdots+X_j(\theta_j)(\omega)>t\}p^{j-1}q+\\&\quad\Pr_{\alpha}^{U}\{\omega\in\boldsymbol{\Omega}\mid X_1(\theta_1)(\omega)+\cdots+X_n(\theta_n)(\omega)>t\}p^{n-1}\end{aligned}\tag{4-81}$$

由定义4.1,定义1.3.7和定理1.2.23可知

$$\begin{aligned}R(t)&=\int_0^1\mathrm{Cr}\{\theta\in\boldsymbol{\Theta}\mid\Pr\{X(\theta)>t\}\geqslant p\}\mathrm{d}p\\&=\frac{1}{2}\int_0^1(\Pr_{\alpha}^{L}\{\omega\in\boldsymbol{\Omega}\mid X(\theta)(\omega)>t\}+\Pr_{\alpha}^{U}\{\omega\in\boldsymbol{\Omega}\mid X(\theta)(\omega)>t\})\mathrm{d}\alpha\end{aligned}\tag{4-82}$$

由式(4-80),式(4-81)和式(4-82)可得

$$\begin{aligned}R(t)=\frac{1}{2}\int_0^1\Big(&\sum_{j=1}^{n-1}\Pr_{\alpha}^{L}\{\omega\in\boldsymbol{\Omega}\mid X_1(\theta_1)(\omega)+\cdots+X_j(\theta_j)(\omega)>t\}p^{j-1}q+\\&\Pr_{\alpha}^{L}\{\omega\in\boldsymbol{\Omega}\mid X_1(\theta_1)(\omega)+\cdots+X_n(\theta_n)(\omega)>t\}p^{n-1}+\\&\sum_{j=1}^{n-1}\Pr_{\alpha}^{U}\{\omega\in\boldsymbol{\Omega}\mid X_1(\theta_1)(\omega)+\cdots+X_j(\theta_j)(\omega)>t\}p^{j-1}q+\end{aligned}$$

$$\mathrm{Pr}_\alpha^U\{\omega \in \boldsymbol{\Omega} \mid X_1(\theta_1)(\omega) + \cdots + X_n(\theta_n)(\omega) > t\}p^{n-1})\,\mathrm{d}\alpha$$

$$= \sum_{j=1}^{n-1}\left[\frac{1}{2}p^{j-1}q\int_0^1(\mathrm{Pr}_\alpha^L\{\omega \in \boldsymbol{\Omega} \mid X_1(\theta_1)(\omega) + \cdots + X_j(\theta_j)(\omega) > t\} + \mathrm{Pr}_\alpha^U\{\omega \in \boldsymbol{\Omega} \mid X_1(\theta_1)(\omega) + \cdots + X_j(\theta_j)(\omega) > t\})\,\mathrm{d}\alpha\right] +$$

$$\frac{1}{2}p^{n-1}\int_0^1(\mathrm{Pr}_\alpha^L\{\omega \in \boldsymbol{\Omega} \mid X_1(\theta_1)(\omega) + \cdots + X_n(\theta_n)(\omega) > t\} + \mathrm{Pr}_\alpha^U\{\omega \in \boldsymbol{\Omega} \mid X_1(\theta_1)(\omega) + \cdots + X_n(\theta_n)(\omega) > t\})\,\mathrm{d}\alpha$$

$$= \sum_{j=1}^{n-1}p^{j-1}qE[\mathrm{Pr}\{\omega \in \boldsymbol{\Omega} \mid X_1(\theta_1)(\omega) + \cdots + X_j(\theta_j)(\omega) > t\}] + p^{n-1}E[\mathrm{Pr}\{\omega \in \boldsymbol{\Omega} \mid X_1(\theta_1)(\omega) + \cdots + X_n(\theta_n)(\omega) > t\}]$$

证毕。

注 4.2.5 若 $X_i(i=1,2,\cdots,n)$ 退化成随机变量,则定理 4.2.3 中的结论退化为

$$R(t) = \sum_{j=1}^{n-1}p^{j-1}q\mathrm{Pr}\{\omega \in \boldsymbol{\Omega} \mid X_1(\theta_1)(\omega) + \cdots + X_j(\theta_j)(\omega) > t\} + p^{n-1}\mathrm{Pr}\{\omega \in \boldsymbol{\Omega} \mid X_1(\theta_1)(\omega) + \cdots + X_n(\theta_n)(\omega) > t\}$$

这正和传统可靠性理论中的结论一致。

定理 4.2.4 假设部件 i 的寿命 $X_i(i=1,2,\cdots,n)$ 为非负随机模糊变量且与开关寿命相互独立,则该冷贮备系统的平均寿命为

$$\mathrm{MTTF} = \sum_{j=1}^{n-1}p^{j-1}qE[X_1 + \cdots + X_j] + p^{n-1}E[X_1 + \cdots + X_n]$$

证明:由定义 4.2 及定理 1.2.23 可知

$$\begin{aligned}\mathrm{MTTF} &= \int_0^{+\infty}\mathrm{Cr}\{\theta \in \boldsymbol{\Theta} \mid E[X(\theta)] \geqslant r\}\,\mathrm{d}r \\ &= \frac{1}{2}\int_0^1(E[X(\theta)]_\alpha^L + E[X(\theta)]_\alpha^U)\,\mathrm{d}\alpha\end{aligned} \tag{4-83}$$

在定理 4.2.3 的证明过程中已构造了 3 个冷贮备系统,由随机情形下的结论可知冷贮备系统 A,B,C 的平均寿命分别为

$$\begin{aligned}\mathrm{MTTF}_A = &\sum_{j=1}^{n-1}E[X_1(\theta_1') + \cdots + X_j(\theta_j')]p^{j-1}q + \\ &E[X_1(\theta_1') + \cdots + X_n(\theta_n')]p^{n-1}\end{aligned} \tag{4-84}$$

$$\begin{aligned}\mathrm{MTTF}_B = &\sum_{j=1}^{n-1}E[X_1(\theta_1'') + \cdots + X_j(\theta_j'')]p^{j-1}q + \\ &E[X_1(\theta_1'') + \cdots + X_n(\theta_n'')]p^{n-1}\end{aligned} \tag{4-85}$$

和

$$\mathrm{MTTF}_C = \sum_{j=1}^{n-1} E[X_1(\theta_{1,\alpha}) + \cdots + X_j(\theta_{j,\alpha})]p^{j-1}q + E[X_1(\theta_{1,\alpha}) + \cdots + X_n(\theta_{n,\alpha})]p^{n-1} \tag{4-86}$$

此外，由式(4-70)可知对任意($j=1,2,\cdots,n$)，有

$$E[X_1(\theta'_1)+\cdots+X_j(\theta'_j)] \leqslant E[X_1(\theta_{1,\alpha})+\cdots+X_j(\theta_{j,\alpha})] \leqslant E[X_1(\theta''_1)+\cdots+X_j(\theta''_j)] \tag{4-87}$$

因此由式(4-84)至式(4-87)可知

$$\mathrm{MTTF}_A \leqslant \mathrm{MTTF}_C \leqslant \mathrm{MTTF}_B$$

因为 $\theta_{i,\alpha}$ 是 A_i 中的任意点($i=1,2,\cdots,n$)，于是有

$$\begin{aligned} E[(X(\theta)]_\alpha^L &= \sum_{j=1}^{n-1} E[X_1(\theta'_1) + \cdots + X_j(\theta'_j)]p^{j-1}q + E[X_1(\theta'_1) + \cdots + X_n(\theta'_n)]p^{n-1} \\ &= \sum_{j=1}^{n-1} E[X_1(\theta_1) + \cdots + X_j(\theta_j)]_\alpha^L p^{j-1}q + E[(X_1(\theta_1)+\cdots+X_n(\theta_n)]_\alpha^L p^{n-1} \end{aligned} \tag{4-88}$$

和

$$\begin{aligned} E[X(\theta)]_\alpha^U &= \sum_{j=1}^{n-1} E[X_1(\theta''_1) + \cdots + X_j(\theta''_j)]p^{j-1}q + E[X_1(\theta''_1) + \cdots + X_n(\theta''_n)]p^{n-1} \\ &= \sum_{j=1}^{n-1} E[X_1(\theta_1) + \cdots + X_j(\theta_j)]_\alpha^U p^{j-1}q + E[X_1(\theta_1)+\cdots+X_n(\theta_n)]_\alpha^U p^{n-1} \end{aligned} \tag{4-89}$$

由式(4-83)，式(4-88)和式(4-89)有

$$\begin{aligned} \mathrm{MTTF} = &\frac{1}{2}\int_0^1 \Big\{ \sum_{j=1}^{n-1} E[X_1(\theta_1) + \cdots + X_j(\theta_j)]_\alpha^L p^{j-1}q + E[X_1(\theta_1) + \cdots + X_n(\theta_n)]_\alpha^L p^{n-1} + \\ &\sum_{j=1}^{n-1} E[X_1(\theta_1) + \cdots + X_j(\theta_j)]_\alpha^U p^{j-1}q + E[X_1(\theta_1) + \cdots + X_n(\theta_n)]_\alpha^U p^{n-1} \Big\} \mathrm{d}\alpha \\ = &\sum_{j=1}^{n-1} \left\{ \frac{1}{2}p^{j-1}q \int_0^1 (E[X_1(\theta_1) + \cdots + X_j(\theta_j)]_\alpha^L + E[X_1(\theta_1) + \cdots + X_j(\theta_j)]_\alpha^U)\mathrm{d}\alpha \right\} + \end{aligned}$$

$$\frac{1}{2}p^{n-1}\int_0^1(E[X_1(\theta_1)+\cdots+X_n(\theta_n)]_\alpha^L+E[X_1(\theta_1)+\cdots+X_n(\theta_n)]_\alpha^U)\,\mathrm{d}\alpha$$

$$=\sum_{j=1}^{n-1}p^{j-1}qE[X_1+\cdots+X_j]+p^{n-1}E[X_1+\cdots+X_n]$$

证毕。

注 4.2.6 若 $X_i(i=1,2,\cdots,n)$ 退化为随机变量,则定理 4.2.4 中的结论退化为

$$\mathrm{MTTF}=\sum_{j=1}^{n-1}p^{j-1}qE[X_1+\cdots+X_j]+p^{n-1}E[X_1+\cdots+X_n]$$

这正和传统可靠性理论中的结论相一致。

例 4.2.3 假设某冷贮备系统由两个部件组成。令 X_1, X_2 分别是部件 1 和部件 2 的寿命,且 $X_1\sim\mathbf{EXP}(\lambda), X_2\sim\mathbf{EXP}(\lambda)$, 其中 $\lambda=(1,2,3)$。若 $p=0.8$, 由定理 4.2.3 和定理 4.2.4 可得该系统的可靠度和平均寿命分别为

$$R(t)=qE[\Pr\{X_1>t\}]+pE[\Pr\{X_1+X_2>t\}]$$
$$=\frac{1}{10t}(9+4t)\mathrm{e}^{-t}-\frac{1}{10t}(9+12t)\mathrm{e}^{-3t}$$

和

$$\mathrm{MTTF}=qE[X_1]+pE[X_1+X_2]=0.9ln3$$

4.2.3 转换开关不完全可靠的情形:开关寿命连续型

这里我们假设转换开关的寿命为一个定义在可信性空间$(\mathbf{\Theta}_K,\mathbf{P}(\Theta_K),\mathrm{Cr}_K)$上连续的非负随机模糊变量且与部件寿命相互独立。我们还假设当转换开关故障或者所有部件都故障均会引起整个系统失效。因此,该冷贮备系统的寿命为 $X=\min\{X_1+X_2+\cdots+X_n, X_K\}$, X 是一定义在乘积可信性空间$(\mathbf{\Theta},\mathbf{P}(\Theta),\mathrm{Cr})$上的随机模糊变量,其中 $\mathbf{\Theta}=\mathbf{\Theta}_1\times\mathbf{\Theta}_2\times\cdots\times\mathbf{\Theta}_n\times\mathbf{\Theta}_K$, $\mathrm{Cr}=\mathrm{Cr}_1\wedge\mathrm{Cr}_2\wedge\cdots\wedge\mathrm{Cr}_n\wedge\mathrm{Cr}_K$。

定理 4.2.5 假设转换开关 X_K 及部件 i 的寿命 $X_i(i=1,2,\cdots,n)$ 为相互独立的非负随机模糊变量,则该冷贮备系统的可靠度为

$$R(t)=E[\Pr\{\omega\in\mathbf{\Omega}\mid X_K(\theta_K)(\omega)>t\}\Pr\{\omega\in\mathbf{\Omega}\mid X_1(\theta_1)(\omega)+\cdots+X_n(\theta_n)(\omega)>t\}]$$

证明: 令 $A_K=\{\theta_K\in\mathbf{\Theta}_K\mid\mu\{\theta_K\}\geqslant\alpha\}$, $A_i=\{\theta_i\in\mathbf{\Theta}_i\mid\mu\{\theta_i\}\geqslant\alpha\}(i=1,2,\cdots,n)$。由于 $E[X_K(\theta_K)]$, $\theta_K\in\mathbf{\Theta}_K$ 和 $E[X_i(\theta_i)]$, $\theta_i\in\mathbf{\Theta}_i(i=1,2,\cdots,n)$ 的 α-悲观值和 α-乐观值在任意 $\alpha\in(0,1]$ 处几乎是处处连续的,则必存在点 $\theta_K', \theta_K''\in\mathbf{A}_K$, $\theta_i', \theta_i''\in\mathbf{A}_i(i=1,2,\cdots,n)$, 使得

$$E[X_K(\theta_K')]=E[X_K(\theta_K)]_\alpha^L$$
$$E[X_K(\theta_K'')]=E[X_K(\theta_K)]_\alpha^U$$

$$E[X_i(\theta_i')]=E[X_i(\theta_i)]_\alpha^L$$
$$E[X_i(\theta_i'')]=E[X_i(\theta_i)]_\alpha^U$$

对任意 $\theta_{K,\alpha}\in\mathbf{A}_K$ 和 $\theta_{i,\alpha}\in\mathbf{A}_i$，有

$$E[X_K(\theta_K')]\leqslant E[X_K(\theta_{K,\alpha})]\leqslant E[X_K(\theta_K'')]$$

和

$$E[X_i(\theta_i')]\leqslant E[X_i(\theta_{i,\alpha})]\leqslant E[X_i(\theta_i'')],\quad i=1,2,\cdots,n$$

因此,由定理 1.1.21 可知

$$X_K(\theta_K')\leqslant_d X_K(\theta_{K,\alpha})\leqslant_d X_K(\theta_K''),\quad \forall\theta_{K,\alpha}\in\mathbf{A}_K \tag{4-90}$$

和

$$X_i(\theta_i')\leqslant_d X_i(\theta_{i,\alpha})\leqslant_d X_i(\theta_i''),\ \forall\theta_{i,\alpha}\in\mathbf{A}_i,\quad i=1,2,\cdots,n \tag{4-91}$$

由式(4-91)可知对 $\forall\theta_{i,\alpha}\in\mathbf{A}_i(i=1,2,\cdots,n)$,有

$$\begin{aligned}X_1(\theta_1')+\cdots+X_n(\theta_n')&\leqslant_d X_1(\theta_{1,\alpha})+\cdots+X_n(\theta_{n,\alpha})\\&\leqslant_d X_1(\theta_1'')+\cdots+X_n(\theta_n'')\end{aligned} \tag{4-92}$$

由定义 1.1.31,式(4-90)和式(4-92)可知

$$\begin{aligned}\Pr\{\omega\in\mathbf{\Omega}\mid X_K(\theta_K')(\omega)>t\}&\leqslant\Pr\{\omega\in\mathbf{\Omega}\mid X_K(\theta_{K,\alpha})(\omega)>t\}\\&\leqslant\Pr\{\omega\in\mathbf{\Omega}\mid X_K(\theta_K'')(\omega)>t\}\end{aligned} \tag{4-93}$$

和

$$\begin{aligned}&\Pr\{\omega\in\mathbf{\Omega}\mid X_1(\theta_1')(\omega)+\cdots+X_n(\theta_n')(\omega)>t\}\\&\leqslant\Pr\{\omega\in\mathbf{\Omega}\mid X_1(\theta_{1,\alpha})(\omega)+\cdots+X_n(\theta_{n,\alpha})(\omega)>t\}\\&\leqslant\Pr\{\omega\in\mathbf{\Omega}\mid X_1(\theta_1'')(\omega)+\cdots+X_n(\theta_n'')(\omega)>t\}\end{aligned} \tag{4-94}$$

由式(4-93)和式(4-94)可知

$$\begin{aligned}&\Pr\{\omega\in\mathbf{\Omega}\mid\min\{X_1(\theta_1')(\omega)+\cdots+X_n(\theta_n')(\omega),X_K(\theta_K')(\omega)\}>t\}\\&\leqslant\Pr\{\omega\in\mathbf{\Omega}\mid\min\{X_1(\theta_{1,\alpha})(\omega)+\cdots+X_n(\theta_{n,\alpha})(\omega),X_K(\theta_{K,\alpha})(\omega)\}>t\}\\&\leqslant\Pr\{\omega\in\mathbf{\Omega}\mid\min\{X_1(\theta_1'')(\omega)+\cdots+X_n(\theta_n'')(\omega),X_K(\theta_K'')(\omega)\}>t\}\end{aligned} \tag{4-95}$$

又因为 $\theta_{i,\alpha}$是 $A_i(i=1,2,\cdots,n)$中的任意点,则由式(4-95)可知

$$\begin{aligned}&\Pr{}_\alpha^L\{\omega\in\mathbf{\Omega}\mid X(\theta)(\omega)>t\}\\&=\Pr\{\omega\in\mathbf{\Omega}\mid\min\{X_1(\theta_1')(\omega)+\cdots+X_n(\theta_n')(\omega),X_K(\theta_K')(\omega)>t\}\}\\&=\Pr\{\omega\in\mathbf{\Omega}\mid X_K(\theta_K')(\omega)>t\}\Pr\{\omega\in\mathbf{\Omega}\mid X_1(\theta_1')(\omega)+\cdots+X_n(\theta_n')(\omega)>t\}\end{aligned} \tag{4-96}$$

和

$$\begin{aligned}&\Pr{}_\alpha^U\{\omega\in\mathbf{\Omega}\mid X(\theta)(\omega)>t\}\\&=\Pr\{\omega\in\mathbf{\Omega}\mid\min\{X_1(\theta_1'')(\omega)+\cdots+X_n(\theta_n'')(\omega),X_K(\theta_K'')(\omega)\}>t\}\\&=\Pr\{\omega\in\mathbf{\Omega}\mid X_K(\theta_K'')(\omega)>t\}\Pr\{\omega\in\mathbf{\Omega}\mid X_1(\theta_1'')(\omega)+\cdots+X_n(\theta_n'')(\omega)>t\}\end{aligned} \tag{4-97}$$

另一方面,由式(4-93)和式(4-94)可以得到

$$\Pr_{\alpha}^{L}\{\omega \in \boldsymbol{\Omega} \mid X_K(\theta_K)(\omega) > t\} = \Pr\{\omega \in \boldsymbol{\Omega} \mid X_K(\theta_K')(\omega) > t\} \tag{4-98}$$

$$\Pr_{\alpha}^{U}\{\omega \in \boldsymbol{\Omega} \mid X_K(\theta_K)(\omega) > t\} = \Pr\{\omega \in \boldsymbol{\Omega} \mid X_K(\theta_K'')(\omega) > t\} \tag{4-99}$$

$$\begin{aligned} &\Pr_{\alpha}^{L}\{\omega \in \boldsymbol{\Omega} \mid X_1(\theta_1)(\omega) + \cdots + X_n(\theta_n)(\omega) > t\} \\ &= \Pr\{\omega \in \boldsymbol{\Omega} \mid X_1(\theta_1')(\omega) + \cdots + X_n(\theta_n')(\omega) > t\} \end{aligned} \tag{4-100}$$

和

$$\begin{aligned} &\Pr_{\alpha}^{U}\{\omega \in \boldsymbol{\Omega} \mid X_1(\theta_1)(\omega) + \cdots + X_n(\theta_n)(\omega) > t\} \\ &= \Pr\{\omega \in \boldsymbol{\Omega} \mid X_1(\theta_1'')(\omega) + \cdots + X_n(\theta_n'')(\omega) > t\} \end{aligned} \tag{4-101}$$

由式(4-96)至式(4-101)可知

$$\begin{aligned} &\Pr_{\alpha}^{L}\{\omega \in \boldsymbol{\Omega} \mid X(\theta)(\omega) > t\} \\ &= \Pr_{\alpha}^{L}\{\omega \in \boldsymbol{\Omega} \mid X_K(\theta_K)(\omega) > t\} \Pr_{\alpha}^{L}\{\omega \in \boldsymbol{\Omega} \mid X_1(\theta_1)(\omega) + \cdots + X_n(\theta_n)(\omega) > t\} \end{aligned} \tag{4-102}$$

和

$$\begin{aligned} &\Pr_{\alpha}^{U}\{\omega \in \boldsymbol{\Omega} \mid X(\theta)(\omega) > t\} \\ &= \Pr_{\alpha}^{U}\{\omega \in \boldsymbol{\Omega} \mid X_K(\theta_K)(\omega) > t\} \Pr_{\alpha}^{U}\{\omega \in \boldsymbol{\Omega} \mid X_1(\theta_1)(\omega) + \cdots + X_n(\theta_n)(\omega) > t\} \end{aligned} \tag{4-103}$$

由定义 4. 1,定义 1. 3. 7,定理 1. 2. 23,式(4-102)和式(4-103)可知

$$\begin{aligned} R(t) &= \int_0^1 \mathrm{Cr}\{\theta \in \boldsymbol{\Theta} \mid \Pr\{X(\theta) > t\} \geqslant p\} \mathrm{d}p \\ &= \frac{1}{2}\int_0^1 (\Pr_{\alpha}^{L}\{\omega \in \boldsymbol{\Omega} \mid X(\theta)(\omega) > t\} + \Pr_{\alpha}^{U}\{\omega \in \boldsymbol{\Omega} \mid X(\theta)(\omega) > t\})\mathrm{d}\alpha \\ &= \frac{1}{2}\int_0^1 (\Pr_{\alpha}^{L}\{\omega \in \boldsymbol{\Omega} \mid X_K(\theta_K)(\omega) > t\}\Pr_{\alpha}^{L}\{\omega \in \boldsymbol{\Omega} \mid X_1(\theta_1)(\omega) + \cdots + X_n(\theta_n)(\omega) > t\} + \\ &\quad \Pr_{\alpha}^{U}\{\omega \in \boldsymbol{\Omega} \mid X_K(\theta_K)(\omega) > t\}\Pr_{\alpha}^{U}\{\omega \in \boldsymbol{\Omega} \mid X_1(\theta_1)(\omega) + \cdots + X_n(\theta_n)(\omega) > t\})\mathrm{d}\alpha \\ &= \frac{1}{2}\int_0^1 \{(\Pr\{\omega \in \boldsymbol{\Omega} \mid X_K(\theta_K)(\omega) > t\}\Pr\{\omega \in \boldsymbol{\Omega} \mid X_1(\theta_1)(\omega) + \cdots + X_n(\theta_n)(\omega) > t\})_{\alpha}^{L} + \\ &\quad (\Pr\{\omega \in \boldsymbol{\Omega} \mid X_K(\theta_K)(\omega) > t\}\Pr\{\omega \in \boldsymbol{\Omega} \mid X_1(\theta_1)(\omega) + \cdots + X_n(\theta_n)(\omega) > t\})_{\alpha}^{U}\}\mathrm{d}\alpha \\ &= E[\Pr\{\omega \in \boldsymbol{\Omega} \mid X_K(\theta_K)(\omega) > t\}\Pr\{\omega \in \boldsymbol{\Omega} \mid X_1(\theta_1)(\omega) + \cdots + X_n(\theta_n)(\omega) > t\}] \end{aligned}$$

证毕。

注 4. 2. 7 若 X_K 和 $X_i(i=1,2,\cdots,n)$ 退化为随机变量,则定理 4. 2. 5 中的结论退化为

$$R(t) = \Pr\{\omega \in \boldsymbol{\Omega} \mid X_K(\omega) \geqslant t\} \Pr\{\omega \in \boldsymbol{\Omega} \mid X_1(\omega) + \cdots + X_n(\omega) > t\}$$

这正和传统可靠性理论中的结论一致。

定理 4. 2. 6 假设转换开关 X_K 及部件 i 的寿命 $X_i(i=1,2,\cdots,n)$ 为非负随机

模糊变量且相互独立,则该冷贮备系统的平均寿命为

$$\begin{aligned}&\text{MTTF}\\&=\frac{1}{2}\int_0^1\int_0^{+\infty}(\Pr_\alpha^L\{\omega\in\boldsymbol{\Omega}\mid X_K(\theta_K)(\omega)\geq t\}\Pr_\alpha^L\{\omega\in\boldsymbol{\Omega}\mid X_1(\theta_1)(\omega)+\cdots+X_n(\theta_n)(\omega)\geq t\}+\\&\quad\Pr_\alpha^U\{\omega\in\boldsymbol{\Omega}\mid X_K(\theta_K)(\omega)\geq t\}\Pr_\alpha^U\{\omega\in\boldsymbol{\Omega}\mid X_1(\theta_1)(\omega)+\cdots+X_n(\theta_n)(\omega)\geq t\})\mathrm{d}t\mathrm{d}\alpha\end{aligned}$$

证明:由定义 4.2 及定理 1.2.23 可知

$$\begin{aligned}\text{MTTF}&=\int_0^{+\infty}\text{Cr}\{\theta\in\boldsymbol{\Theta}\mid E[X(\theta)]\geq r\}\mathrm{d}r\\&=\frac{1}{2}\int_0^1(E[X(\theta)]_\alpha^L+E[X(\theta)]_\alpha^U)\mathrm{d}\alpha\end{aligned}\tag{4-104}$$

由式(4-95)可知

$$\begin{aligned}&\min\{X_1(\theta'_1)+\cdots+X_n(\theta'_n),X_K(\theta'_K)\}\\&\leqslant_d\min\{X_1(\theta_{1,\alpha})+\cdots+X_n(\theta_{n,\alpha}),X_K(\theta_{K,\alpha})\}\\&\leqslant_d\min\{X_1(\theta''_1)+\cdots+X_n(\theta''_n),X_K(\theta''_K)\}\end{aligned}$$

由定理 1.1.21 可知

$$\begin{aligned}&E[\min\{X_1(\theta'_1)+\cdots+X_n(\theta'_n),X_K(\theta'_K)\}]\\&\leqslant E[\min\{X_1(\theta_{1,\alpha})+\cdots+X_n(\theta_{n,\alpha}),X_K(\theta_{K,\alpha})\}]\\&\leqslant E[\min\{X_1(\theta''_1)+\cdots+X_n(\theta''_n),X_K(\theta''_K)\}]\end{aligned}$$

因为 $\theta_{i,\alpha}$是 $A_i(i=1,2,\cdots,n)$中的任意点,则有

$$\begin{aligned}&E[X(\theta)]_\alpha^L\\&=E[\min\{X_1(\theta'_1)+\cdots+X_n(\theta'_n),X_K(\theta'_K)\}]\\&=\int_0^{+\infty}\Pr\{\omega\in\boldsymbol{\Omega}\mid X_K(\theta'_K)(\omega)\geq t\}\Pr\{\omega\in\boldsymbol{\Omega}\mid X_1(\theta'_1)(\omega)+\cdots+\\&\quad X_n(\theta'_n)(\omega)\geq t\}\mathrm{d}t\end{aligned}\tag{4-105}$$

和

$$\begin{aligned}&E[X(\theta)]_\alpha^U\\&=E[\min\{X_1(\theta''_1)+\cdots+X_n(\theta''_n),X_K(\theta''_K)\}]\\&=\int_0^{+\infty}\Pr\{\omega\in\boldsymbol{\Omega}\mid X_K(\theta''_K)(\omega)\geq t\}\Pr\{\omega\in\boldsymbol{\Omega}\mid X_1(\theta''_1)(\omega)+\cdots+\\&\quad X_n(\theta''_n)(\omega)\geq t\}\mathrm{d}t\end{aligned}\tag{4-106}$$

由式(4-98)至式(4-101),式(4-104)至式(4-106)可得

$$\begin{aligned}&\text{MTTF}\\&=\frac{1}{2}\int_0^1\Big\{\int_0^{+\infty}\Pr\{\omega\in\boldsymbol{\Omega}\mid X_K(\theta'_K)(\omega)\geq t\}\Pr\{\omega\in\boldsymbol{\Omega}\mid X_1(\theta'_1)(\omega)+\cdots+X_n(\theta'_n)(\omega)\geq t\}\mathrm{d}t+\end{aligned}$$

$$\int_0^{+\infty}\Pr\{\omega\in\boldsymbol{\Omega}\mid X_K(\theta_K'')(\omega)\geqslant t\}\Pr\{\omega\in\boldsymbol{\Omega}\mid X_1(\theta_1'')(\omega)+\cdots+X_n(\theta_n'')(\omega)\geqslant t\}\mathrm{d}t\}\mathrm{d}\alpha$$

$$=\frac{1}{2}\int_0^1\int_0^{+\infty}(\Pr\{\omega\in\boldsymbol{\Omega}\mid X_K(\theta_K')(\omega)\geqslant t\}\Pr\{\omega\in\boldsymbol{\Omega}\mid X_1(\theta_1')(\omega)+\cdots+X_n(\theta_n')(\omega)\geqslant t\}\mathrm{d}t+$$

$$\Pr\{\omega\in\boldsymbol{\Omega}\mid X_K(\theta_K'')(\omega)\geqslant t\}\Pr\{\omega\in\boldsymbol{\Omega}\mid X_1(\theta_1'')(\omega)+\cdots+X_n(\theta_n'')(\omega)\geqslant t\})\mathrm{d}t\mathrm{d}\alpha$$

$$=\frac{1}{2}\int_0^1\int_0^{+\infty}(\Pr_\alpha^L\{\omega\in\boldsymbol{\Omega}\mid X_K(\theta_K)(\omega)\geqslant t\}\Pr_\alpha^L\{\omega\in\boldsymbol{\Omega}\mid X_1(\theta_1)(\omega)+\cdots+X_n(\theta_n)(\omega)\geqslant t\}+$$

$$\Pr_\alpha^U\{\omega\in\boldsymbol{\Omega}\mid X_K(\theta_K)(\omega)\geqslant t\}\Pr_\alpha^U\{\omega\in\boldsymbol{\Omega}\mid X_1(\theta_1)(\omega)+\cdots+X_n(\theta_n)(\omega)\geqslant t\})\mathrm{d}t\mathrm{d}\alpha$$

证毕。

注 4.2.8 若 X_K 和 $X_i(i=1,2,\cdots,n)$ 退化为随机变量，则定理 4.2.6 中的结论退化为

$$\mathrm{MTTF}=\int_0^{+\infty}\Pr\{\omega\in\boldsymbol{\Omega}\mid X_K(\omega)\geqslant t\}\Pr\{\omega\in\boldsymbol{\Omega}\mid X_1(\omega)+\cdots+X_n(\omega)\geqslant t\}\mathrm{d}t$$

这正和传统可靠性理论中的结论一致。

例 4.2.4 假设某冷贮备系统由两个部件组成，X_1,X_2,X_K 分别表示部件 1，部件 2 和转换开关的寿命。假设 $X_1\sim\mathbf{EXP}(\lambda)$，$X_2\sim\mathbf{EXP}(\lambda)$，$X_K\sim\mathbf{EXP}(\lambda_K)$，其中 $\lambda=(1,2,3)$，$\lambda_K=(0,1,2)$。由定理 4.2.5 和定理 4.2.6 可得该冷贮备系统的可靠度和平均寿命分别为

$$R(t)=\frac{1}{8t}(3+2t)-\frac{3}{8t}(1+2t)\mathrm{e}^{-5t}$$

和

$$\mathrm{MTTF}=\frac{1}{5}+\frac{3}{4}\ln 5$$

4.3 温贮备系统

温贮备系统与冷贮备系统的不同在于，温贮备系统中的贮备部件在贮备期内也可能失效，部件的贮备寿命和工作寿命一般不同。下面我们分别介绍 3 种随机模糊温贮备系统的可靠性数学模型。

4.3.1 转换开关完全可靠且含有同型部件的情形

假设温贮备系统由 n 个同型部件组成。部件的工作寿命定义在可信性空间$(\boldsymbol{\Theta}_1,\mathbf{P}(\Theta_1),\mathrm{Cr}_1)$上且服从参数为 λ 的随机模糊指数分布，贮备寿命定义在可信性空间$(\boldsymbol{\Theta}_2,\mathbf{P}(\Theta_2),\mathrm{Cr}_2)$上且服从参数为 μ 的随机模糊指数分布。我们还假设所

有部件的工作寿命和贮备寿命均相互独立。在初始时刻,一个部件工作,其余部件作温贮备。当工作部件失效时,由尚未失效的部件去替换,直到所有部件都失效,则系统失效。假设转换开关完全可靠,且转换是瞬时的。

用 S_i 表示第 i 个部件的失效时刻($i=1,2,\cdots,n$)。令 $S_0=0$, 显然

$$S_n = \sum_{i=1}^{n} (S_i - S_{i-1})$$

为系统的失效时刻,S_i-S_{i-1}为定义在乘积可信性空间($\boldsymbol{\Theta},\mathbf{P}(\boldsymbol{\Theta})$,Cr)上服从参数为 $\lambda+(n-i)\mu$ 的随机模糊指数分布,其中 $\boldsymbol{\Theta}=\boldsymbol{\Theta}_1\times\boldsymbol{\Theta}_2$,$\mathrm{Cr}=\mathrm{Cr}_1\wedge\mathrm{Cr}_2$。

定理 4.3.1　该随机模糊温贮备系统的可靠度为

$$R(t)=\frac{1}{2}\sum_{i=0}^{n-1}\int_0^1\left(\left[\prod_{k=0,k\neq i}^{n-1}\frac{\lambda_\alpha^L+k\mu_\alpha^L}{(k-i)\mu_\alpha^L}\mathrm{e}^{-(\lambda_\alpha^L+i\mu_\alpha^L)t}\right]+\left[\prod_{k=0,k\neq i}^{n-1}\frac{\lambda_\alpha^U+k\mu_\alpha^U}{(k-i)\mu_\alpha^U}\mathrm{e}^{-(\lambda_\alpha^U+i\mu_\alpha^U)t}\right]\right)\mathrm{d}\alpha$$

证明:由定义 4.1,定义 1.3.7 和定理 1.2.23 可得

$$\begin{aligned}R(t)&=\mathrm{Ch}\{S_n>t\}\\&=\int_0^1\mathrm{Cr}\{\theta\in\boldsymbol{\Theta}\mid\mathrm{Pr}\{S_n(\theta)>t\}\geqslant p\}\mathrm{d}p\\&=\frac{1}{2}\int_0^1(\mathrm{Pr}_\alpha^L\{\omega\in\boldsymbol{\Omega}\mid S_n(\theta)(\omega)>t\}+\mathrm{Pr}_\alpha^U\{\omega\in\boldsymbol{\Omega}\mid S_n(\theta)(\omega)>t\})\mathrm{d}\alpha\end{aligned}\tag{4-107}$$

设 $A_\alpha=\{\theta_1\in\boldsymbol{\Theta}_1\mid\mu\{\theta_1\}\geqslant\alpha\}$,$B_\alpha=\{\theta_2\in\boldsymbol{\Theta}_2\mid\mu\{\theta_2\}\geqslant\alpha\}$。对于 $\forall\theta_1\in\mathbf{A}_\alpha$, $\forall\theta_2\in\mathbf{B}_\alpha$, 我们可得到 $\lambda_\alpha^L\leqslant\lambda(\theta_1)\leqslant\lambda_\alpha^U$,$\mu_\alpha^L\leqslant\mu(\theta_2)\leqslant\mu_\alpha^U$。

这里我们可以构造 3 个温贮备系统:

(1) 温贮备系统 1:部件的工作寿命服从参数为 λ_α^L 的指数分布,部件的温贮备寿命服从参数为 μ_α^L 的指数分布。

(2) 温贮备系统 2:部件的工作寿命服从参数为 $\lambda(\theta_1)$ 的指数分布,部件的温贮备寿命服从参数为 $\mu(\theta_2)$ 的指数分布。

(3) 温贮备系统 3:部件的工作寿命服从参数为 λ_α^U 的指数分布,部件的温贮备寿命服从参数为 μ_α^U 的指数分布。

很容易看出系统 1 和系统 3 是标准的随机温贮备系统。对于任意给定的 $\theta_1\in\mathbf{A}_\alpha$,$\theta_2\in\mathbf{B}_\alpha$,系统 2 也是一个随机温贮备系统。设 S_n^1,S_n^2,S_n^3 分别为系统 1、系统 2 和系统 3 的失效时刻,则有

$$\mathrm{Pr}\{S_n^3>t\}\leqslant\mathrm{Pr}\{S_n^2>t\}\leqslant\mathrm{Pr}\{S_n^1>t\}$$

因为 θ_1 和 θ_2 分别是 A_α 和 B_α 上的任意点,因此有

$$\mathrm{Pr}_\alpha^L\{\omega\in\boldsymbol{\Omega}\mid S_n(\theta)(\omega)>t\}=\mathrm{Pr}\{S_n^3>t\}\tag{4-108}$$

和

$$\Pr_{\alpha}^{U}\{\omega\in\boldsymbol{\Omega}\mid S_n(\theta)(\omega)>t\}=\Pr\{S_n^1>t\} \tag{4-109}$$

从传统可靠性理论中的结论，可以得到

$$\Pr\{S_n^1>t\}=\sum_{i=0}^{n-1}\left[\prod_{k=0,k\neq i}^{n-1}\frac{\lambda_{\alpha}^{L}+k\mu_{\alpha}^{L}}{(k-i)\mu_{\alpha}^{L}}\right]\mathrm{e}^{-(\lambda_{\alpha}^{L}+i\mu_{\alpha}^{L})t} \tag{4-110}$$

和

$$\Pr\{S_n^3>t\}=\sum_{i=0}^{n-1}\left[\prod_{k=0,k\neq i}^{n-1}\frac{\lambda_{\alpha}^{U}+k\mu_{\alpha}^{U}}{(k-i)\mu_{\alpha}^{U}}\right]\mathrm{e}^{-(\lambda_{\alpha}^{U}+i\mu_{\alpha}^{U})t} \tag{4-111}$$

因此，由式(4-107)至式(4-108)可得

$$\begin{aligned}R(t)&=\frac{1}{2}\int_0^1(\Pr_{\alpha}^{L}\{\omega\in\boldsymbol{\Omega}\mid S_n(\theta)(\omega)>t\}+\Pr_{\alpha}^{U}\{\omega\in\boldsymbol{\Omega}\mid S_n(\theta)(\omega)>t\})\,\mathrm{d}\alpha\\&=\frac{1}{2}\int_0^1(\Pr\{S_n^1>t\}+\Pr\{S_n^3>t\})\,\mathrm{d}\alpha\\&=\frac{1}{2}\int_0^1\left(\sum_{i=0}^{n-1}\left[\prod_{k=0,k\neq i}^{n-1}\frac{\lambda_{\alpha}^{L}+k\mu_{\alpha}^{L}}{(k-i)\mu_{\alpha}^{L}}\right]\mathrm{e}^{-(\lambda_{\alpha}^{L}+i\mu_{\alpha}^{L})t}+\sum_{i=0}^{n-1}\left[\prod_{k=0,k\neq i}^{n-1}\frac{\lambda_{\alpha}^{U}+k\mu_{\alpha}^{U}}{(k-i)\mu_{\alpha}^{U}}\right]\mathrm{e}^{-(\lambda_{\alpha}^{U}+i\mu_{\alpha}^{U})t}\right)\mathrm{d}\alpha\\&=\frac{1}{2}\sum_{i=0}^{n-1}\int_0^1\left(\left[\prod_{k=0,k\neq i}^{n-1}\frac{\lambda_{\alpha}^{L}+k\mu_{\alpha}^{L}}{(k-i)\mu_{\alpha}^{L}}\mathrm{e}^{-(\lambda_{\alpha}^{L}+i\mu_{\alpha}^{L})t}\right]+\left[\prod_{k=0,k\neq i}^{n-1}\frac{\lambda_{\alpha}^{U}+k\mu_{\alpha}^{U}}{(k-i)\mu_{\alpha}^{U}}\mathrm{e}^{-(\lambda_{\alpha}^{U}+i\mu_{\alpha}^{U})t}\right]\right)\mathrm{d}\alpha\end{aligned}$$

证毕。

定理 4.3.2 该温贮备系统的平均寿命为

$$\mathrm{MTTF}=\sum_{i=0}^{n-1}E\left[\frac{1}{\lambda+i\mu}\right]$$

证明:由定义 4.2 和定理 1.2.23 可知

$$\begin{aligned}\mathrm{MTTF}&=\int_0^{+\infty}\mathrm{Cr}\{\theta\in\boldsymbol{\Theta}\mid E[S_n(\theta)]\geqslant r\}\,\mathrm{d}r\\&=\frac{1}{2}\int_0^1(E[S_n(\theta)]_{\alpha}^{L}+E[S_n(\theta)]_{\alpha}^{U})\,\mathrm{d}\alpha\end{aligned} \tag{4-112}$$

从定理 4.3.1 证明中构造的 3 个温贮备系统，可以看出

$$E[S_n^3]\leqslant E[S_n^2]\leqslant E[S_n^1]$$

因为 θ_1 和 θ_2 分别是 A_α 和 B_α 中的任意点，则有

$$E[S_n(\theta)]_{\alpha}^{L}=E[S_n^3] \tag{4-113}$$

和

$$E[S_n(\theta)]_{\alpha}^{U}=E[S_n^1] \tag{4-114}$$

由传统可靠性理论中的结论，可以得到

$$E[S_n^1]=\sum_{i=0}^{n-1}\frac{1}{\lambda_\alpha^L+i\mu_\alpha^L}\tag{4-115}$$

和

$$E[S_n^3]=\sum_{i=0}^{n-1}\frac{1}{\lambda_\alpha^U+i\mu_\alpha^U}\tag{4-116}$$

因此,由式(4-112)至式(4-116)有

$$\begin{aligned}\mathrm{MTTF}&=\frac{1}{2}\int_0^1(E[S_n(\theta)]_\alpha^L+E[S_n(\theta)]_\alpha^U)\mathrm{d}\alpha\\&=\frac{1}{2}\int_0^1\left(\sum_{i=0}^{n-1}\frac{1}{\lambda_\alpha^L+i\mu_\alpha^L}+\sum_{i=0}^{n-1}\frac{1}{\lambda_\alpha^U+i\mu_\alpha^U}\right)\mathrm{d}\alpha\\&=\sum_{i=0}^{n-1}\frac{1}{2}\int_0^1\left(\frac{1}{\lambda_\alpha^L+i\mu_\alpha^L}+\frac{1}{\lambda_\alpha^U+i\mu_\alpha^U}\right)\mathrm{d}\alpha\\&=\sum_{i=0}^{n-1}E\left[\frac{1}{\lambda+i\mu}\right]\end{aligned}$$

证毕。

例 4.3.1　假设温贮备系统由两个同型部件构成,部件的工作寿命和贮备寿命分别服从参数为 λ 和 μ 的随机模糊指数分布,其中 $\lambda=(1,2,3)$,$\mu=(2,3,4)$。首先可以计算 $\lambda_\alpha^L=1+\alpha$,$\lambda_\alpha^U=3-\alpha$,$\mu_\alpha^L=2+\alpha$,$\mu_\alpha^U=4-\alpha$。由定理 4.3.1 可得该系统的可靠度为

$$\begin{aligned}R(t)&=\frac{1}{2}\int_0^1\left(\frac{\lambda_\alpha^L+\mu_\alpha^L}{\mu_\alpha^L}\mathrm{e}^{-\lambda_\alpha^L t}+\frac{\lambda_\alpha^U+\mu_\alpha^U}{\mu_\alpha^U}\mathrm{e}^{-\lambda_\alpha^U t}-\frac{\lambda_\alpha^L}{\mu_\alpha^L}\mathrm{e}^{-(\lambda_\alpha^L+\mu_\alpha^L)t}-\frac{\lambda_\alpha^U}{\mu_\alpha^U}\mathrm{e}^{-(\lambda_\alpha^U+\mu_\alpha^U)t}\right)\mathrm{d}\alpha\\&=\frac{1}{2}\int_0^1\left(\frac{1+\alpha+2+\alpha}{2+\alpha}\mathrm{e}^{-(1+\alpha)t}+\frac{3-\alpha+4-\alpha}{4-\alpha}\mathrm{e}^{-(3-\alpha)t}-\right.\\&\qquad\left.\frac{1+\alpha}{2+\alpha}\mathrm{e}^{-(1+\alpha+2+\alpha)t}-\frac{3-\alpha}{4-\alpha}\mathrm{e}^{-(3-\alpha+4-\alpha)t}\right)\mathrm{d}\alpha\end{aligned}$$

图 4.3 为该温贮备系统可靠度随时间变化的曲线,从图中可以看到该可靠度函数随时间是递减的。由定理 4.3.2 可得该温贮备系统的平均寿命为

$$\begin{aligned}\mathrm{MTTF}&=E\left[\frac{1}{\lambda}\right]+E\left[\frac{1}{\lambda+\mu}\right]\\&=\frac{1}{2}\int_0^1\left(\frac{1}{1+\alpha}+\frac{1}{3-\alpha}\right)\mathrm{d}\alpha+\frac{1}{2}\int_0^1\left(\frac{1}{1+\alpha+2+\alpha}+\frac{1}{3-\alpha+4-\alpha}\right)\mathrm{d}\alpha\\&=\frac{1}{2}\ln 3-\frac{1}{4}\ln\frac{7}{3}\approx 0.3375\end{aligned}$$

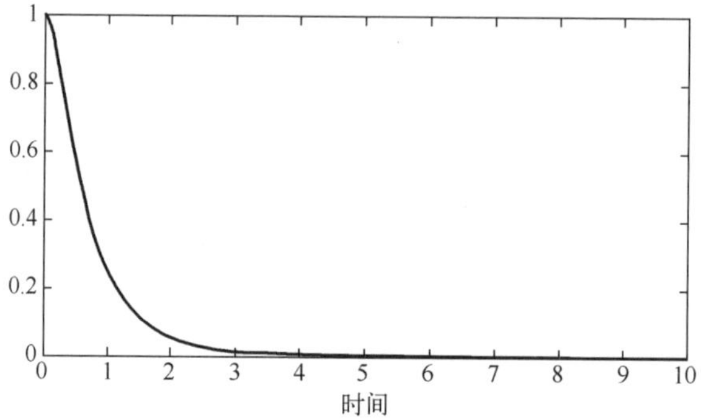

图 4.3　例 4.3.1 温贮备系统可靠度

4.3.2　转换开关完全可靠且含有不同型部件的情形

考虑两个不同型部件构成的温贮备系统。假设部件 1 和部件 2 的工作寿命 X_1 和 X_2 分别定义在可信性空间$(\boldsymbol{\Theta}_1,\mathbf{P}(\Theta_1),\mathrm{Cr}_1)$和$(\boldsymbol{\Theta}_2,\mathbf{P}(\Theta_2),\mathrm{Cr}_2)$上,且服从参数为 λ_1 和 λ_2 的随机模糊指数分布,部件 2 的贮备寿命 Y_2 定义在可信性空间$(\boldsymbol{\Theta}_3,\mathbf{P}(\Theta_3),\mathrm{Cr}_3)$上,且服从参数为 μ 的随机模糊指数分布,并且 X_1,X_2,Y_2 是相互独立的。在初始时刻,两个部件都是新的,部件 1 优先使用,部件 2 作温贮备。我们还假设转换开关是绝对可靠的,并且转换是瞬时完成的。令 X 是该温贮备系统的寿命,则有

$$X=X_1+X_2\cdot I_{\{Y_2>X_1\}}$$

其中 $I_{\{\cdot\}}$ 为随机模糊事件的示性函数,那么 X 为定义在有限乘积可信性空间$(\boldsymbol{\Theta},\mathbf{P}(\Theta),\mathrm{Cr})$上的随机模糊变量,其中 $\boldsymbol{\Theta}=\boldsymbol{\Theta}_1\times\boldsymbol{\Theta}_2\times\boldsymbol{\Theta}_3$, $\mathrm{Cr}=\mathrm{Cr}_1\wedge\mathrm{Cr}_2\wedge\mathrm{Cr}_3$。

定理 4.3.3　该随机模糊不可修温贮备系统的可靠度为

$$R(t)=\frac{1}{2}\int_0^1\left(\mathrm{e}^{-\lambda_{1,\alpha}^L t}+\frac{\lambda_{1,\alpha}^L}{\lambda_{1,\alpha}^L-\lambda_{2,\alpha}^L+\mu_\alpha^L}\left[\mathrm{e}^{-\lambda_{2,\alpha}^L t}-\mathrm{e}^{-(\lambda_{1,\alpha}^L+\mu_\alpha^L)t}\right]+\mathrm{e}^{-\lambda_{1,\alpha}^U t}+\frac{\lambda_{1,\alpha}^U}{\lambda_{1,\alpha}^U-\lambda_{2,\alpha}^U+\mu_\alpha^U}\left[\mathrm{e}^{-\lambda_{2,\alpha}^U t}-\mathrm{e}^{-(\lambda_{1,\alpha}^U+\mu_\alpha^U)t}\right]\right)\mathrm{d}\alpha$$

证明:由定义 4.1,定义 1.3.7 和定理 1.2.23 可知

$$\begin{aligned}R(t)&=\mathrm{Ch}\{X>t\}\\&=\int_0^1\mathrm{Cr}\{\theta\in\boldsymbol{\Theta}\mid\Pr\{X(\theta)>t\}\geqslant p\}\,\mathrm{d}p\\&=\frac{1}{2}\int_0^1(\Pr_\alpha^L\{\omega\in\boldsymbol{\Omega}\mid X(\theta)(\omega)>t\}+\Pr_\alpha^U\{\omega\in\boldsymbol{\Omega}\mid X(\theta)(\omega)>t\})\,\mathrm{d}\alpha\end{aligned}\tag{4-117}$$

设 $A_\alpha=\{\theta_1\in\boldsymbol{\Theta}_1\mid\mu\{\theta_1\}\geqslant\alpha\}$, $B_\alpha=\{\theta_2\in\boldsymbol{\Theta}_2\mid\mu\{\theta_2\}\geqslant\alpha\}$ 和 $C_\alpha=\{\theta_3\in\boldsymbol{\Theta}_3\mid\mu\{\theta_3\}\geqslant\alpha\}$。对于 $\forall\theta_1\in\mathbf{A}_\alpha$, $\forall\theta_2\in\mathbf{B}_\alpha$ 和 $\forall\theta_3\in\mathbf{C}_\alpha$，可得到 $\lambda_{1,\alpha}^L\leqslant\lambda_1(\theta_1)\leqslant\lambda_{1,\alpha}^U$, $\lambda_{2,\alpha}^L\leqslant\lambda_2(\theta_2)\leqslant\lambda_{2,\alpha}^U$ 和 $\mu_\alpha^L\leqslant\mu(\theta_3)\leqslant\mu_\alpha^U$。

我们可以构造3个转换开关完全可靠的温贮备系统：

(1) 温贮备系统1：部件1和部件2的工作寿命分别服从参数为 $\lambda_{1,\alpha}^L$ 和 $\lambda_{2,\alpha}^L$ 的指数分布，部件2的贮备寿命服从参数为 μ_α^L 的指数分布。

(2) 温贮备系统2：部件1和部件2的工作寿命分别服从参数为 $\lambda_1(\theta_1)$ 和 $\lambda_2(\theta_2)$ 的指数分布，部件2的贮备寿命服从参数为 $\mu(\theta_3)$ 的指数分布。

(3) 温贮备系统3：部件1和部件2的工作寿命分别服从参数为 $\lambda_{1,\alpha}^U$ 和 $\lambda_{2,\alpha}^U$ 的指数分布，部件2的贮备寿命服从参数为 μ_α^U 的指数分布。

易见系统1和系统3是标准的随机温贮备系统。对于 $\forall\theta_1\in A_\alpha$, $\forall\theta_2\in B_\alpha$ 和 $\forall\theta_3\in\mathbf{C}_\alpha$，系统2也是一个随机温贮备系统。令 $X^{(1)}$, $X^{(2)}$ 和 $X^{(3)}$ 分别为系统1、系统2和系统3的寿命。由于该温贮备系统为单调关联系统，我们有

$$\Pr\{X^{(3)}>t\}\leqslant\Pr\{X^{(2)}>t\}\leqslant\Pr\{X^{(1)}>t\}$$

因为 θ_1,θ_2 和 θ_3 分别是 A_α,B_α 和 C_α 上的任意点，则有

$$\Pr_\alpha^L\{\omega\in\boldsymbol{\Omega}\mid X(\theta)(\omega)>t\}=\Pr\{X^{(3)}>t\}\tag{4-118}$$

和

$$\Pr_\alpha^U\{\omega\in\boldsymbol{\Omega}\mid X(\theta)(\omega)>t\}=\Pr\{X^{(1)}>t\}\tag{4-119}$$

由传统可靠性理论中的结论可以得到

$$\Pr\{X^{(1)}>t\}=\mathrm{e}^{-\lambda_{1,\alpha}^L t}+\frac{\lambda_{1,\alpha}^L[\mathrm{e}^{-\lambda_{2,\alpha}^L t}-\mathrm{e}^{-(\lambda_{1,\alpha}^L+\mu_\alpha^L)t}]}{\lambda_{1,\alpha}^L-\lambda_{2,\alpha}^L+\mu_\alpha^L}\tag{4-120}$$

和

$$\Pr\{X^{(3)}>t\}=\mathrm{e}^{-\lambda_{1,\alpha}^U t}+\frac{\lambda_{1,\alpha}^U[\mathrm{e}^{-\lambda_{2,\alpha}^U t}-\mathrm{e}^{-(\lambda_{1,\alpha}^U+\mu_\alpha^U)t}]}{\lambda_{1,\alpha}^U-\lambda_{2,\alpha}^U+\mu_\alpha^U}\tag{4-121}$$

由式(4-117)至式(4-121)可得

$$\begin{aligned}
R(t)&=\mathrm{Ch}\{X>t\}\\
&=\frac{1}{2}\int_0^1(\Pr_\alpha^L\{\omega\in\boldsymbol{\Omega}\mid X(\theta)(\omega)>t\}+\Pr_\alpha^U\{\omega\in\boldsymbol{\Omega}\mid X(\theta)(\omega)>t\})\,\mathrm{d}\alpha\\
&=\frac{1}{2}\int_0^1(\Pr\{X^{(3)}>t\}+\Pr\{X^{(1)}>t\})\mathrm{d}\alpha\\
&=\frac{1}{2}\int_0^1\left(\mathrm{e}^{-\lambda_{1,\alpha}^L t}+\frac{\lambda_{1,\alpha}^L[\mathrm{e}^{-\lambda_{2,\alpha}^L t}-\mathrm{e}^{-(\lambda_{1,\alpha}^L+\mu_\alpha^L)t}]}{\lambda_{1,\alpha}^L-\lambda_{2,\alpha}^L+\mu_\alpha^L}+\mathrm{e}^{-\lambda_{1,\alpha}^U t}+\frac{\lambda_{1,\alpha}^U[\mathrm{e}^{-\lambda_{2,\alpha}^U t}-\mathrm{e}^{-(\lambda_{1,\alpha}^U+\mu_\alpha^U)t}]}{\lambda_{1,\alpha}^U-\lambda_{2,\alpha}^U+\mu_\alpha^U}\right)\mathrm{d}\alpha
\end{aligned}$$

证毕。

注 4.3.1 若 X_1, X_2 和 Y_2 退化为指数分布的随机变量,即 λ_1, λ_2 和 μ 退化为常数,那么定理 4.3.3 退化为以下形式

$$R(t)=\mathrm{e}^{-\lambda_1 t}+\frac{\lambda_1}{\lambda_1-\lambda_2+\mu}[\mathrm{e}^{-\lambda_2 t}-\mathrm{e}^{-(\lambda_1+\mu)t}]$$

这正和传统可靠性理论中的结论一致。

定理 4.3.4 该随机模糊不可修温贮备系统的平均寿命为

$$\mathrm{MTTF}=E\left[\frac{1}{\lambda_1}\right]+\frac{1}{2}\int_0^1\frac{1}{\lambda_{2,\alpha}^L}\left(\frac{\lambda_{1,\alpha}^L}{\lambda_{1,\alpha}^L+\mu_\alpha^L}\right)\mathrm{d}\alpha+\frac{1}{2}\int_0^1\frac{1}{\lambda_{2,\alpha}^U}\left(\frac{\lambda_{1,\alpha}^U}{\lambda_{1,\alpha}^U+\mu_\alpha^U}\right)\mathrm{d}\alpha$$

证明:由定义 4.2 和定理 1.2.23 可知

$$\begin{aligned}\mathrm{MTTF}&=\int_0^{+\infty}\mathrm{Cr}\{\theta\in\boldsymbol{\Theta}\mid E[X(\theta)]\geqslant r\}\mathrm{d}r\\&=\frac{1}{2}\int_0^1(E[X(\theta)]_\alpha^L+E[X(\theta)]_\alpha^U)\mathrm{d}\alpha\end{aligned}\tag{4-122}$$

由定理 4.3.3 证明过程中构造的 3 个温贮备系统,可以看出

$$E[X^{(3)}]\leqslant E[X^{(2)}]\leqslant E[X^{(1)}]$$

因为 θ_1, θ_2 和 θ_3 分别是 A_α, B_α 和 C_α 上的任意点,因此有

$$E[X(\theta)]_\alpha^L=E[X^{(3)}]\tag{4-123}$$

和

$$E[X(\theta)]_\alpha^U=E[X^{(1)}]\tag{4-124}$$

由传统可靠性理论中的结论可得

$$E[X^{(1)}]=\frac{1}{\lambda_{1,\alpha}^L}+\frac{1}{\lambda_{2,\alpha}^L}\left(\frac{\lambda_{1,\alpha}^L}{\lambda_{1,\alpha}^L+\mu_\alpha^L}\right)\tag{4-125}$$

和

$$E[X^{(3)}]=\frac{1}{\lambda_{1,\alpha}^U}+\frac{1}{\lambda_{2,\alpha}^U}\left(\frac{\lambda_{1,\alpha}^U}{\lambda_{1,\alpha}^U+\mu_\alpha^U}\right)\tag{4-126}$$

由式(4-122)至式(4-126)可得

$$\begin{aligned}\mathrm{MTTF}&=\frac{1}{2}\int_0^1(E[X(\theta)]_\alpha^L+E[X(\theta)]_\alpha^U)\mathrm{d}\alpha\\&=\frac{1}{2}\int_0^1(E[X^{(3)}]+E[X^{(1)}])\mathrm{d}\alpha\\&=\frac{1}{2}\int_0^1\left[\frac{1}{\lambda_{1,\alpha}^L}+\frac{1}{\lambda_{2,\alpha}^L}\left(\frac{\lambda_{1,\alpha}^L}{\lambda_{1,\alpha}^L+\mu_\alpha^L}\right)+\frac{1}{\lambda_{1,\alpha}^U}+\frac{1}{\lambda_{2,\alpha}^U}\left(\frac{\lambda_{1,\alpha}^U}{\lambda_{1,\alpha}^U+\mu_\alpha^U}\right)\right]\mathrm{d}\alpha\\&=\frac{1}{2}\int_0^1\left(\frac{1}{\lambda_{1,\alpha}^L}+\frac{1}{\lambda_{1,\alpha}^U}\right)\mathrm{d}\alpha+\frac{1}{2}\int_0^1\frac{1}{\lambda_{2,\alpha}^L}\left(\frac{\lambda_{1,\alpha}^L}{\lambda_{1,\alpha}^L+\mu_\alpha^L}\right)\mathrm{d}\alpha+\frac{1}{2}\int_0^1\frac{1}{\lambda_{2,\alpha}^U}\left(\frac{\lambda_{1,\alpha}^U}{\lambda_{1,\alpha}^U+\mu_\alpha^U}\right)\mathrm{d}\alpha\end{aligned}$$

$$= E\left[\frac{1}{\lambda_1}\right] + \frac{1}{2}\int_0^1 \frac{1}{\lambda_{2,\alpha}^L}\left(\frac{\lambda_{1,\alpha}^L}{\lambda_{1,\alpha}^L + \mu_\alpha^L}\right) d\alpha + \frac{1}{2}\int_0^1 \frac{1}{\lambda_{2,\alpha}^U}\left(\frac{\lambda_{1,\alpha}^U}{\lambda_{1,\alpha}^U + \mu_\alpha^U}\right) d\alpha$$

证毕。

注 4.3.2　若 X_1,X_2 和 Y_2 退化为指数分布的随机变量,即 λ_1,λ_2 和 μ 退化为常数,则定理 4.3.4 的结论退化为

$$\text{MTTF} = \frac{1}{\lambda_1} + \frac{1}{\lambda_2}\left(\frac{\lambda_1}{\lambda_1+\mu}\right)$$

这正和随机情形下的结论相一致。

例 4.3.2　若以上随机模糊温贮备系统中 λ_1,λ_2,μ 为三角模糊变量,其中 $\lambda_1 = (1,2,3),\lambda_2=(2,3,4),\mu=(0,1,2)$,可得到

$$\begin{cases}\lambda_{1,\alpha}^L = 1+\alpha \\ \lambda_{1,\alpha}^U = 3-\alpha\end{cases} \quad \begin{cases}\lambda_{2,\alpha}^L = 2+\alpha \\ \lambda_{2,\alpha}^U = 4-\alpha\end{cases} \quad \begin{cases}\mu_\alpha^L = \alpha \\ \mu_\alpha^U = 2-\alpha\end{cases}$$

由定理 4.3.3 可得该温贮备系统的可靠度为

$$R(t) = \frac{1}{2}\int_0^1 \left(e^{-(1+\alpha)t} + \frac{1+\alpha}{\alpha-1}\left[e^{-(2+\alpha)t} - e^{-(1+2\alpha)t}\right] + e^{-(3-\alpha)t} + \frac{3-\alpha}{1-\alpha}\left[e^{-(4-\alpha)t} - e^{-(5-2\alpha)t}\right]\right) d\alpha$$

图 4.4 为该不可修温贮备系统的可靠度曲线,从图中可以看到该可靠度函数随时间是递减的。由定理 4.3.4 可得该温贮备系统的平均寿命为

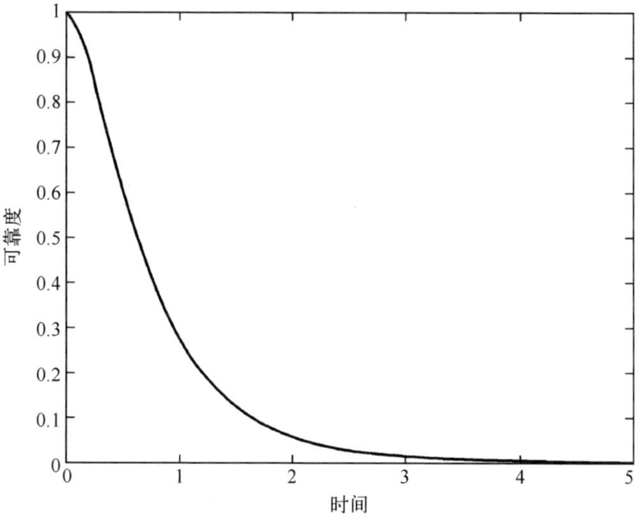

图 4.4　例 4.3.2 温贮备系统可靠度

$$\text{MTTF} = \frac{1}{2}\int_0^1\left(\frac{1}{1+\alpha}+\frac{1}{3-\alpha}\right)\mathrm{d}\alpha + \frac{1}{2}\int_0^1\frac{1}{2+\alpha}\left(\frac{1+\alpha}{1+2\alpha}\right)\mathrm{d}\alpha + \frac{1}{2}\int_0^1\frac{1}{4-\alpha}\left(\frac{3-\alpha}{5-\alpha}\right)\mathrm{d}\alpha$$
$$= \frac{4}{3}\ln 3 + \ln 5 - \frac{1}{12}\ln 2 - \frac{3}{2}\ln 4$$
$$\approx 0.9371$$

4.3.3 转换开关不完全可靠的情形:开关寿命连续型

设转换开关的寿命 X_K 定义在可信性空间($\mathbf{\Theta}_4,\mathbf{P}(\Theta_4),\mathrm{Cr}_4$)上,且服从参数为 λ_K 的随机模糊指数分布,其余假设同 4.3.2 节,并假设 X_1,X_2,Y_2 和 X_K 是相互独立的。因此,温贮备系统的寿命是一个定义在乘积可信性空间($\mathbf{\Theta},\mathbf{P}(\Theta),\mathrm{Cr}$)上的随机模糊变量,其中 $\mathbf{\Theta}=\mathbf{\Theta}_1\times\mathbf{\Theta}_2\times\mathbf{\Theta}_3\times\mathbf{\Theta}_4$, $\mathrm{Cr}=\mathrm{Cr}_1\wedge\mathrm{Cr}_2\wedge\mathrm{Cr}_3\wedge\mathrm{Cr}_4$。我们还假设当转换开关失效时,系统立即失效。因此,该温贮备系统的寿命为

$$X=\min\{X_1+X_2\cdot I_{\{Y_2>X_1\}},X_K\}$$

其中 $I_{\{\cdot\}}$ 是随机模糊事件的示性函数。

定理 4.3.5 该随机模糊温贮备系统的可靠度为

$$R(t)=\frac{1}{2}\int_0^1 \mathrm{e}^{-\lambda_{K,\alpha}^L t}\left\{\mathrm{e}^{-\lambda_{1,\alpha}^L t}+\frac{\lambda_{1,\alpha}^L\left[\mathrm{e}^{-\lambda_{2,\alpha}^L t}-\mathrm{e}^{-(\lambda_{1,\alpha}^L+\mu_\alpha^L)t}\right]}{\lambda_{1,\alpha}^L-\lambda_{2,\alpha}^L+\mu_\alpha^L}\right\}\mathrm{d}\alpha +$$
$$\frac{1}{2}\int_0^1 \mathrm{e}^{-\lambda_{K,\alpha}^U t}\left\{\mathrm{e}^{-\lambda_{1,\alpha}^U t}+\frac{\lambda_{1,\alpha}^U\left[\mathrm{e}^{-\lambda_{2,\alpha}^U t}-\mathrm{e}^{-(\lambda_{1,\alpha}^U+\mu_\alpha^U)t}\right]}{\lambda_{1,\alpha}^U-\lambda_{2,\alpha}^U+\mu_\alpha^U}\right\}\mathrm{d}\alpha$$

证明:由定义 4.1,定义 1.3.7 和定理 1.2.23 可知

$$\begin{aligned}R(t)&=\mathrm{Ch}\{X>t\}\\&=\int_0^1\mathrm{Cr}\{\theta\in\mathbf{\Theta}\mid\Pr\{X(\theta)>t\}\geqslant p\}\mathrm{d}p\\&=\frac{1}{2}\int_0^1(\Pr_\alpha^L\{\omega\in\mathbf{\Omega}\mid X(\theta)(\omega)>t\}+\Pr_\alpha^U\{\omega\in\mathbf{\Omega}\mid X(\theta)(\omega)>t\})\mathrm{d}\alpha\end{aligned} \tag{4-127}$$

设 $A_\alpha=\{\theta_1\in\mathbf{\Theta}_1\mid\mu\{\theta_1\}\geqslant\alpha\}$, $B_\alpha=\{\theta_2\in\mathbf{\Theta}_2\mid\mu\{\theta_2\}\geqslant\alpha\}$, $C_\alpha=\{\theta_3\in\mathbf{\Theta}_3\mid\mu\{\theta_3\}\geqslant\alpha\}$ 和 $D_\alpha=\{\theta_4\in\mathbf{\Theta}_4\mid\mu\{\theta_4\}\geqslant\alpha\}$。对于 $\forall\theta_1\in\mathbf{A}_\alpha$, $\forall\theta_2\in\mathbf{B}_\alpha$, $\forall\theta_3\in\mathbf{C}_\alpha$ 和 $\forall\theta_4\in\mathbf{D}_\alpha$,可以得到

$$\lambda_{1,\alpha}^L\leqslant\lambda_1(\theta_1)\leqslant\lambda_{1,\alpha}^U,\lambda_{2,\alpha}^L\leqslant\lambda_2(\theta_2)\leqslant\lambda_{2,\alpha}^U$$

和

$$\mu_\alpha^L\leqslant\mu(\theta_3)\leqslant\mu_\alpha^U,\lambda_{K,\alpha}^L\leqslant\lambda_K(\theta_4)\leqslant\lambda_{K,\alpha}^U$$

我们可以构造 3 种转换开关不完全可靠的温贮备系统:

(1) 温贮备系统 1:部件 1 和部件 2 的工作寿命、部件 2 的贮备寿命、转换开关

的寿命分别服从参数为 $\lambda_{1,\alpha}^L,\lambda_{2,\alpha}^L,\mu_\alpha^L$ 和 $\lambda_{K,\alpha}^L$ 的指数分布。

(2) 温贮备系统 2:部件 1 和部件 2 的工作寿命、部件 2 的贮备寿命、转换开关的寿命分别服从参数为 $\lambda_1(\theta_1),\lambda_2(\theta_2),\mu(\theta_3)$ 和 $\lambda_K(\theta_4)$ 的指数分布。

(3) 温贮备系统 3:部件 1 和部件 2 的工作寿命、部件 2 的贮备寿命、转换开关的寿命分别服从参数为 $\lambda_{1,\alpha}^U,\lambda_{2,\alpha}^U,\mu_\alpha^U$ 和 $\lambda_{K,\alpha}^U$ 的指数分布。

易见系统 1 和系统 3 是标准的随机温贮备系统。对于 $\forall\theta_1\in\mathbf{A}_\alpha$, $\forall\theta_2\in\mathbf{B}_\alpha$, $\forall\theta_3\in\mathbf{C}_\alpha$ 和 $\forall\theta_4\in\mathbf{D}_\alpha$, 系统 2 也是一个随机的温贮备系统。令 $X^{(1)},X^{(2)}$ 和 $X^{(3)}$ 分别为系统 1、系统 2 和系统 3 的寿命。由于该温贮备系统为单调关联系统,因此有

$$\Pr\{X^{(3)}>t\}\leqslant\Pr\{X^{(2)}>t\}\leqslant\Pr\{X^{(1)}>t\}$$

由于 $\theta_1,\theta_2,\theta_3$ 和 θ_4 分别是 $A_\alpha,B_\alpha,C_\alpha$ 和 D_α 上的任意点,因此有

$$\Pr_\alpha^L\{\omega\in\mathbf{\Omega}\mid X(\theta)(\omega)>t\}=\Pr\{X^{(3)}>t\} \tag{4-128}$$

和

$$\Pr_\alpha^U\{\omega\in\mathbf{\Omega}\mid X(\theta)(\omega)>t\}=\Pr\{X^{(1)}>t\} \tag{4-129}$$

由传统可靠性理论中的结论可得

$$\Pr\{X^{(1)}>t\}=e^{-\lambda_{K,\alpha}^L t}\left\{e^{-\lambda_{1,\alpha}^L t}+\frac{\lambda_{1,\alpha}^L[e^{-\lambda_{2,\alpha}^L t}-e^{-(\lambda_{1,\alpha}^L+\mu_\alpha^L)t}]}{\lambda_{1,\alpha}^L-\lambda_{2,\alpha}^L+\mu_\alpha^L}\right\} \tag{4-130}$$

和

$$\Pr\{X^{(3)}>t\}=e^{-\lambda_{K,\alpha}^U t}\left\{e^{-\lambda_{1,\alpha}^U t}+\frac{\lambda_{1,\alpha}^U[e^{-\lambda_{2,\alpha}^U t}-e^{-(\lambda_{1,\alpha}^U+\mu_\alpha^U)t}]}{\lambda_{1,\alpha}^U-\lambda_{2,\alpha}^U+\mu_\alpha^U}\right\} \tag{4-131}$$

由式(4-127)至式(4-131)有

$$\begin{aligned}R(t)&=\frac{1}{2}\int_0^1(\Pr_\alpha^L\{\omega\in\mathbf{\Omega}\mid X(\theta)(\omega)>t\}+\Pr_\alpha^U\{\omega\in\mathbf{\Omega}\mid X(\theta)(\omega)>t\})\,d\alpha\\&=\frac{1}{2}\int_0^1 e^{-\lambda_{K,\alpha}^L t}\left\{e^{-\lambda_{1,\alpha}^L t}+\frac{\lambda_{1,\alpha}^L[e^{-\lambda_{2,\alpha}^L t}-e^{-(\lambda_{1,\alpha}^L+\mu_\alpha^L)t}]}{\lambda_{1,\alpha}^L-\lambda_{2,\alpha}^L+\mu_\alpha^L}\right\}d\alpha+\\&\quad\frac{1}{2}\int_0^1 e^{-\lambda_{K,\alpha}^U t}\left\{e^{-\lambda_{1,\alpha}^U t}+\frac{\lambda_{1,\alpha}^U[e^{-\lambda_{2,\alpha}^U t}-e^{-(\lambda_{1,\alpha}^U+\mu_\alpha^U)t}]}{\lambda_{1,\alpha}^U-\lambda_{2,\alpha}^U+\mu_\alpha^U}\right\}d\alpha\end{aligned}$$

证毕。

注 4.3.3　若 X_1,X_2,Y_2 和 X_K 退化为指数分布的随机变量,即 λ_1,λ_2,μ 和 λ_K 退化为常数,则定理 4.3.5 的结论退化为

$$R(t)=e^{-\lambda_K t}\left\{e^{-\lambda_1 t}+\frac{\lambda_1[e^{-\lambda_2 t}-e^{-(\lambda_1+\mu)t}]}{\lambda_1-\lambda_2+\mu}\right\}$$

这正与随机情形下的结论相一致。

定理 4.3.6　该随机模糊温贮备系统的平均寿命为

$$\mathrm{MTTF}=E\left[\frac{1}{\lambda_1+\lambda_K}\right]+\frac{1}{2}\int_0^1\frac{\lambda_{1,\alpha}^L}{(\lambda_{2,\alpha}^L+\lambda_{K,\alpha}^L)(\lambda_{1,\alpha}^L+\mu_\alpha^L+\lambda_{K,\alpha}^L)}\mathrm{d}\alpha+\frac{1}{2}\int_0^1\frac{\lambda_{1,\alpha}^U}{(\lambda_{2,\alpha}^U+\lambda_{K,\alpha}^U)(\lambda_{1,\alpha}^U+\mu_\alpha^U+\lambda_{K,\alpha}^U)}\mathrm{d}\alpha$$

证明:由定义4.2和定理1.2.23可知

$$\begin{aligned}\mathrm{MTTF}&=\int_0^{+\infty}\mathrm{Cr}\{\theta\in\boldsymbol{\Theta}\mid E[X(\theta)]\geqslant r\}\,\mathrm{d}r\\&=\frac{1}{2}\int_0^1(E[X(\theta)]_\alpha^L+E[X(\theta)]_\alpha^U)\,\mathrm{d}\alpha\end{aligned}\tag{4-132}$$

在定理4.3.5的证明过程中我们已构造了3个温贮备系统,可以看出

$$E[X^{(3)}]\leqslant E[X^{(2)}]\leqslant E[X^{(1)}]$$

由于$\theta_1,\theta_2,\theta_3$和$\theta_4$分别为$A_\alpha,B_\alpha,C_\alpha$和$D_\alpha$上的任意点,因此有

$$E[X(\theta)]_\alpha^L=E[X^{(3)}]\tag{4-133}$$

和

$$E[X(\theta)]_\alpha^U=E[X^{(1)}]\tag{4-134}$$

由传统可靠性理论中的结论,可以得到

$$E[X^{(1)}]=\frac{1}{\lambda_{1,\alpha}^L+\lambda_{K,\alpha}^L}+\frac{\lambda_{1,\alpha}^L}{(\lambda_{2,\alpha}^L+\lambda_{K,\alpha}^L)(\lambda_{1,\alpha}^L+\mu_\alpha^L+\lambda_{K,\alpha}^L)}\tag{4-135}$$

和

$$E[X^{(3)}]=\frac{1}{\lambda_{1,\alpha}^U+\lambda_{K,\alpha}^U}+\frac{\lambda_{1,\alpha}^U}{(\lambda_{2,\alpha}^L+\lambda_{K,\alpha}^U)(\lambda_{1,\alpha}^U+\mu_\alpha^U+\lambda_{K,\alpha}^U)}\tag{4-136}$$

由式(4-132)至式(4-136)可得

$$\begin{aligned}\mathrm{MTTF}&=\frac{1}{2}\int_0^1(E[X(\theta)]_\alpha^L+E[X(\theta)]_\alpha^U)\mathrm{d}\alpha\\&=\frac{1}{2}\int_0^1\left[\frac{1}{\lambda_{1,\alpha}^L+\lambda_{K,\alpha}^L}+\frac{\lambda_{1,\alpha}^L}{(\lambda_{2,\alpha}^L+\lambda_{K,\alpha}^L)(\lambda_{1,\alpha}^L+\mu_\alpha^L+\lambda_{K,\alpha}^L)}+\frac{1}{\lambda_{1,\alpha}^U+\lambda_{K,\alpha}^U}+\frac{\lambda_{1,\alpha}^U}{(\lambda_{2,\alpha}^L+\lambda_{K,\alpha}^U)(\lambda_{1,\alpha}^U+\mu_\alpha^U+\lambda_{K,\alpha}^U)}\right]\mathrm{d}\alpha\\&=\frac{1}{2}\int_0^1\left[\frac{1}{\lambda_{1,\alpha}^L+\lambda_{K,\alpha}^L}+\frac{1}{\lambda_{1,\alpha}^U+\lambda_{K,\alpha}^U}\right]\mathrm{d}\alpha+\frac{1}{2}\int_0^1\left[\frac{\lambda_{1,\alpha}^L}{(\lambda_{2,\alpha}^L+\lambda_{K,\alpha}^L)(\lambda_{1,\alpha}^L+\mu_\alpha^L+\lambda_{K,\alpha}^L)}+\frac{\lambda_{1,\alpha}^U}{(\lambda_{2,\alpha}^U+\lambda_{K,\alpha}^U)(\lambda_{1,\alpha}^U+\mu_\alpha^U+\lambda_{K,\alpha}^U)}\right]\mathrm{d}\alpha\end{aligned}$$

$$= E\left[\frac{1}{\lambda_1 + \lambda_K}\right] + \frac{1}{2}\int_0^1 \frac{\lambda_{1,\alpha}^L}{(\lambda_{2,\alpha}^L + \lambda_{K,\alpha}^L)(\lambda_{1,\alpha}^L + \mu_\alpha^L + \lambda_{K,\alpha}^L)}\mathrm{d}\alpha +$$

$$\frac{1}{2}\int_0^1 \frac{\lambda_{1,\alpha}^U}{(\lambda_{2,\alpha}^U + \lambda_{K,\alpha}^U)(\lambda_{1,\alpha}^U + \mu_\alpha^U + \lambda_{K,\alpha}^U)}\mathrm{d}\alpha$$

证毕。

注 4.3.4　若 X_1, X_2, Y_2 和 X_K 退化为指数分布的随机变量,即 $\lambda_1, \lambda_2, \mu$ 和 λ_K 退化为常数,则定理 4.3.6 中的结论退化为

$$\mathrm{MTTF} = \frac{1}{\lambda_1+\lambda_K} + \frac{\lambda_1}{(\lambda_2+\lambda_K)(\lambda_1+\mu+\lambda_K)}$$

这正与随机情况的结论相一致。

例 4.3.3　若以上随机模糊温贮备系统中 $\lambda_1, \lambda_2, \mu, \lambda_K$ 为三角模糊变量,其中 $\lambda_1=(1,2,3)$,$\lambda_2=(2,3,4)$,$\mu=(0,1,2)$,$\lambda_K=(0,1,2)$。因此可以得到 $\lambda_{1,\alpha}^L=1+\alpha$,$\lambda_{1,\alpha}^U=3-\alpha$,$\lambda_{2,\alpha}^L=2+\alpha$,$\lambda_{2,\alpha}^U=4-\alpha$,$\mu_\alpha^L=\lambda_{K,\alpha}^L=\alpha$,$\mu_\alpha^U=\lambda_{K,\alpha}^U=2-\alpha$。

由定理 4.3.5 可得该温贮备系统的可靠度为

$$R(t) = \frac{1}{2}\int_0^1 \mathrm{e}^{-\alpha t}\left\{\mathrm{e}^{-(1+\alpha)t} + \frac{1+\alpha}{\alpha-1}\left[\mathrm{e}^{-(2+\alpha)t} - \mathrm{e}^{-(1+2\alpha)t}\right]\right\}\mathrm{d}\alpha +$$

$$\frac{1}{2}\int_0^1 \mathrm{e}^{-(2-\alpha)t}\left\{\mathrm{e}^{-(3-\alpha)t} + \frac{3-\alpha}{1-\alpha}\left[\mathrm{e}^{-(4-\alpha)t} - \mathrm{e}^{-(5-2\alpha)t}\right]\right\}\mathrm{d}\alpha$$

图 4.5 为该温贮备系统可靠度随时间变化的曲线,从图中可以看到可靠度函数随时间是递减的。由定理 4.3.6 可得该温贮备系统的平均寿命为

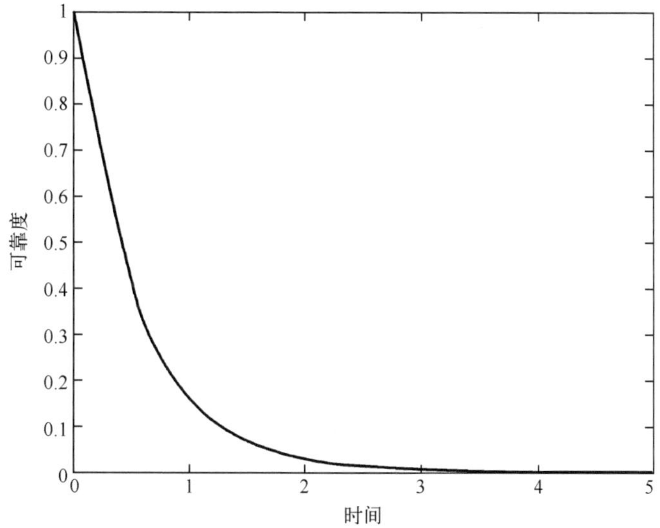

图 4.5　例 4.3.3 不可修温贮备系统可靠度

$$\text{MTTF} = \frac{1}{2}\int_0^1\left(\frac{1}{1+2\alpha}+\frac{1}{5-2\alpha}\right)\mathrm{d}\alpha + \frac{1}{2}\int_0^1\frac{1+\alpha}{(2+2\alpha)(1+3\alpha)}\mathrm{d}\alpha +$$
$$\frac{1}{2}\int_0^1\frac{3-\alpha}{(6-2\alpha)(7-3\alpha)}\mathrm{d}\alpha$$
$$= \frac{1}{12}\ln 3 + \frac{1}{4}\ln 5 + \frac{1}{12}\ln 7 - \frac{1}{12}\ln 4 \approx 0.5405$$

4.4 随机模糊冲击模型及随机模糊二维指数分布

在之前的章节中讨论的随机模糊不可修系统均为部件寿命相互独立的情形。本节我们讨论两部件相依的情形,给出了随机模糊冲击模型和随机模糊致命冲击模型,并由随机模糊致命冲击模型诱导出了随机模糊二维指数分布。此外,也给出了随机模糊二维指数分布的相关性质。

首先介绍两个常用的引理。

引理 4.4.1 令 $X_i(i=1,2,\cdots,n)$ 为相互独立的非负随机模糊变量,则有

$$\mathrm{Ch}\{\min\{X_1,X_2,\cdots,X_n\} > t\} = E[\prod_{i=1}^{n}\Pr\{X_i > t\}]$$

引理 4.4.2 令 $X_i(i=1,2,\cdots,n)$ 为相互独立的非负随机模糊变量,则有

$$E[\min\{X_1,X_2,\cdots,X_n\}]$$
$$= \frac{1}{2}\int_0^1\int_0^{+\infty}\left\{\prod_{i=1}^{n}\Pr_\alpha^L\{X_i \geq t\} + \prod_{i=1}^{n}\Pr_\alpha^U\{X_i \geq t\}\right\}\mathrm{d}t\mathrm{d}\alpha$$

4.4.1 随机模糊冲击模型

假设系统由两个部件组成,这两个部件在受到外界的冲击后可能会失效。在环境中有 3 个相互独立的随机模糊泊松过程控制着冲击源(图 4.6),分别记作 $Z_1(t,\boldsymbol{\lambda}_1)$,$Z_2(t,\boldsymbol{\lambda}_2)$,$Z_{12}(t,\boldsymbol{\lambda}_{12})$, 其中泊松强度 $\boldsymbol{\lambda}_1$,$\boldsymbol{\lambda}_2$ 和 $\boldsymbol{\lambda}_{12}$为分别定义在可信性空间($\boldsymbol{\Theta}_1$,$\mathbf{P}(\Theta_1)$,$\mathrm{Cr}_1$),($\boldsymbol{\Theta}_2$,$\mathbf{P}(\Theta_2)$,$\mathrm{Cr}_2$)和($\boldsymbol{\Theta}_{12}$,$\mathbf{P}(\Theta_{12})$,$\mathrm{Cr}_{12}$)上的模糊变量。当 $Z_1(t,\boldsymbol{\lambda}_1)$中冲击出现时,仅以概率 q_1 引起部件 1 失效,冲击发生的时刻 U_1 服从参数为 $\boldsymbol{\lambda}_1$ 的随机模糊指数分布。类似地,当 $Z_2(t,\boldsymbol{\lambda}_2)$中冲击出现时,仅以概率 q_2 引起部件 2 失效,冲击发生的时刻 U_2 服从参数为 $\boldsymbol{\lambda}_2$ 的随机模糊指数分布。当 $Z_{12}(t,\boldsymbol{\lambda}_{12})$中冲击出现时,以概率 q_{01}引起部件 1 失效,以概率 q_{10}引起部件 2 失效,以概率 q_{11}引起两个部件同时失效,以概率 q_{00}使两个部件都不失效,冲击发生的时刻 U_{12}服从参数为 $\boldsymbol{\lambda}_{12}$的随机模糊指数分布。显然,有 $q_{11}+q_{10}+q_{01}+q_{00}=1$。该模型称作随机模糊冲击模型。

这里我们需要定义一个有限乘积可信性空间($\boldsymbol{\Theta}$,$\mathbf{P}(\Theta)$,Cr), 其中 $\boldsymbol{\Theta}=\boldsymbol{\Theta}_1\times\boldsymbol{\Theta}_2\times\boldsymbol{\Theta}_{12}$

且 $\mathrm{Cr}=\mathrm{Cr}_1\wedge\mathrm{Cr}_2\wedge\mathrm{Cr}_{12}$。今后若无特殊说明我们将在可信性空间$(\boldsymbol{\Theta},\mathbf{P}(\boldsymbol{\Theta}),\mathrm{Cr})$上来讨论问题。

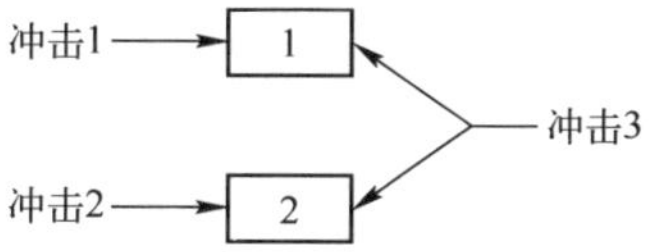

图4.6　冲击模型

令 T_1 和 T_2 分别表示部件1和部件2的寿命，$N_1(s,t)$，$N_2(s,t)$，$N_3(s,t)$分别表示随机模糊泊松过程 $Z_1(t,\lambda_1)$，$Z_2(t,\lambda_2)$，$Z_{12}(t,\lambda_{12})$的冲击发生次数。我们关注当 θ 给定时，部件1和部件2寿命的联合生存概率。

对于任意给定的 $\theta\in\boldsymbol{\Theta},\theta=(\theta_1,\theta_2,\theta_{12})$，当 $0\leqslant t_1\leqslant t_2$ 时，有

$$
\begin{aligned}
&\overline{F}(t_1,t_2)(\theta)\\
&=\Pr\{T_1(\theta)>t_1,T_2(\theta)>t_2\}\\
&=\Pr\{N_1(0,t_1)(\theta)=i(i=0,1,\cdots),i\text{ 次冲击不使部件 1 失效；}\\
&\qquad N_2(0,t_2)(\theta)=j(j=0,1,\cdots),j\text{ 次冲击不使部件 2 失效；}\\
&\qquad N_3(0,t_1)(\theta)=k(k=0,1,\cdots),k\text{ 次冲击不使部件 1,2 失效；}\\
&\qquad N_3(t_1,t_2)(\theta)=l(l=0,1,\cdots),l\text{ 次冲击不使部件 2 失效}\}\\
&=\sum_{i=0}^{+\infty}\frac{(\lambda_1(\theta)t_1)^i}{i!}\mathrm{e}^{-\lambda_1(\theta)t_1}(1-q_1)^i\cdot\sum_{j=0}^{+\infty}\frac{(\lambda_2(\theta)t_2)^j}{j!}\mathrm{e}^{-\lambda_2(\theta)t_2}(1-q_2)^j\cdot\\
&\quad\sum_{k=0}^{+\infty}\frac{(\lambda_{12}(\theta)t_1)^k}{k!}\mathrm{e}^{-\lambda_{12}(\theta)t_1}q_{00}^k\cdot\sum_{l=0}^{+\infty}\frac{[\lambda_{12}(\theta)(t_2-t_1)]^l}{l!}\mathrm{e}^{-\lambda_{12}(\theta)(t_2-t_1)}(q_{01}+q_{00})^l\\
&=\exp\{-(\lambda_1(\theta)q_1+\lambda_{12}(\theta)q_{01})t_1-[\lambda_2(\theta)q_2+\lambda_{12}(\theta)(q_{11}+q_{01})]t_2\}
\end{aligned}
\tag{4-137}
$$

当 $0\leqslant t_2\leqslant t_1$，有

$$
\overline{F}(t_1,t_2)(\theta)=\exp\{-[\lambda_1(\theta)q_1+\lambda_{12}(\theta)(q_{11}+q_{01})]t_1-(\lambda_2(\theta)q_2+\lambda_{12}(\theta)q_{10})t_2\}
\tag{4-138}
$$

综合式(4-137)和式(4-138)，有

$$
\begin{aligned}
\overline{F}(t_1,t_2)(\theta)=\exp\{&-(\lambda_1(\theta)q_1+\lambda_{12}(\theta)q_{01})t_1-(\lambda_2(\theta)q_2+\lambda_{12}(\theta)q_{10})t_2\\
&-\lambda_{12}(\theta)q_{11}\max(t_1,t_2)\}
\end{aligned}
\tag{4-139}
$$

特别地，当 $q_1=q_2=q_{11}=1$ 时，即每次冲击出现都会引起相应的部件失效。因此，部件1的寿命为

$$
T_1=\min\{U_1,U_{12}\}
\tag{4-140}
$$

部件2的寿命为

$$T_2=\min\{U_2,U_{12}\} \tag{4-141}$$

T_1 和 T_2 的联合生存函数(4-139)变为

$$\overline{F}(t_1,t_2)(\theta)=\exp\{-\lambda_1(\theta)t_1-\lambda_2(\theta)t_2-\lambda_{12}(\theta)\max(t_1,t_2)\} \tag{4-142}$$

称式(4-142)的情形为随机模糊致命冲击模型。

4.4.2 随机模糊二维指数分布

在这部分,将给出随机模糊二维指数分布的定义和有关定理。

定义 4.4.1 令 T_1,T_2 为定义在可信性空间($\boldsymbol{\Theta},\mathbf{P}(\Theta)$,Cr)上的随机模糊变量,对任意的 $\theta\in\boldsymbol{\Theta}$, 若 T_1 和 T_2 的联合生存概率为

$$\begin{aligned}\overline{F}(t_1,t_2)(\theta)&=\Pr\{T_1(\theta)>t_1,T_2(\theta)>t_2\}\\&=\exp\{-\lambda_1(\theta)t_1-\lambda_2(\theta)t_2-\lambda_{12}(\theta)\max(t_1,t_2)\},t_1,t_2\geqslant 0\end{aligned} \tag{4-143}$$

式中 λ_1,λ_2 和 λ_{12}为定义在可信性空间($\boldsymbol{\Theta},\mathbf{P}(\Theta)$,Cr)上的模糊变量,称($T_1,T_2$)为服从参数为 λ_1,λ_2 和 λ_{12}的随机模糊指数分布,记作(T_1,T_2)~RFBVE($\lambda_1,\lambda_2,\lambda_{12}$)。

定义 4.4.2 令(X,Y)为定义在可信性空间($\boldsymbol{\Theta},\mathbf{P}(\Theta)$,Cr)上的二维随机模糊变量,$G(x,y)$为($X,Y$)的随机模糊联合分布函数,称 $G(x,y)$具有无记忆性,当且仅当对任意 $\theta\in\boldsymbol{\Theta}$ 和 $x,y,t\geqslant 0$,有

$$G(x+t,y+t)(\theta)=G(x,y)(\theta)\cdot G(t,t)(\theta) \tag{4-144}$$

成立。

定理 4.4.1 若(T_1,T_2)~RFBVE($\lambda_1,\lambda_2,\lambda_{12}$),则$\overline{F}(t_1,t_2)$具有无记忆性。

证明:对任意的 $\theta\in\boldsymbol{\Theta}$, ($T_1(\theta),T_2(\theta)$)为随机的二维指数分布,因此对于任意的 $t_1,t_2,t\geqslant 0$, 有

$$\overline{F}(t_1+t,t_2+t)(\theta)=\overline{F}(t_1,t_2)(\theta)\cdot\overline{F}(t,t)(\theta)$$

证毕。

在随机模糊理论中,随机模糊事件$\{T_1>t_1\}$和$\{T_2>t_2\}$的平均机会和概率论中的边缘分布具有同等的重要性。因此有以下结论。

定理 4.4.2 若(T_1,T_2)~RFBVE($\lambda_1,\lambda_2,\lambda_{12}$),则有

$$\mathrm{Ch}\{T_1>t_1\}=E[\mathrm{e}^{-(\lambda_1+\lambda_{12})t_1}],\quad t_1\geqslant 0 \tag{4-145}$$

和

$$\mathrm{Ch}\{T_2>t_2\}=E[\mathrm{e}^{-(\lambda_2+\lambda_{12})t_2}],\quad t_2\geqslant 0 \tag{4-146}$$

证明:由引理 4.4.1 和式(4-140)可知对任意 $t_1\geqslant 0$,有

$$\begin{aligned}\mathrm{Ch}\{T_1>t_1\}&=E[\Pr\{U_1>t_1\}\cdot\Pr\{U_{12}>t_1\}]\\&=E[\mathrm{e}^{-\lambda_1 t}\cdot\mathrm{e}^{-\lambda_{12}t}]=E[\mathrm{e}^{-(\lambda_1+\lambda_{12})t_1}]\end{aligned} \tag{4-147}$$

同理可证对 $t_2\geqslant 0$, 有

$$\mathrm{Ch}\{T_2>t_2\}=E[\mathrm{e}^{-(\lambda_2+\lambda_{12})t_2}]$$

证毕。

注 4.4.1　若 T_1,T_2 退化为随机变量,即$(T_1,T_2)\sim\mathrm{BVE}(\lambda_1,\lambda_2,\lambda_{12})$,则定理 4.4.2 中的结论退化为

$$\Pr\{T_1>t_1\}=\mathrm{e}^{-(\lambda_1+\lambda_{12})t_1},t_1\geqslant 0$$

和

$$\Pr\{T_2>t_2\}=\mathrm{e}^{-(\lambda_2+\lambda_{12})t_2},t_2\geqslant 0$$

这正和随机情况下的结论一致。

定理 4.4.3　若$(T_1,T_2)\sim\mathrm{RFBVE}(\lambda_1,\lambda_2,\lambda_{12})$,则有

$$E[T_1]=E\left[\frac{1}{\lambda_1+\lambda_{12}}\right] \tag{4-148}$$

和

$$E[T_2]=E\left[\frac{1}{\lambda_2+\lambda_{12}}\right] \tag{4-149}$$

证明:由引理 4.4.2 和式(4-140)可得

$$\begin{aligned}
E[T_1] &= \frac{1}{2}\int_0^1\int_0^{+\infty}\{\Pr_\alpha^L\{U_1\geqslant t_1\}\cdot\Pr_\alpha^L\{U_{12}\geqslant t_1\}+\Pr_\alpha^U\{U_1\geqslant t_1\}\cdot\Pr_\alpha^U\{U_{12}\geqslant t_1\}\}\mathrm{d}t_1\mathrm{d}\alpha\\
&=\frac{1}{2}\int_0^1\int_0^{+\infty}\{(\mathrm{e}^{-\lambda_1t_1})_\alpha^L\cdot(\mathrm{e}^{-\lambda_{12}t_1})_\alpha^L+(\mathrm{e}^{-\lambda_1t_1})_\alpha^U\cdot(\mathrm{e}^{-\lambda_{12}t_1})_\alpha^U\}\mathrm{d}t_1\mathrm{d}\alpha\\
&=\frac{1}{2}\int_0^1\int_0^{+\infty}\{\mathrm{e}^{-\lambda_{1,\alpha}^Ut_1}\cdot\mathrm{e}^{-\lambda_{12,\alpha}^Ut_1}+\mathrm{e}^{-\lambda_{1,\alpha}^Lt_1}\cdot\mathrm{e}^{-\lambda_{12,\alpha}^Lt_1}\}\mathrm{d}t_1\mathrm{d}\alpha\\
&=\frac{1}{2}\int_0^1\int_0^{+\infty}\{\mathrm{e}^{-(\lambda_{1,\alpha}^U+\lambda_{12,\alpha}^U)t_1}+\mathrm{e}^{-(\lambda_{1,\alpha}^L+\lambda_{12,\alpha}^L)t_1}\}\mathrm{d}t_1\mathrm{d}\alpha\\
&=\frac{1}{2}\int_0^1\left(\frac{1}{\lambda_{1,\alpha}^U+\lambda_{12,\alpha}^U}+\frac{1}{\lambda_{1,\alpha}^L+\lambda_{12,\alpha}^L}\right)\mathrm{d}\alpha\\
&=\frac{1}{2}\int_0^1\left[\left(\frac{1}{\lambda_1+\lambda_{12}}\right)_\alpha^L+\left(\frac{1}{\lambda_1+\lambda_{12}}\right)_\alpha^U\right]\mathrm{d}\alpha\\
&=E\left[\frac{1}{\lambda_1+\lambda_{12}}\right]
\end{aligned}$$

同理可证

$$E[T_2]=E\left[\frac{1}{\lambda_2+\lambda_{12}}\right]$$

证毕。

注 4.4.2　若 T_1,T_2 退化为随机变量,即$(T_1,T_2)\sim\mathrm{BVE}(\lambda_1,\lambda_2,\lambda_{12})$,则定理 4.4.3 中的结论退化为

$$E[T_1]=\frac{1}{\lambda_1+\lambda_{12}}$$

和

$$E[T_2]=\frac{1}{\lambda_2+\lambda_{12}}$$

定理 4.4.4 若$(T_1,T_2)\sim \mathrm{RFBVE}(\lambda_1,\lambda_2,\lambda_{12})$，则有

$$E[T_1T_2]=E\left[\frac{1}{\lambda_1+\lambda_2+\lambda_{12}}\left(\frac{1}{\lambda_1+\lambda_{12}}+\frac{1}{\lambda_2+\lambda_{12}}\right)\right] \tag{4-150}$$

证明：由定义 1.3.9 和定理 1.2.23 可知

$$\begin{aligned} E[T_1T_2] &= \int_0^{+\infty} \mathrm{Cr}\{\theta\in\boldsymbol{\Theta} \mid E[T_1T_2(\theta)]\geqslant r\}\mathrm{d}r \\ &= \frac{1}{2}\int_0^1 (E[T_1T_2(\theta)]_\alpha^L + E[T_1T_2(\theta)]_\alpha^U)\mathrm{d}\alpha \end{aligned} \tag{4-151}$$

令$A_{i,\alpha}=\{\theta_i\in\boldsymbol{\Theta}_i \mid \mu\{\theta_i\}\geqslant\alpha\}(i=1,2)$，$B_\alpha=\{\theta_{12}\in\boldsymbol{\Theta}_{12}\mid\mu\{\theta_{12}\}\geqslant\alpha\}$。由于模糊变量$E[U_i(\theta_i)]$，$E[U_{12}(\theta_{12})]$，$\theta_i\in\mathbf{A}_{i,\alpha}$，$\theta_{12}\in\mathbf{B}_\alpha(i=1,2)$的$\alpha$-悲观值和$\alpha$-乐观值在任意$\alpha\in(0,1]$处是几乎处处连续的，则至少存在点$\theta_i'$，$\theta_i''\in\mathbf{A}_{i,\alpha}(i=1,2)$，$\theta_{12}'$，$\theta_{12}''\in\mathbf{B}_\alpha$，使得

$$E[U_i(\theta_i')]=E[U_i(\theta_i)]_\alpha^L$$
$$E[U_i(\theta_i'')]=E[U_i(\theta_i)]_\alpha^U$$
$$E[U_{12}(\theta_{12}')]=E[U_{12}(\theta_{12})]_\alpha^L$$
$$E[U_{12}(\theta_{12}'')]=E[U_{12}(\theta_{12})]_\alpha^U$$

对于$\forall\theta_{i,\alpha}\in\mathbf{A}_{i,\alpha}(i=1,2)$，$\forall\theta_{12,\alpha}\in\mathbf{B}_\alpha$，有

$$E[U_i(\theta_i')]\leqslant E[U_i(\theta_{i,\alpha})]\leqslant E[U_i(\theta_i'')] \tag{4-152}$$

和

$$E[U_{12}(\theta_{12}')]\leqslant E[U_{12}(\theta_{12,\alpha})]\leqslant E[U_{12}(\theta_{12}'')] \tag{4-153}$$

由定理 1.1.21 有

$$U_i(\theta_i')\leqslant_d U_i(\theta_{i,\alpha})\leqslant_d U_i(\theta_i''),\quad i=1,2$$

和

$$U_{12}(\theta_{12}')\leqslant_d U_{12}(\theta_{12,\alpha})\leqslant_d U_{12}(\theta_{12}'')$$

因此，可得出

$$\begin{aligned} \min\{U_1(\theta_1'),U_{12}(\theta_{12}')\} &\leqslant_d \min\{U_1(\theta_{1,\alpha}),U_{12}(\theta_{12,\alpha})\} \\ &\leqslant_d \min\{U_1(\theta_1''),U_{12}(\theta_{12}'')\} \end{aligned} \tag{4-154}$$

和

$$\begin{aligned} \min\{U_2(\theta_2'),U_{12}(\theta_{12}')\} &\leqslant_d \min\{U_2(\theta_{2,\alpha}),U_{12}(\theta_{12,\alpha})\} \\ &\leqslant_d \min\{U_2(\theta_2''),U_{12}(\theta_{12}'')\} \end{aligned} \tag{4-155}$$

由式(4-154)和式(4-155)有

$$\begin{aligned}&\min\{U_1(\theta_1'),U_{12}(\theta_{12}')\}\min\{U_2(\theta_2'),U_{12}(\theta_{12}')\}\\&\leqslant_d\min\{U_1(\theta_{1,\alpha}),U_{12}(\theta_{12,\alpha})\}\min\{U_2(\theta_{2,\alpha}),U_{12}(\theta_{12,\alpha})\}\\&\leqslant_d\min\{U_1(\theta_1''),U_{12}(\theta_{12}'')\}\min\{U_2(\theta_2''),U_{12}(\theta_{12}'')\}\end{aligned}\tag{4-156}$$

即

$$T_1T_2(\theta_1',\theta_2',\theta_{12}')\leqslant_d T_1T_2(\theta_{1,\alpha},\theta_{2,\alpha},\theta_{12,\alpha})\leqslant_d T_1T_2(\theta_1'',\theta_2'',\theta_{12}'')\tag{4-157}$$

由定理 1. 1. 21 可知

$$\begin{aligned}E[T_1T_2(\theta_1',\theta_2',\theta_{12}')]&\leqslant E[T_1T_2(\theta_{1,\alpha},\theta_{2,\alpha},\theta_{12,\alpha})]\\&\leqslant E[T_1T_2(\theta_1'',\theta_2'',\theta_{12}'')]\end{aligned}\tag{4-158}$$

因为 $\theta_{i,\alpha}$ 和 $\theta_{12,\alpha}$ 分别为 $A_{i,\alpha}$，$i=1,2$ 和 B_α 中的任意点，再由随机情形下的结论可以得到

$$\begin{aligned}&E[T_1T_2(\theta)]_\alpha^L\\&=E[T_1T_2(\theta_1',\theta_2',\theta_{12}')]\\&=\frac{1}{\lambda_1(\theta_1')+\lambda_2(\theta_2')+\lambda_{12}(\theta_{12}')}\left[\frac{1}{\lambda_1(\theta_1')+\lambda_{12}(\theta_{12}')}+\frac{1}{\lambda_2(\theta_2')+\lambda_{12}(\theta_{12}')}\right]\end{aligned}\tag{4-159}$$

和

$$\begin{aligned}&E[T_1T_2(\theta)]_\alpha^U\\&=E[T_1T_2(\theta_1'',\theta_2'',\theta_{12}'')]\\&=\frac{1}{\lambda_1(\theta_1'')+\lambda_2(\theta_2'')+\lambda_{12}(\theta_{12}'')}\left[\frac{1}{\lambda_1(\theta_1'')+\lambda_{12}(\theta_{12}'')}+\frac{1}{\lambda_2(\theta_2'')+\lambda_{12}(\theta_{12}'')}\right]\end{aligned}\tag{4-160}$$

另一方面，由式(4-152)和式(4-153)，有

$$\frac{1}{\lambda_i(\theta_i')}\leqslant\frac{1}{\lambda_i(\theta_{i,\alpha})}\leqslant\frac{1}{\lambda_i(\theta_i'')},\quad i=1,2\tag{4-161}$$

和

$$\frac{1}{\lambda_{12}(\theta_{12}')}\leqslant\frac{1}{\lambda_{12}(\theta_{12,\alpha})}\leqslant\frac{1}{\lambda_{12}(\theta_{12}'')}\tag{4-162}$$

因此，有

$$\lambda_i(\theta_i'')\leqslant\lambda_i(\theta_{i,\alpha})\leqslant\lambda_i(\theta_i'),\quad i=1,2\tag{4-163}$$

和

$$\lambda_{12}(\theta_{12}'')\leqslant\lambda_{12}(\theta_{12,\alpha})\leqslant\lambda_{12}(\theta_{12}')\tag{4-164}$$

因为 $\theta_{i,\alpha}$ 和 $\theta_{12,\alpha}$ 分别是 $A_{i,\alpha}$，$i=1,2$ 和 B_α 中的任意点，于是有

$$\lambda_{i,\alpha}^L=\lambda_i(\theta_i''),\lambda_{i,\alpha}^U=\lambda_i(\theta_i'),\quad i=1,2\tag{4-165}$$

和

$$\lambda_{12,\alpha}^{L}=\lambda_{12}(\theta''_{12}),\lambda_{12,\alpha}^{U}=\lambda_{12}(\theta'_{12}) \tag{4-166}$$

由式(4-151),式(4-159),式(4-160),式(4-165)和式(4-166)可以得到

$$\begin{aligned}
E[T_1T_2] &= \frac{1}{2}\int_0^1 (E[T_1T_2(\theta)]_\alpha^L + E[T_1T_2(\theta)]_\alpha^U)\mathrm{d}\alpha \\
&= \frac{1}{2}\int_0^1\left[\frac{1}{\lambda_1(\theta'_1)+\lambda_2(\theta'_2)+\lambda_{12}(\theta'_{12})}\left(\frac{1}{\lambda_1(\theta'_1)+\lambda_{12}(\theta'_{12})}+\frac{1}{\lambda_2(\theta'_2)+\lambda_{12}(\theta'_{12})}\right)\right]+ \\
&\quad \frac{1}{\lambda_1(\theta''_1)+\lambda_2(\theta''_2)+\lambda_{12}(\theta''_{12})}\left(\frac{1}{\lambda_1(\theta''_1)+\lambda_{12}(\theta''_{12})}+\frac{1}{\lambda_2(\theta''_2)+\lambda_{12}(\theta''_{12})}\right)\Bigg]\mathrm{d}\alpha \\
&= \frac{1}{2}\int_0^1\left[\frac{1}{\lambda_{1,\alpha}^U+\lambda_{2,\alpha}^U+\lambda_{12,\alpha}^U}\left(\frac{1}{\lambda_{1,\alpha}^U+\lambda_{12,\alpha}^U}+\frac{1}{\lambda_{2,\alpha}^U+\lambda_{12,\alpha}^U}\right)+\right. \\
&\quad \left.\frac{1}{\lambda_{1,\alpha}^L+\lambda_{2,\alpha}^L+\lambda_{12,\alpha}^L}\left(\frac{1}{\lambda_{1,\alpha}^L+\lambda_{12,\alpha}^L}+\frac{1}{\lambda_{2,\alpha}^L+\lambda_{12,\alpha}^L}\right)\right]\mathrm{d}\alpha \\
&= E\left[\frac{1}{\lambda_1+\lambda_2+\lambda_{12}}\left(\frac{1}{\lambda_1+\lambda_{12}}+\frac{1}{\lambda_2+\lambda_{12}}\right)\right]
\end{aligned}$$

证毕。

注 4.4.3 若 T_1,T_2 退化为随机变量,即 $(T_1,T_2)\sim \mathrm{BVE}(\lambda_1,\lambda_2,\lambda_{12})$,则定理 4.4.4 中的结论退化为

$$E[T_1T_2]=\frac{1}{\lambda_1+\lambda_2+\lambda_{12}}\left(\frac{1}{\lambda_1+\lambda_{12}}+\frac{1}{\lambda_2+\lambda_{12}}\right)$$

定理 4.4.5 若 $(T_1,T_2)\sim \mathrm{RFBVE}(\lambda_1,\lambda_2,\lambda_{12})$,则

$$\begin{aligned}
&E[\mathrm{e}^{-(sT_1+tT_2)}] \\
&= E\left[\frac{(\lambda_1+\lambda_{12})(\lambda_2+\lambda_{12})}{(\lambda_1+\lambda_{12}+s)(\lambda_2+\lambda_{12}+t)}\right]+ \\
&\quad \frac{1}{2}\int_0^1\left[\frac{\lambda_{12,\alpha}^L st}{(\lambda_{1,\alpha}^L+\lambda_{2,\alpha}^L+\lambda_{12,\alpha}^L+s+t)(\lambda_{1,\alpha}^L+\lambda_{12,\alpha}^L+s)(\lambda_{2,\alpha}^L+\lambda_{12,\alpha}^L+t)}+\right. \\
&\quad \left.\frac{\lambda_{12,\alpha}^U st}{(\lambda_{1,\alpha}^U+\lambda_{2,\alpha}^U+\lambda_{12,\alpha}^U+s+t)(\lambda_{1,\alpha}^U+\lambda_{12,\alpha}^U+s)(\lambda_{2,\alpha}^U+\lambda_{12,\alpha}^U+t)}\right]\mathrm{d}\alpha
\end{aligned} \tag{4-167}$$

证明:由定义 1.3.9,定理 1.2.23,式(4-140)和式(4-141),有

$$\begin{aligned}
&E[\mathrm{e}^{-(sT_1+tT_2)}] \\
&= \int_0^{+\infty}\mathrm{Cr}\{\theta\in\Theta \mid E[\mathrm{e}^{-(sT_1+tT_2)}]\geqslant r\}\mathrm{d}r \\
&= \frac{1}{2}\int_0^1(E[\mathrm{e}^{-(sT_1+tT_2)}]_\alpha^L + E[\mathrm{e}^{-(sT_1+tT_2)}]_\alpha^U)\mathrm{d}\alpha
\end{aligned}$$

$$=\frac{1}{2}\int_0^1(E[\mathrm{e}^{-(s\min\{U_1,U_{12}\}+t\min\{U_2,U_{12}\})}]_\alpha^L+E[\mathrm{e}^{-(s\min\{U_1,U_{12}\}+t\min\{U_2,U_{12}\})}]_\alpha^U)\mathrm{d}\alpha \tag{4-168}$$

在定理4.4.4的证明过程中，已证式(4-154)和式(4-155)成立。因此，对任意的 $s,t\geqslant 0$，有

$$\begin{aligned}&s\min\{U_1(\theta_1'),U_{12}(\theta_{12}')\}+t\min\{U_2(\theta_2'),U_{12}(\theta_{12}')\}\\&\leqslant_d s\min\{U_1(\theta_{1,\alpha}),U_{12}(\theta_{12,\alpha})\}+t\min\{U_2(\theta_{1,\alpha}),U_{12}(\theta_{12,\alpha})\}\\&\leqslant_d s\min\{U_1(\theta_1''),U_{12}(\theta_{12}'')\}+t\min\{U_2(\theta_2''),U_{12}(\theta_{12}'')\}\end{aligned} \tag{4-169}$$

因此，有

$$\begin{aligned}&\exp\{s\min\{U_1(\theta_1'),U_{12}(\theta_{12}')\}+t\min\{U_2(\theta_2'),U_{12}(\theta_{12}')\}\}\\&\leqslant_d\exp\{s\min\{U_1(\theta_{1,\alpha}),U_{12}(\theta_{12,\alpha})\}+t\min\{U_2(\theta_{1,\alpha}),U_{12}(\theta_{12,\alpha})\}\}\\&\leqslant_d\exp\{s\min\{U_1(\theta_1''),U_{12}(\theta_{12}'')\}+t\min\{U_2(\theta_2''),U_{12}(\theta_{12}'')\}\}\end{aligned} \tag{4-170}$$

由定理1.1.21可知

$$\begin{aligned}&E[\exp\{s\min\{U_1(\theta_1'),U_{12}(\theta_{12}')\}+t\min\{U_2(\theta_2'),U_{12}(\theta_{12}')\}\}]\\&\leqslant E[\exp\{s\min\{U_1(\theta_{1,\alpha}),U_{12}(\theta_{12,\alpha})\}+t\min\{U_2(\theta_{1,\alpha}),U_{12}(\theta_{12,\alpha})\}\}]\\&\leqslant E[\exp\{s\min\{U_1(\theta_1''),U_{12}(\theta_{12}'')\}+t\min\{U_2(\theta_2''),U_{12}(\theta_{12}'')\}\}]\end{aligned} \tag{4-171}$$

因为 $\theta_{i,\alpha}$ 和 $\theta_{12,\alpha}$ 是 $A_{i,\alpha}(i=1,2)$ 和 B_α 中的任意点，于是有

$$\begin{aligned}&E[\mathrm{e}^{-(s\min\{U_1,U_{12}\}+t\min\{U_2,U_{12}\})}]_\alpha^L\\&=E[\exp\{s\min\{U_1(\theta_1'),U_{12}(\theta_{12}')\}+t\min\{U_2(\theta_2'),U_{12}(\theta_{12}')\}\}]\\&=\frac{(\lambda_1(\theta_1')+\lambda_{12}(\theta_{12}'))(\lambda_2(\theta_2')+\lambda_{12}(\theta_{12}'))}{(\lambda_1(\theta_1')+\lambda_{12}(\theta_{12}')+s)(\lambda_2(\theta_2')+\lambda_{12}(\theta_{12}')+t)}+\\&\frac{\lambda_{12}(\theta_{12}')st}{(\lambda_1(\theta_1')+\lambda_2(\theta_2')+\lambda_{12}(\theta_{12}')+s+t)(\lambda_1(\theta_1')+\lambda_{12}(\theta_{12}')+s)(\lambda_2(\theta_2')+\lambda_{12}(\theta_{12}')+t)}\end{aligned} \tag{4-172}$$

和

$$\begin{aligned}&E[\mathrm{e}^{-(s\min\{U_1,U_{12}\}+t\min\{U_2,U_{12}\})}]_\alpha^U\\&=E[\exp\{s\min\{U_1(\theta_1''),U_{12}(\theta_{12}'')\}+t\min\{U_2(\theta_2''),U_{12}(\theta_{12}'')\}\}]\\&=\frac{(\lambda_1(\theta_1'')+\lambda_{12}(\theta_{12}''))(\lambda_2(\theta_2'')+\lambda_{12}(\theta_{12}''))}{(\lambda_1(\theta_1'')+\lambda_{12}(\theta_{12}'')+s)(\lambda_2(\theta_2'')+\lambda_{12}(\theta_{12}'')+t)}+\\&\frac{\lambda_{12}(\theta_{12}'')st}{(\lambda_1(\theta_1'')+\lambda_2(\theta_2'')+\lambda_{12}(\theta_{12}'')+s+t)(\lambda_1(\theta_1'')+\lambda_{12}(\theta_{12}'')+s)(\lambda_2(\theta_2'')+\lambda_{12}(\theta_{12}'')+t)}\end{aligned} \tag{4-173}$$

由式(4-165),式(4-166),式(4-168),式(4-172)和式(4-173)可知

$$
\begin{aligned}
&E[\mathrm{e}^{-(sT_1+tT_2)}]\\
&=\frac{1}{2}\int_0^1 \left(E[\mathrm{e}^{-(s\min\{U_1,U_{12}\}+t\min\{U_2,U_{12}\})}]_\alpha^L+E[\mathrm{e}^{-(s\min\{U_1,U_{12}\}+t\min\{U_2,U_{12}\})}]_\alpha^U\right)\mathrm{d}\alpha\\
&=\frac{1}{2}\int_0^1\Bigg[\frac{(\lambda_1(\theta_1')+\lambda_{12}(\theta_{12}'))(\lambda_2(\theta_2')+\lambda_{12}(\theta_{12}'))}{(\lambda_1(\theta_1')+\lambda_{12}(\theta_{12}')+s)(\lambda_2(\theta_2')+\lambda_{12}(\theta_{12}')+t)}+\\
&\frac{\lambda_{12}(\theta_{12}')st}{(\lambda_1(\theta_1')+\lambda_2(\theta_2')+\lambda_{12}(\theta_{12}')+s+t)(\lambda_1(\theta_1')+\lambda_{12}(\theta_{12}')+s)(\lambda_2(\theta_2')+\lambda_{12}(\theta_{12}')+t)}+\\
&\frac{(\lambda_1(\theta_1'')+\lambda_{12}(\theta_{12}''))(\lambda_2(\theta_2'')+\lambda_{12}(\theta_{12}''))}{(\lambda_1(\theta_1'')+\lambda_{12}(\theta_{12}'')+s)(\lambda_2(\theta_2'')+\lambda_{12}(\theta_{12}'')+t)}+\\
&\frac{\lambda_{12}(\theta_{12}'')st}{(\lambda_1(\theta_1'')+\lambda_2(\theta_2'')+\lambda_{12}(\theta_{12}'')+s+t)(\lambda_1(\theta_1'')+\lambda_{12}(\theta_{12}'')+s)(\lambda_2(\theta_2'')+\lambda_{12}(\theta_{12}'')+t)}\Bigg]\mathrm{d}\alpha\\
&=\frac{1}{2}\int_0^1\left[\frac{(\lambda_{1,\alpha}^L+\lambda_{12,\alpha}^L)(\lambda_{2,\alpha}^L+\lambda_{12,\alpha}^L)}{(\lambda_{1,\alpha}^L+\lambda_{12,\alpha}^L+s)(\lambda_{2,\alpha}^L+\lambda_{12,\alpha}^L+t)}+\frac{(\lambda_{1,\alpha}^U+\lambda_{12,\alpha}^U)(\lambda_{2,\alpha}^U+\lambda_{12,\alpha}^U)}{(\lambda_{1,\alpha}^U+\lambda_{12,\alpha}^U+s)(\lambda_{2,\alpha}^U+\lambda_{12,\alpha}^U+t)}\right]\mathrm{d}\alpha+\\
&\frac{1}{2}\int_0^1\Bigg[\frac{\lambda_{12,\alpha}^L st}{(\lambda_{1,\alpha}^L+\lambda_{2,\alpha}^L+\lambda_{12,\alpha}^L+s+t)(\lambda_{1,\alpha}^L+\lambda_{12,\alpha}^L+s)(\lambda_{2,\alpha}^L+\lambda_{12,\alpha}^L+t)}+\\
&\frac{\lambda_{12,\alpha}^U st}{(\lambda_{1,\alpha}^U+\lambda_{2,\alpha}^U+\lambda_{12,\alpha}^U+s+t)(\lambda_{1,\alpha}^U+\lambda_{12,\alpha}^U+s)(\lambda_{2,\alpha}^U+\lambda_{12,\alpha}^U+t)}\Bigg]\mathrm{d}\alpha\\
&=\frac{1}{2}\int_0^1\left[\left(\frac{(\lambda_1+\lambda_{12})(\lambda_2+\lambda_{12})}{(\lambda_1+\lambda_{12}+s)(\lambda_2+\lambda_{12}+t)}\right)_\alpha^L+\left(\frac{(\lambda_1+\lambda_{12})(\lambda_2+\lambda_{12})}{(\lambda_1+\lambda_{12}+s)(\lambda_2+\lambda_{12}+t)}\right)_\alpha^U\right]\mathrm{d}\alpha+\\
&\frac{1}{2}\int_0^1\Bigg[\frac{\lambda_{12,\alpha}^L st}{(\lambda_{1,\alpha}^L+\lambda_{2,\alpha}^L+\lambda_{12,\alpha}^L+s+t)(\lambda_{1,\alpha}^L+\lambda_{12,\alpha}^L+s)(\lambda_{2,\alpha}^L+\lambda_{12,\alpha}^L+t)}+\\
&\frac{\lambda_{12,\alpha}^U st}{(\lambda_{1,\alpha}^U+\lambda_{2,\alpha}^U+\lambda_{12,\alpha}^U+s+t)(\lambda_{1,\alpha}^U+\lambda_{12,\alpha}^U+s)(\lambda_{2,\alpha}^U+\lambda_{12,\alpha}^U+t)}\Bigg]\mathrm{d}\alpha\\
&=E\left[\frac{(\lambda_1+\lambda_{12})(\lambda_2+\lambda_{12})}{(\lambda_1+\lambda_{12}+s)(\lambda_2+\lambda_{12}+t)}\right]+\\
&\frac{1}{2}\int_0^1\Bigg[\frac{\lambda_{12,\alpha}^L st}{(\lambda_{1,\alpha}^L+\lambda_{2,\alpha}^L+\lambda_{12,\alpha}^L+s+t)(\lambda_{1,\alpha}^L+\lambda_{12,\alpha}^L+s)(\lambda_{2,\alpha}^L+\lambda_{12,\alpha}^L+t)}+\\
&\frac{\lambda_{12,\alpha}^U st}{(\lambda_{1,\alpha}^U+\lambda_{2,\alpha}^U+\lambda_{12,\alpha}^U+s+t)(\lambda_{1,\alpha}^U+\lambda_{12,\alpha}^U+s)(\lambda_{2,\alpha}^U+\lambda_{12,\alpha}^U+t)}\Bigg]\mathrm{d}\alpha
\end{aligned}
$$

证毕。

注 4.4.4 若 T_1,T_2 退化为随机变量,即 $(T_1,T_2)\sim\mathrm{BVE}(\lambda_1,\lambda_2,\lambda_{12})$, 则定理

4.4.5 中的结论退化为

$$E[\mathrm{e}^{-(sT_1+tT_2)}]=\frac{(\lambda_1+\lambda_2+\lambda_{12}+s+t)(\lambda_1+\lambda_{12})(\lambda_2+\lambda_{12})+st\lambda_{12}}{(\lambda_1+\lambda_2+\lambda_{12}+s+t)(\lambda_1+\lambda_{12}+s)(\lambda_2+\lambda_{12}+t)}$$

定理 4.4.6　若 $(T_1,T_2)\sim\mathrm{RFBVE}(\lambda_1,\lambda_2,\lambda_{12})$，则有

$$\mathrm{Ch}\{\min\{T_1,T_2\}\leqslant t\}=1-E[\mathrm{e}^{-(\lambda_1+\lambda_2+\lambda_{12})t}],\quad t\geqslant 0$$

证明：因为 $\min\{T_1,T_2\}=\min\{U_1,U_2,U_{12}\}$，由引理 4.4.1 可知

$$\begin{aligned}\mathrm{Ch}\{\min\{T_1,T_2\}\leqslant t\}&=\mathrm{Ch}\{\min\{U_1,U_2,U_{12}\}\leqslant t\}\\&=1-\mathrm{Ch}\{\min\{U_1,U_2,U_{12}\}>t\}\\&=1-E[\Pr\{U_1>t\}\Pr\{U_2>t\}\Pr\{U_{12}>t\}]\\&=1-E[\mathrm{e}^{-\lambda_1 t}\mathrm{e}^{-\lambda_2 t}\mathrm{e}^{-\lambda_{12}t}]\\&=1-E[\mathrm{e}^{-(\lambda_1+\lambda_2+\lambda_{12})t}]\end{aligned}$$

证毕。

注 4.4.5　若 T_1,T_2 退化为随机变量，即 $(T_1,T_2)\sim\mathrm{BVE}(\lambda_1,\lambda_2,\lambda_{12})$，则定理 4.4.6 中的结论退化为

$$\Pr\{\min\{T_1,T_2\}\leqslant t\}=1-\mathrm{e}^{-(\lambda_1+\lambda_2+\lambda_{12})t},\quad t\geqslant 0$$

例 4.4.1　假设系统由两个部件构成。设部件 1 和部件 2 的寿命 X_1 和 X_2 为定义在可信性空间 $(\boldsymbol{\Theta},\mathbf{P}(\Theta),\mathrm{Cr})$ 上的随机模糊变量，并且 $(X_1,X_2)\sim\mathrm{RFBVE}(\lambda_1,\lambda_2,\lambda_{12})$，其中 $\lambda_1=(0,1,2)$，$\lambda_2=(0,1,2)$，$\lambda_{12}=(1,2,3)$。因此可以得到

$$\begin{cases}\lambda_{1,\alpha}^L=\alpha,\\\lambda_{1,\alpha}^U=2-\alpha\end{cases}\quad\begin{cases}\lambda_{2,\alpha}^L=\alpha\\\lambda_{2,\alpha}^U=2-\alpha\end{cases}\quad\begin{cases}\lambda_{12,\alpha}^L=1+\alpha\\\lambda_{12,\alpha}^U=3-\alpha\end{cases}$$

由定理 4.4.2 可计算

$$\begin{aligned}\mathrm{Ch}\{X_1>t_1\}&=E[\mathrm{e}^{-(\lambda_1+\lambda_{12})t_1}]\\&=\frac{1}{2}\int_0^1[\mathrm{e}^{-(1+2\alpha)t_1}+\mathrm{e}^{-(5-2\alpha)t_1}]\mathrm{d}\alpha\\&=\frac{1}{4}(\mathrm{e}^{-t_1}-\mathrm{e}^{-5t_1}),\quad t_1\geqslant 0\end{aligned}$$

和

$$\begin{aligned}\mathrm{Ch}\{X_2>t_2\}&=E[\mathrm{e}^{-(\lambda_2+\lambda_{12})t_2}]\\&=\frac{1}{4}(\mathrm{e}^{-t_2}-\mathrm{e}^{-5t_2}),\quad t_2\geqslant 0\end{aligned}$$

即部件 1 和部件 2 的可靠度。由定理 4.4.3 可以得到

$$E[X_1]=E\left[\frac{1}{\lambda_1+\lambda_2}\right]=\frac{1}{2}\int_0^1\left[\frac{1}{1+2\alpha}+\frac{1}{5-2\alpha}\right]\mathrm{d}\alpha=\frac{1}{4}\ln 5$$

和

$$E[X_2]=E\left[\frac{1}{\lambda_2+\lambda_{12}}\right]=\frac{1}{4}\ln 5$$

即为部件 1 和部件 2 的平均寿命。再由定理 4.4.4 可得

$$\begin{aligned}E[X_1X_2]&=E\left[\frac{1}{\lambda_1+\lambda_2+\lambda_{12}}\left(\frac{1}{\lambda_1+\lambda_{12}}+\frac{1}{\lambda_2+\lambda_{12}}\right)\right]\\&=\frac{1}{2}\int_0^1\left[\frac{1}{(1+3\alpha)}\frac{2}{(1+2\alpha)}+\frac{1}{(7-3\alpha)}\frac{2}{(5-2\alpha)}\right]\mathrm{d}\alpha\\&=3\int_0^1\frac{1}{3\alpha+1}\mathrm{d}\alpha-2\int_0^1\frac{1}{2\alpha+1}\mathrm{d}\alpha+3\int_0^1\frac{1}{7-3\alpha}\mathrm{d}\alpha-2\int_0^1\frac{1}{5-2\alpha}\mathrm{d}\alpha=\ln\frac{10}{7}\end{aligned}$$

由定理 4.4.5 可得 X_1 和 X_2 的矩母函数为

$$\begin{aligned}&E[\mathrm{e}^{-(sX_1+tX_2)}]\\&=\frac{1}{2}\int_0^1\left[\frac{(1+2\alpha)(1+2\alpha)}{(1+2\alpha+s)(1+2\alpha+t)}+\frac{(5-2\alpha)(5-2\alpha)}{(5-2\alpha+s)(5-2\alpha+t)}\right]\mathrm{d}\alpha+\\&\quad\frac{1}{2}\int_0^1\left[\frac{(1+\alpha)st}{(1+3\alpha+s+t)(1+2\alpha+s)(1+2\alpha+t)}+\frac{(3-\alpha)st}{(7-3\alpha+s+t)(5-2\alpha+s)(5-2\alpha+t)}\right]\mathrm{d}\alpha\\&=\frac{1}{2}-\frac{s^2}{2(s-t)}\int_0^1\frac{1}{(1+2\alpha+s)}\mathrm{d}\alpha-\frac{t^2}{2(t-s)}\int_0^1\frac{1}{(1+2\alpha+t)}\mathrm{d}\alpha+\frac{1}{2}-\frac{s^2}{2(s-t)}\int_0^1\frac{1}{(5-2\alpha+s)}\mathrm{d}\alpha-\\&\quad\frac{t^2}{2(t-s)}\int_0^1\frac{1}{(5-2\alpha+t)}\mathrm{d}\alpha-\frac{3st(t^2-s^2-2t+2s)}{2(2s-t-1)(2t-s-1)(t-s)}\int_0^1\frac{1}{(1+3\alpha+s+t)}\mathrm{d}\alpha+\\&\quad\frac{st(s-1)}{2(2t-s-1)(s-t)}\int_0^1\frac{1}{(1+2\alpha+s)}\mathrm{d}\alpha+\frac{st(t-1)}{2(2s-t-1)(t-s)}\int_0^1\frac{1}{(1+2\alpha+t)}\mathrm{d}\alpha-\\&\quad\frac{3st(t^2-s^2-2t+2s)}{2(2s-t-1)(2t-s-1)(t-s)}\int_0^1\frac{1}{(7-3\alpha+s+t)}\mathrm{d}\alpha+\frac{st(s-1)}{2(2t-s-1)(s-t)}\int_0^1\frac{1}{(5-2\alpha+s)}\mathrm{d}\alpha+\\&\quad\frac{st(t-1)}{2(2s-t-1)(t-s)}\int_0^1\frac{1}{(5-2\alpha+t)}\mathrm{d}\alpha\\&=1+\frac{s^2}{4(s-t)}\ln\frac{1+s}{5+s}+\frac{t^2}{4(t-s)}\ln\frac{1+t}{5+t}-\frac{st(t^2-s^2-2t+2s)}{4(2s-t-1)(2t-s-1)(t-s)}\ln\frac{7+s+t}{1+s+t}+\\&\quad\frac{st(s-1)}{2(2t-s-1)(s-t)}\ln\frac{5+s}{1+s}+\frac{st(t-1)}{4(2s-t-1)(t-s)}\ln\frac{5+t}{1+t}\end{aligned}$$

最后,由定理 4.4.6 可得

$$
\begin{aligned}
&\mathrm{Ch}\{\min\{X_1,X_2\}\leqslant t\}\\
&=1-E[\mathrm{e}^{-(\lambda_1+\lambda_2+\lambda_{12})t}]\\
&=1-\frac{1}{2}\int_0^1[\mathrm{e}^{-(1+3\alpha)t}+\mathrm{e}^{-(7-3\alpha)t}]\mathrm{d}\alpha\\
&=1-\frac{1}{6}(\mathrm{e}^{-t}-\mathrm{e}^{-7t}),\quad t\geqslant 0
\end{aligned}
$$

那么

$$
\mathrm{Ch}\{\min\{X_1,X_2\}>t\}=\frac{1}{6}(\mathrm{e}^{-t}-\mathrm{e}^{-7t}),\quad t\geqslant 0
$$

即为该系统的可靠度。

第 5 章

基于随机寿命和维修时间的可修系统

在实践中,为了改善系统的可靠性,经常采用维修的手段。可修系统通常由一些部件和一个或多个修理设备(修理工)组成。修理设备对故障的部件进行修理,修复后的部件可继续执行其使命。可修系统的主要可靠性指标有:系统首次故障前时间分布、系统的可用度、$(0,t]$中系统的平均故障次数、系统的平均开工时间和平均停工时间等。对于不同的实际问题,人们感兴趣的可靠性指标不完全相同,上述这些指标则从各个不同侧面反映了可修系统的性能。

可修系统是可靠性理论中讨论的一类重要系统,也是可靠性数学的主要研究对象之一。研究可修系统的主要数学工具是随机过程理论。当构成系统的各部件寿命和故障后的修理时间均为指数分布,只要适当定义系统状态,这样的系统可用马尔可夫过程来描述。但是在实践中经常遇到部件的寿命或修理时间分布不是指数分布的情形,这时可修系统所构成的随机过程就不是马尔可夫过程,因此需要用其他的数学工具来讨论这类更一般的系统。本章中我们主要讨论非马尔可夫型可修系统。首先介绍本章主要使用的工具:更新过程和马尔可夫更新过程,再对可修单部件系统、串联系统、并联系统、冷贮备系统以及单调关联系统进行可靠性分析,并针对各系统分别给出可靠性数量指标的数学表达式。

5.1 更新过程和马尔可夫更新过程

5.1.1 更新过程

设 $X_1, X_2, \cdots$是独立同分布的非负随机变量序列,它们的分布函数为 $F(t)$,均值为μ,且满足 $\Pr\{X_n=0\}<1$。令

$$S_0=0$$

$$S_n=X_1+X_2+\cdots+X_n, \quad n=1,2,\cdots$$

它们是这些随机变量的部分和。显然

$$\Pr\{S_n \leqslant t\} = F^{(n)}(t), \quad n=0,1,2,\cdots$$

其中 $F^{(n)}(t)$ 是 $F(t)$ 的 n 重卷积,并有

$$F^{(0)}(t)=\begin{cases}1, & t\geqslant 0\\ 0, & t<0\end{cases}$$

令

$$N(t)=\sup\{n: S_n \leqslant t\} \tag{5-1}$$

$\{N(t), t\geqslant 0\}$ 是一个取非负整数值的随机过程,我们称它为由独立同分布的随机变量 $X_1, X_2, \cdots$ 所产生的更新过程,称 X_n 为更新寿命;S_n 为更新时刻(再生点)。

例如,在需要连续照明的地方,初始时刻我们安上一个新的灯泡,当灯泡失效时,立即用一个新的灯泡去替换。假定所有灯泡的寿命 U_n 独立同分布,且灯泡更换时间 V_n 独立同分布。令 $X_n=U_n+V_n$,可由式(5-1)产生一个更新过程 $\{N(t), t\geqslant 0\}$,其中 $N(t)$ 表示 $(0,t]$ 中灯泡更新次数;S_n 表示第 n 次灯泡更新时刻。显然,随机事件 $\{N(t)\geqslant k\}$ 和 $\{S_k \leqslant t\}$ 是等价的。因此,也可将部分和过程 $\{S_n, n\geqslant 0\}$ 称为更新过程。

由于

$$\{N(t)=k\}=\{S_k \leqslant t<S_{k+1}\}, \quad k=0,1,\cdots$$

因而可得

$$\begin{aligned}\Pr\{N(t)=k\} &= \Pr\{S_k \leqslant t\}-\Pr\{S_{k+1}\leqslant t\}\\ &= F^{(k)}(t)-F^{(k+1)}(t), \quad k=0,1,\cdots\end{aligned} \tag{5-2}$$

由式(5-2)可得 $(0,t]$ 内平均更新次数为

$$M(t)=E\{N(t)\}=\sum_{k=1}^{+\infty} k\Pr\{N(t)=k\}=\sum_{k=1}^{+\infty} F^{(k)}(t) \tag{5-3}$$

我们称 $M(t)$ 为更新函数。$M(t)$ 的 LS 变换为

$$\hat{M}(s)=\int_0^{+\infty} e^{-st}\mathrm{d}M(t)=\sum_{k=1}^{+\infty}[\hat{F}(s)]^k=\frac{\hat{F}(s)}{1-\hat{F}(s)}, \quad s>0 \tag{5-4}$$

可以证明,在 $\Pr\{X_n=0\}<1$ 的条件下,对任意 $t\geqslant 0$,必有 $M(t)<+\infty$。然而,当 $\Pr\{X_n=0\}=1$ 时,得到的更新过程没有什么意义。因而在讨论更新过程时总假定 $\Pr\{X_n=0\}<1$ 的条件成立。如果 $F(t)$ 存在密度函数 $f(t)$,则 $M(t)$ 可微,且

$$m(t)=\frac{\mathrm{d}}{\mathrm{d}t}M(t)=\sum_{k=1}^{+\infty} f^{(k)}(t) \tag{5-5}$$

其中 $f^{(k)}(t)$ 是密度函数 $f(t)$ 的 k 重卷积

$$\begin{cases}f^{(2)}(t)=\int_0^t f(t-u)f(u)\mathrm{d}u\\ f^{(k)}(t)=\int_0^t f^{(k-1)}(t-u)f(u)\mathrm{d}u, \quad k=3,4,\cdots\end{cases}$$

称 $m(t)$ 为更新密度。

在许多实际问题中，经常遇到更新方程

$$h(t)=g(t)+\int_0^t h(t-u)\mathrm{d}F(u)$$

即

$$h(t)=g(t)+F(t)*h(t) \tag{5-6}$$

其中 $h(t)$ 和 $g(t)$ 是非负的，且在任意有限区间内有界。当 $F(t)$ 和 $g(t)$ 为已知函数，更新方程(5-6)的解为

$$\begin{aligned}h(t)&=g(t)+\int_0^t g(t-u)\mathrm{d}M(u)\\&=g(t)+M(t)*g(t)\end{aligned} \tag{5-7}$$

事实上，对式(5-6)的两端作 L 变换，得

$$h^*(s)=g^*(s)+\hat{F}(s)h^*(s),\quad s>0$$

解得

$$\begin{aligned}h^*(s)&=\frac{g^*(s)}{1-\hat{F}(s)}\\&=\left[1+\frac{\hat{F}(s)}{1-\hat{F}(s)}\right]g^*(s)\\&=g^*(s)+\hat{M}(s)g^*(s)\end{aligned}$$

最后一个等式是根据式(5-4)，反演上式即得式(5-7)。

我们称一个非负随机变量 X 的分布函数是格点分布，如果存在一个 $\delta>0$，使

$$\Pr\{X=n\delta,n=0,1,2,\cdots\}=1$$

满足上述条件的最大的 δ 称为该格点分布的周期。

我们不加证明地引述以下极限定理：

定理 5.1.1 $\lim\limits_{t\to+\infty}\dfrac{M(t)}{t}=\dfrac{1}{\mu}$

定理 5.1.2 若 $F(t)$ 不是格点分布，则

$$\lim_{t\to+\infty}[M(t+a)-M(t)]=\frac{a}{\mu}$$

定理 5.1.3 若 $F(t)$ 不是格点分布，且 $g(t)$ 在 $t\geqslant 0$ 上非负非增，并

$$\int_0^{+\infty}g(t)\mathrm{d}t<+\infty$$

则

$$\lim_{t\to+\infty}\int_0^t g(t-u)\mathrm{d}M(u)=\frac{1}{\mu}\int_0^{+\infty}g(t)\mathrm{d}t$$

当 $\mu=+\infty$，以上 3 个定理中的极限均为零。

若$\{N(t),t\geqslant 0\}$是由非负随机变量 $X_1,X_2,\cdots$所产生的更新过程。假设 Y_n 是第 n 个更新寿命 X_n 中的报酬($n=1,2,\cdots$)，且(X_n,Y_n)($n=1,2,\cdots$)独立同分布。令

$$Y(t)=\sum_{n=1}^{N(t)}Y_n$$

它是$(0,t]$时间内的总报酬。我们有：

定理 5.1.4　若 $E|Y_n|$和 EX_n 有限，则有

$$\lim_{t\to+\infty}\frac{Y(t)}{t}=\frac{EY_n}{EX_n},\quad 以概率 1;$$

$$\lim_{t\to+\infty}\frac{EY(t)}{t}=\frac{EY_n}{EX_n}$$

令 $X_1,X_2,\cdots$相互独立且服从相同的离散概率分布

$$\Pr\{X_k=l\}=P_l,\quad l=1,2,\cdots$$

它们的部分和 $S_k=X_1+X_2+\cdots+X_k$($k=1,2,\cdots$)(令 $S_0=0$)服从概率分布

$$\Pr\{S_k=l\}=P_l^{(k)},\quad l=k,k+1,\cdots;k=1,2,\cdots$$

其中$\{P_l^{(k)}(l=k,k+1,\cdots)\}$是$\{P_l(l=1,2,\cdots)\}$的 k 重卷积：

$$\begin{cases}P_l^{(1)}=P_l, & l\geqslant 1\\ P_l^{(k)}=\sum\limits_{j=1}^{l-1}P_jP_{l-j}^{(k-1)}, & 2\leqslant k\leqslant l<+\infty\\ P_l^{(k)}=0, & k>l\end{cases}$$

若令母函数 $\Phi(z)=\sum\limits_{l=1}^{+\infty}P_lz^l$，$|z|\leqslant 1$，易证$\{\mathrm{P}_l^{(k)},l=k,k+1,\cdots\}$的母函数为

$$\sum_{l=k}^{+\infty}P_l^{(k)}z^l=[\Phi(z)]^k,\quad k=1,2,\cdots$$

令 $N(n)=\sup\{k:S_k\leqslant n\}$，$N(n)$表示$(0,n]$中的更新次数。称$\{N(n)(n=1,2,\cdots)\}$为 $X_1,X_2,\cdots$所产生的更新过程。更新函数是

$$\begin{aligned}M(n)&=E[N(n)]\\&=\sum_{k=1}^{n}k\Pr\{N(n)=k\}\\&=\sum_{k=1}^{n}k\Pr\{S_k\leqslant n<S_{k+1}\}\\&=\sum_{k=1}^{n}k\Big[\sum_{j=k}^{n}P_j^{(k)}-\sum_{j=k+1}^{n}P_j^{(k+1)}\Big]\\&=\sum_{k=1}^{n}\Big[\sum_{j=k}^{n}P_j^{(k)}\Big]\end{aligned}$$

$$= \sum_{j=1}^{n} \left[\sum_{k=1}^{j} P_j^{(k)} \right]$$

称其中的 $m(n) = \sum_{k=1}^{n} P_n^{(k)}$ 为更新密度，它表示恰在时刻 n 发生一次更新的概率，因此 $M(n)$ 的表达式可改写成

$$M(n) = \sum_{j=1}^{n} m(j) \tag{5-8}$$

更新密度 $m(j)$ 的母函数是

$$\begin{aligned} \Phi_m(z) &= \sum_{j=1}^{+\infty} m(j) z^j \\ &= \sum_{j=1}^{+\infty} \sum_{k=1}^{j} \mathrm{P}_j^{(k)} z^j \\ &= \sum_{k=1}^{+\infty} \sum_{j=k}^{+\infty} \mathrm{P}_j^{(k)} z^j \\ &= \sum_{k=1}^{+\infty} [\Phi(z)]^k = \frac{\Phi(z)}{1-\Phi(z)} \end{aligned}$$

5.1.2 马尔可夫更新过程

设随机变量 Z_n 取值在 $E=\{0,1,\cdots,K\}$ 中，而随机变量 T_n 取值在 $[0,+\infty)$ 中 $(n=0,1,\cdots)$，其中 $0=T_0 \leqslant T_1 \leqslant T_2 \leqslant \cdots$ 随机过程 $(\boldsymbol{Z},\boldsymbol{T})=\{Z_n,T_n(n=0,1,\cdots)\}$ 称为状态空间 E 上的马尔可夫更新过程。如果对所有 $n=0,1,\cdots;j\in E;t\geqslant 0$，都有

$$\begin{aligned} &\Pr\{Z_{n+1}=j, T_{n+1}-T_n \leqslant t \mid Z_0, Z_1, \cdots, Z_n, T_0, T_1, \cdots, T_n\} \\ &=\Pr\{Z_{n+1}=j, T_{n+1}-T_n \leqslant t \mid Z_n\} \end{aligned} \tag{5-9}$$

又如果对所有 $i,j\in E;t\geqslant 0$，有

$$\Pr\{Z_{n+1}=j, T_{n+1}-T_n \leqslant t \mid Z_n=i\} = Q_{ij}(t) \tag{5-10}$$

与 n 无关，则称 $(\boldsymbol{Z},\boldsymbol{T})$ 是时齐的。称 $\{Q_{ij}(t), i,j\in E\}$ 为半马尔可夫核。它们组成一个矩阵 $\boldsymbol{Q}(t)=(Q_{ij}(t))$。显然，除可能

$$\lim_{t\to+\infty} Q_{ij}(t) = \Pr\{Z_{n+1}=j \mid Z_n=i\} = P_{ij} \tag{5-11}$$

小于 1 以外，$Q_{ij}(t)$ 具有分布函数的所有性质。易证

$$P_{ij} \geqslant 0, \quad \sum_{j\in E} P_{ij} = 1$$

记 $\boldsymbol{P}=(P_{ij})$ 为它们所组成的矩阵。

若 $(\boldsymbol{Z},\boldsymbol{T})$ 是时齐马尔可夫更新过程，由定义立即可得：

定理 5.1.5 $\{Z_n, n\geqslant 0\}$ 是状态空间 E 上具有转移概率矩阵 $\boldsymbol{P}$ 的马尔可夫链。

引进

$$G_{ij}(t)=\frac{Q_{ij}(t)}{\mathrm{Pr}_{ij}},\quad i,j\in E;t\geqslant 0$$

（当 $\mathrm{Pr}_{ij}=0$，约定 $G_{ij}(t)=1$）。此时，对每对 (i,j)，$G_{ij}(t)$ 是一个分布函数，

$$G_{ij}(t)=\mathrm{Pr}\{T_{n+1}-T_n\leqslant t\mid Z_n=i,Z_{n+1}=j\}$$

定理 5.1.6　对任意 $n\geqslant 1(t_1,t_2,\cdots,t_n\geqslant 0)$，有

$$\begin{aligned}&\mathrm{Pr}\{T_1-T_0\leqslant t_1,\cdots,T_n-T_{n-1}\leqslant t_n\mid Z_0,Z_1,\cdots,Z_n\}\\&=G_{Z_0Z_1}(t_1)G_{Z_1Z_2}(t_2)\cdots G_{Z_{n-1}Z_n}(t_n)\end{aligned}\tag{5-12}$$

即，给定马尔可夫链 $Z_0,Z_1,\cdots$ 的条件下，增量 $T_1-T_0,T_2-T_1,\cdots$ 条件独立，且 $T_{n+1}-T_n$ 的分布只依赖于 Z_n 和 Z_{n+1}。

当 $T_n\leqslant t\leqslant T_{n+1}$ 时，令 $X(t)=Z_n$，我们称 $\{X(t),t\geqslant 0\}$ 是与马尔可夫更新过程 $(\boldsymbol{Z},\boldsymbol{T})$ 相联系的半马尔可夫过程。$X(t)$ 可以看成是过程在时刻 t 所处的状态。过程在时刻 $T_1,T_2,\cdots$ 发生状态转移。在时刻 T_n 转入状态 Z_n，在状态 Z_n 的逗留时间长为 $T_{n+1}-T_n$，它的分布依赖于正在访问的状态 Z_n 和下一步要访问的状态 Z_{n+1}。相继访问的状态 $\{Z_n,n\geqslant 0\}$ 组成一个马尔可夫链。在已知 $Z_n(n=0,1,2,\cdots)$ 的条件下，相继的状态逗留时间是条件独立的。

在马尔可夫过程中，每个状态的逗留时间服从指数分布。由指数分布的无记忆性，故任意时刻 t 都是过程的再生点，也就是说任一时刻 t 都具有马尔可夫性。所谓再生点是指在已知这一时刻过程所处状态的条件下，过程将来发展的概率规律与过去的历史无关。在半马尔可夫过程的情形中，逗留时间的分布是一般分布。因此不是所有时刻 t 都是过程的再生点，而只是状态转移时刻（通常是随机的）才是再生点，在这些时刻点上具有马尔可夫性。

当所有 $G_{ij}(t)$ 为指数分布时，半马尔可夫过程 $\{X(t),t\geqslant 0\}$ 称为马尔可夫过程。当过程的状态空间只有一个状态时，即 $E=\{0\}$，则 $\{T_{n+1}-T_n(n=0,1,2,\cdots)\}$ 是独立同分布的随机变量序列，故 $\{T_n(n=0,1,\cdots)\}$ 是 5.1.1 中所讨论的部分和过程。在这个特殊情形下，马尔可夫更新过程称为更新过程。

在许多实际问题中，我们常常遇到所谓马尔可夫更新方程组

$$h_i(t)=g_i(t)+\sum_{j\in\mathbf{E}}\int_0^t h_j(t-u)\mathrm{d}Q_{ij}(u),\quad i\in\mathbf{E}$$

即

$$h_i(t)=g_i(t)+\sum_{j\in\mathbf{E}}Q_{ij}(t)*h_j(t),\quad i\in\mathbf{E}\tag{5-13}$$

这里 $h_i(t)$ 和 $g_i(t)$ 都是定义在 $[0,+\infty)$ 上的非负、在任意有限区间上的有界函数。则式(5-13)可简记为向量的形式

$$\boldsymbol{h}(t)=\boldsymbol{g}(t)+\boldsymbol{Q}(t)*\boldsymbol{h}(t)\tag{5-14}$$

其中 $\boldsymbol{h}(t)=(h_0(t),h_1(t),\cdots,h_K(t))^{\mathrm{T}}$，$\boldsymbol{g}(t)=(g_0(t),g_1(t),\cdots,g_K(t))^{\mathrm{T}}$ 是列向

量,$\boldsymbol{Q}(t)$是半马尔可夫核所组成的矩阵,$\boldsymbol{Q}(t)*\boldsymbol{h}(t)$按矩阵乘法的规则,但是以卷积代替通常乘法,按照式(5-13)右端第二项的运算来理解。当已知$\boldsymbol{g}(t)$和$\boldsymbol{Q}(t)$的条件下,通常可用L变换和LS变换的工具来解方程组(5-13)和(5-14)。

下面,我们不加证明地介绍一下$\boldsymbol{h}(t)$的极限性态,令v_i是$\{Z_n(n=0,1,\cdots)\}$的不变测度,即

$$\sum_{i\in\mathbf{E}} v_i P_{ij} = v_j,\quad j\in\mathbf{E} \tag{5-15}$$

以及在状态i的平均逗留时间

$$\begin{aligned} m(i) &= E\{T_1 \mid Z_0 = i\} \\ &= \int_0^{+\infty}\Big[1-\sum_{j\in\mathbf{E}} Q_{ij}(t)\Big]\mathrm{d}t \\ &= -\sum_{j\in\mathbf{E}} \hat{Q}'_{ij}(0),\quad i\in\mathbf{E} \end{aligned} \tag{5-16}$$

我们称一个定义在$[0,+\infty)$上的非负函数$Q(t)$为格点的,如果存在$\alpha\geqslant 0$和$\delta>0$,$Q(t)$是集合$\{\alpha,\alpha+\delta,\alpha+2\delta,\cdots\}$中跳跃的阶梯函数。

定理5.1.7 若$\{Z_n(n=0,1,\cdots)\}$的所有状态互通,且存在一对状态(i,j),$Q_{ij}(t)$不是格点的,$g_j(t)$非负非增,并且$\int_0^{+\infty} g_j(t)\mathrm{d}t<+\infty$,$j\in\mathbf{E}$,则对所有$k\in\mathbf{E}$,有

$$\lim_{t\to+\infty} h_k(t) = \frac{1}{\sum_{j\in E} v_j m(j)} \sum_{j\in\mathbf{E}} v_j \int_0^{+\infty} g_j(t)\mathrm{d}t$$

与状态k无关。

5.2 单部件系统

假设系统由一个部件组成,其工作寿命X服从一般分布$F(t)$,部件(即系统)故障后,立即由修理设备进行修理,修理时间Y服从一般分布$G(t)$。修复后,部件立即转为工作状态,假设

$$\frac{1}{\lambda} = \int_0^{+\infty} t\mathrm{d}F(t),\ \frac{1}{\mu} = \int_0^{+\infty} t\mathrm{d}G(t)$$

其中$\lambda,\mu>0$。进一步假设故障部件经修复后,其工作寿命分布像新部件一样,且X和Y相互独立。

为简单起见,我们假定时刻0部件是新的,即在$t=0$部件进入工作状态。那么我们考虑的是一个工作和修理交替出现的更新过程。令$Z_i=X_i+Y_i$,其中X_i和Y_i为第i个周期内部件的寿命和修理时间,则$\{Z_i(i=1,2,\cdots)\}$是一串独立同分布的随机变量序列。它们可构成一个更新过程,其更新寿命分布是

$$
\begin{aligned}
Q(t) &= \Pr\{Z_i \leqslant t\} \\
&= \Pr\{X_i + Y_i \leqslant t\} \\
&= \int_0^t G(t-u)\mathrm{d}F(u) \\
&= F * G(t), \quad i = 1,2,\cdots
\end{aligned}
$$

系统首次故障前时间是 X_1，因此系统的可靠度是

$$R(t)=\Pr\{X_1>t\}=1-F(t) \tag{5-17}$$

首次故障前平均时间是

$$\text{MTTFF}=E[X_1]=\frac{1}{\lambda}$$

为求系统的瞬时可用度，我们引进一个随机过程 $\{X(t),t\geqslant 0\}$，其中

$$X(t)=\begin{cases}1, & \text{时刻 } t \text{ 系统处于工作状态}\\ 0, & \text{时刻 } t \text{ 系统处于修理状态}\end{cases}$$

由定义可知，系统的瞬时可用度是

$$A(t)=\Pr\{X(t)=1 \mid \text{时刻 0 系统是新的}\}$$

全概率公式

$$
\begin{aligned}
A(t)=&\Pr\{X_1>t,X(t)=1 \mid \text{时刻 0 系统是新的}\}+\\
&\Pr\{X_1\leqslant t<X_1+Y_1,X(t)=1 \mid \text{时刻 0 系统是新的}\}+\\
&\Pr\{X_1+Y_1\leqslant t,X(t)=1 \mid \text{时刻 0 系统是新的}\}
\end{aligned}
$$

右端第一项中，当 $X_1>t$，在时刻 t 系统必处于工作状态，自然有 $X(t)=1$，因此第一项即 $\Pr\{X_1>t\}$；第二项中，当 $X_1\leqslant t<X_1+Y_1$，时刻 t 系统必处于故障状态，不可能与 $X(t)=1$ 同时发生，故第二项等于零；第三项

$$
\begin{aligned}
&\Pr\{X_1+Y_1\leqslant t,X(t)=1 \mid \text{时刻 0 系统是新的}\}\\
=&\int_0^t \Pr\{X(t)=1 \mid \text{时刻 0 系统是新的}, X_1+Y_1=u\}\mathrm{dPr}\{X_1+Y_1\leqslant u\}\\
=&\int_0^t \Pr\{X(t)=1 \mid \text{时刻 } u \text{ 系统是新的}\}\mathrm{dPr}\{X_1+Y_1\leqslant u\}\\
=&\int_0^t \Pr\{X(t-u)=1 \mid \text{时刻 0 系统是新的}\}\mathrm{d}Q(u)\\
=&\int_0^t A(t-u)\mathrm{d}Q(u)=Q(t)*A(t)
\end{aligned}
$$

以上第一个等式是全概率公式，第二个等式和第三个等式中由于 $X_1+Y_1=u$ 是再生点，因此 $A(t)$ 满足更新方程

$$A(t)=1-F(t)+Q(t)*A(t) \tag{5-18}$$

对上式作 L 变换，得

$$A^*(s)=\frac{1-\hat{F}(s)}{s}+\hat{F}(s)\hat{G}(s)A^*(s)$$

其中

$$A^*(s)=\int_0^{+\infty}\mathrm{e}^{-st}A(t)\,\mathrm{d}t$$

$$\hat{F}(s)=\int_0^{+\infty}\mathrm{e}^{-st}\,\mathrm{d}F(t)$$

$$\hat{G}(s)=\int_0^{+\infty}\mathrm{e}^{-st}\,\mathrm{d}G(t)$$

因此,解得系统瞬时可用度的 L 变换为

$$A^*(s)=\frac{1}{s}\cdot\frac{1-\hat{F}(s)}{1-\hat{F}(s)\hat{G}(s)} \tag{5-19}$$

由 L 变换的托贝尔定理和洛必达法则可知,系统平均稳态可用度为

$$\begin{aligned}\widetilde{A}&=\lim_{t\to+\infty}\frac{1}{t}\int_0^t A(u)\,\mathrm{d}u\\&=\lim_{s\to0}sA^*(s)\\&=\lim_{s\to0}\frac{1-\hat{F}(s)}{1-\hat{F}(s)\hat{G}(s)}\\&=\lim_{s\to0}\frac{-\hat{F}'(s)}{-\hat{F}'(s)\hat{G}(s)-\hat{F}(s)\hat{G}'(s)}\\&=\frac{\mu}{\lambda+\mu}\end{aligned} \tag{5-20}$$

由式(5-7)可知,更新方程(5-18)的解为

$$A(t)=\overline{F}(t)+\widetilde{M}(t)*\overline{F}(t) \tag{5-21}$$

其中 $\widetilde{M}(t)=\sum_{k=1}^{+\infty}F^{(k)}(t)*G^{(k)}(t)$ 为更新函数。如果 $F(t)$ 和 $G(t)$ 之中至少有一个是非格点分布,则更新寿命分布 $Q(t)$ 是非格点分布。用更新过程的极限定理 5.1.3,可得系统稳态可用度

$$\begin{aligned}A&=\lim_{t\to+\infty}A(t)\\&=\lim_{t\to+\infty}\widetilde{M}(t)*\overline{F}(t)\\&=\frac{1}{E[X+Y]}\int_0^{+\infty}\overline{F}(t)\,\mathrm{d}t\end{aligned}$$

$$=\frac{\frac{1}{\lambda}}{\frac{1}{\lambda}+\frac{1}{\mu}}=\frac{\mu}{\lambda+\mu} \tag{5-22}$$

假定时刻 0 系统是新的，令 $N(t)$ 为 $(0,t]$ 中系统故障次数，$M(t)=E[N(t)]$。由全概率公式可得

$$\begin{aligned}M(t)&=E[N(t)]\\&=E[N(t)\mid X_1>t]\Pr\{X_1>t\}+E[N(t)\mid X_1\leqslant t<X_1+Y_1]\Pr\{X_1\leqslant t<X_1+Y_1\}+\\&\quad\int_0^t E[N(t)\mid X_1+Y_1=u]\mathrm{d}\Pr\{X_1+Y_1\leqslant u\}\end{aligned}$$

上式右端第一项中，在 $X_1>t$ 的条件下，$(0,t]$ 中系统故障次数为零，因此 $E[N(t)\mid X_1>t]=0$；第二项中，在 $X_1\leqslant t<X_1+Y_1$ 的条件下，$(0,t]$ 中系统恰好故障一次，故 $E[N(t)\mid X_1\leqslant t<X_1+Y_1]=1$；第三项中

$$E[N(t)\mid X_1+Y_1=u]=E[N(t-u)]+1=M(t-u)+1$$

这是因为在 $X_1+Y_1=u$ 的条件下，$(0,u]$ 中系统已故障了一次，因此，$(0,t]$ 中系统平均故障次数等于 $(u,t]$ 中平均故障次数加 1。又由于 $X_1+Y_1=u$ 是再生点，$(u,t]$ 中平均故障次数等于 $(0,t-u]$ 中平均故障次数。因而 $M(t)$ 满足更新方程

$$\begin{aligned}M(t)&=\Pr\{X_1\leqslant t<X_1+Y_1\}+\int_0^t[M(t-u)+1]\mathrm{d}\Pr\{X_1+Y_1\leqslant u\}\\&=F(t)-F(t)*G(t)+Q(t)*[M(t)+1]\end{aligned}$$

即

$$M(t)=F(t)+Q(t)*M(t)$$

对上式作 LS 变换，解得

$$\hat{M}(s)=\frac{\hat{F}(s)}{1-\hat{F}(s)\hat{G}(s)} \tag{5-23}$$

其中 $\hat{M}(s)=\int_0^{+\infty}\mathrm{e}^{-st}\mathrm{d}M(t)$。系统稳态故障频率为

$$M=\lim_{t\to+\infty}\frac{M(t)}{t}=\lim_{s\to0}s\hat{M}(s)=\lim_{s\to0}\frac{\hat{F}(s)}{\frac{1-\hat{F}(s)\hat{G}(s)}{s}}=\frac{\lambda\mu}{\lambda+\mu} \tag{5-24}$$

下面考虑一个特殊情形。当部件的寿命分布和修理时间分布都服从指数分布时，即当

$$F(t)=1-\mathrm{e}^{-\lambda t},\quad t\geqslant0;G(t)=1-\mathrm{e}^{-\mu t},\quad t\geqslant0$$

此时有

$$\hat{F}(s)=\frac{\lambda}{s+\lambda},\hat{G}(s)=\frac{\mu}{s+\mu}$$

系统可靠度仍由式(5-17)给出,即

$$R(t)=\mathrm{e}^{-\lambda t} \tag{5-25}$$

式(5-19)变为

$$A^{*}(s)=\frac{s+\mu}{s(s+\lambda+\mu)}=\frac{\mu}{\lambda+\mu}\cdot\frac{1}{s}+\frac{\lambda}{\lambda+\mu}\cdot\frac{1}{s+\lambda+\mu}$$

反演得

$$A(t)=\frac{\mu}{\lambda+\mu}+\frac{\lambda}{\lambda+\mu}\mathrm{e}^{-(\lambda+\mu)t} \tag{5-26}$$

式(5-23)变为

$$\hat{M}(s)=\frac{\lambda(s+\mu)}{s(s+\lambda+\mu)}=\frac{\lambda\mu}{\lambda+\mu}\cdot\frac{1}{s}+\frac{\lambda^{2}}{\lambda+\mu}\cdot\frac{1}{s+\lambda+\mu}$$

反演得

$$M(t)=\frac{\lambda\mu}{\lambda+\mu}t+\frac{\lambda^{2}}{(\lambda+\mu)^{2}}[1-\mathrm{e}^{-(\lambda+\mu)t}] \tag{5-27}$$

系统瞬时故障频度为

$$m(t)=M'(t)=\frac{\lambda\mu}{\lambda+\mu}+\frac{\lambda^{2}}{\lambda+\mu}\mathrm{e}^{-(\lambda+\mu)t} \tag{5-28}$$

用式(5-26)和式(5-27)直接求 A 和 M,与式(5-21)和式(5-24)一致。

5.3 串联系统

假设系统由 n 个部件串联组成,其中第 i 个部件的寿命 X_i 服从指数分布 $F_i(t)=1-\mathrm{e}^{-\lambda_i t}(t\geqslant 0)$,其故障后立即由修理设备进行修理,修理时间 Y_i 服从一般分布 $G_i(t)$,其均值为 $\frac{1}{\mu_i}=\int_0^{+\infty}t\mathrm{d}G_i(t)$,$(\lambda_i,\mu_i>0)(i=1,2,\cdots,n)$。假定部件修复后,其工作寿命分布与新部件一样,仍然是 $F_i(t)$,且 n 个部件独立地运行,部件的工作寿命与修理时间也是相互独立的。当一个部件故障而进行修理时,其余部件停止工作,不再发生故障,此时系统处于故障状态;当故障部件修复的时刻,n 个部件立即同时进入工作状态,此时系统进入工作状态。

为了简单起见,我们假定 $t=0$ 时,n 个部件均处于工作状态,即系统处于工作状态。显然,串联系统的工作寿命是

$$\zeta=\min_{1\leqslant i\leqslant n}X_i$$

系统故障后的修理时间χ 依赖于 ζ。当 $\zeta=\min\limits_{1\leqslant i\leqslant n}X_i=X_j$ 时，即当第 j 个部件先故障，其后的修理时间$\chi=Y_j$。当故障的部件修复，系统重新进入工作状态，由于指数分布的无记忆性，此时系统恢复到 $t=0$ 时的情形。因此，故障部件的修复时刻是系统的再生点。若我们令 ζ_k 和χ_k 分别表示系统第 k 个工作寿命和第 k 个修理时间，则 $\{\zeta_k+\chi_k(k=1,2,\cdots)\}$ 是一串独立同分布的随机变量序列。分布函数为

$$\begin{aligned}
Q(t) &= \Pr\{\zeta_k+\chi_k\leqslant t\}\\
&= \Pr\{\min_{1\leqslant i\leqslant n}X_i+\chi\leqslant t\}\\
&= \sum_{j=1}^{n}\Pr\{X_j=\min_{1\leqslant i\leqslant n}X_i, X_j+Y_j\leqslant t\}\\
&= \sum_{j=1}^{n}\Pr\{X_j\leqslant X_1,X_2,\cdots,X_{j-1},X_{j+1},\cdots,X_n, X_j+Y_j\leqslant t\}\\
&= \sum_{j=1}^{n}\int_0^t\Pr\{u\leqslant X_1,X_2,\cdots,X_{j-1},X_{j+1},\cdots,X_n, Y_j\leqslant t-u\}\mathrm{d}\Pr\{X_j\leqslant u\}\\
&= \sum_{j=1}^{n}\int_0^t G_j(t-u)\mathrm{e}^{-\sum\limits_{i\neq j}\lambda_i u}\mathrm{d}(1-\mathrm{e}^{-\lambda_j u})\\
&= \sum_{j=1}^{n}\frac{\lambda_j}{\Lambda}\int_0^t G_j(t-u)\mathrm{d}(1-\mathrm{e}^{-\Lambda u}),\quad k=1,2,\cdots
\end{aligned}\tag{5-29}$$

可见 $Q(t)$ 与 k 无关，其中 $\Lambda=\sum\limits_{i=1}^{n}\lambda_i$。因此 $\{\zeta_k+\chi_k(k=1,2,\cdots)\}$ 可构成一个更新过程，$Q(t)$ 是其更新寿命分布。对式(5-29)两端作 LS 变换，得

$$\hat{Q}(s)=\sum_{j=1}^{n}\frac{\lambda_j}{s+\Lambda}\hat{G}_j(s)\tag{5-30}$$

串联系统首次故障前时间 $\zeta_1=\min\limits_{1\leqslant i\leqslant n}X_i$，因此系统可靠度为

$$R(t)=\Pr\{\min_{1<i<n}X_i>t\}=\prod_{i=1}^{n}\Pr\{X_i>t\}=\mathrm{e}^{-\Lambda t}\tag{5-31}$$

系统首次故障前平均时间为

$$\mathrm{MTTFF}=\frac{1}{\Lambda}$$

令

$$X(t)=\begin{cases}1, & \text{时刻 } t \text{ 系统工作}\\ 0, & \text{时刻 } t \text{ 系统故障}\end{cases}$$

故瞬时可用度为

$$A(t)=\Pr\{X(t)=1\mid \text{时刻 0 系统工作}\}$$

因此可得更新方程

$$A(t)=\mathrm{e}^{-\Lambda t}+Q(t)*A(t)\tag{5-32}$$

对上式作 L 变换，有

$$A^*(s)=\frac{1}{s+\Lambda}+\hat{Q}(s)A^*(s)$$

解得

$$A^*(s)=\frac{\frac{1}{s+\Lambda}}{1-\hat{Q}(s)}=\frac{1}{s+\Lambda-\sum_{j=1}^{n}\lambda_j\hat{G}_j(s)} \tag{5-33}$$

由式(5-7)可知更新方程(5-32)的解为

$$A(t)=\mathrm{e}^{-\Lambda t}+\widetilde{M}(t)*\mathrm{e}^{-\Lambda t} \tag{5-34}$$

其中 $\widetilde{M}(t)=\sum_{k=1}^{+\infty}Q^{(k)}(t)$ 为更新函数。由式(5-29)可知，更新寿命分布 $Q(t)$ 是非格点分布。由定理 5.1.3 可得系统的稳态可用度为

$$\begin{aligned}A&=\lim_{t\to+\infty}A(t)\\&=\lim_{t\to+\infty}\{\mathrm{e}^{-\Lambda t}+\widetilde{M}(t)*\mathrm{e}^{-\Lambda t}\}\\&=\frac{1}{E[\zeta_k+\chi_k]}\int_0^{+\infty}\mathrm{e}^{-\Lambda t}\mathrm{d}t\\&=\frac{\frac{1}{\Lambda}}{-\hat{Q}'(0)}=\frac{1}{1+\sum_{j=1}^{n}\frac{\lambda_j}{\mu_j}}\end{aligned} \tag{5-35}$$

类似地，$M(t)$满足更新方程

$$M(t)=1-\mathrm{e}^{-\Lambda t}+Q(t)*M(t) \tag{5-36}$$

两端作 LS 变换，得

$$\hat{M}(s)=\frac{\Lambda}{s+\Lambda}+\hat{Q}(s)\hat{M}(s)$$

解得

$$\hat{M}(s)=\frac{\Lambda}{s+\Lambda-\sum_{j=1}^{n}\lambda_j\hat{G}_j(s)} \tag{5-37}$$

系统稳态故障频度是

$$M=\lim_{t\to+\infty}\frac{M(t)}{t}=\lim_{s\to0}s\hat{M}(s)=\frac{\Lambda}{1+\sum_{j=1}^{n}\frac{\lambda_j}{\mu_j}} \tag{5-38}$$

5.4 并联系统

考虑由两个不同型部件和一个修理设备组成的并联系统。假设部件 i 的工作寿命 X_i 服从指数分布 $1-e^{-\lambda_i t}(t\geqslant 0;\lambda_i>0)$，故障后的修理时间 Y_i 服从一般分布 $G_i(t)$，均值为 $1/\mu_i(\mu_i>0;i=1,2)$。进一步假设 X_1,X_2,Y_1 和 Y_2 都相互独立。故障的部件经修复后，工作寿命分布像新的部件一样。

首先我们定义系统的 3 种状态。

状态 0：两个部件都在工作。

状态 1：进入状态 1 的时刻为部件 2 在工作，部件 1 开始修理的时刻。

状态 2：进入状态 2 的时刻为部件 1 在工作，部件 2 开始修理的时刻。

由于指数分布的无记忆性，进入状态 0,1,2 的时刻是系统的再生点。令时刻 t 系统处于状态 j 时 $X(t)=j(j=0,1,2)$。用 T_n 表示系统第 n 次发生状态转移的时刻($T_0=0$)。令 $Z_n=X(T_n)$，它表示第 n 次状态转移时刻系统所进入的状态。易验证 $\{Z_n,T_n(n=0,1,2,\cdots)\}$ 是一个时齐马尔可夫更新过程，$\{X(t),t\geqslant 0\}$ 是半马尔可夫过程。

为讨论问题方便，引入两个虚设状态。

状态 3：部件 1 在修理，部件 2 待修。

状态 4：部件 2 在修理，部件 1 待修。

由于修理时间都是一般分布，故进入状态 3 和状态 4 的时刻不是系统的再生点。显然，状态 3 和状态 4 是系统的故障状态。

由已知条件可计算出半马尔可夫核：

$$Q_{01}(t)=\Pr\{X_1\leqslant t,X_1<X_2\}=\frac{\lambda_1}{\lambda_1+\lambda_2}[1-e^{-(\lambda_1+\lambda_2)t}]$$

$$Q_{02}(t)=\Pr\{X_2\leqslant t,X_2<X_1\}=\frac{\lambda_2}{\lambda_1+\lambda_2}[1-e^{-(\lambda_1+\lambda_2)t}]$$

$$Q_{10}(t)=\Pr\{Y_1\leqslant t,Y_1<X_2\}=\int_0^t e^{-\lambda_2 u}dG_1(u)$$

$$Q_{20}(t)=\Pr\{Y_2\leqslant t,Y_2<X_1\}=\int_0^t e^{-\lambda_1 u}dG_2(u)$$

$$\begin{aligned}Q_{12}(t)&=Q_{12}^{(3)}(t)\\&=\Pr\{Y_1\leqslant t,X_2<Y_1\}\\&=\int_0^t(1-e^{-\lambda_2 u})dG_1(u)\\&=G_1(t)-\int_0^t e^{-\lambda_2 u}dG_1(u)\end{aligned}$$

$$\begin{aligned} Q_{21}(t) &= Q_{21}^{(4)}(t) \\ &= \Pr\{Y_2 \leqslant t, X_1 < Y_2\} \\ &= G_2(t) - \int_0^t e^{-\lambda_1 u} dG_2(u) \end{aligned}$$

为求系统各可靠性指标，我们还需用到

$$Q_{13}(t) = \Pr\{X_2 \leqslant t, X_2 < Y_1\} = \int_0^t \overline{G}_1(u) d(1 - e^{-\lambda_2 u})$$

$$Q_{24}(t) = \Pr\{X_1 \leqslant t, X_1 < Y_2\} = \int_0^t \overline{G}_2(u) d(1 - e^{-\lambda_1 u})$$

对以上各式作 LS 变换，得

$$\begin{cases} \hat{Q}_{01}(s) = \dfrac{\lambda_1}{s+\lambda_1+\lambda_2} \\ \hat{Q}_{02}(s) = \dfrac{\lambda_2}{s+\lambda_1+\lambda_2} \\ \hat{Q}_{10}(s) = \hat{G}_1(s+\lambda_2) \\ \hat{Q}_{20}(s) = \hat{G}_2(s+\lambda_1) \\ \hat{Q}_{12}(s) = \hat{G}_1(s) - \hat{G}_1(s+\lambda_2) \\ \hat{Q}_{21}(s) = \hat{G}_2(s) - \hat{G}_2(s+\lambda_1) \\ \hat{Q}_{13}(s) = \dfrac{\lambda_2}{s+\lambda_2}[1-\hat{G}_1(s+\lambda_2)] \\ \hat{Q}_{24}(s) = \dfrac{\lambda_1}{s+\lambda_1}[1-\hat{G}_2(s+\lambda_1)] \end{cases} \tag{5-39}$$

令 $\Phi_i(t) = \Pr\{$系统首次故障前时间$\leqslant t \mid$时刻 0 系统进入状态 $i\}$ $(i=0,1,2)$。由系统状态转移关系，$\Phi_i(t)$ $(i=0,1,2)$ 满足马尔可夫更新方程组

$$\begin{cases} \Phi_0(t) = Q_{01}(t) * \Phi_1(t) + Q_{02}(t) * \Phi_2(t) \\ \Phi_1(t) = Q_{10}(t) * \Phi_0(t) + Q_{13}(t) \\ \Phi_2(t) = Q_{20}(t) * \Phi_0(t) + Q_{24}(t) \end{cases}$$

对上式作 LS 变换，得

$$\begin{cases} \hat{\Phi}_0(s) = \hat{Q}_{01}(s)\hat{\Phi}_1(s) + \hat{Q}_{02}(s)\hat{\Phi}_2(s) \\ \hat{\Phi}_1(s) = \hat{Q}_{10}(s)\hat{\Phi}_0(s) + \hat{Q}_{13}(s) \\ \hat{\Phi}_2(s) = \hat{Q}_{20}(s)\hat{\Phi}_0(s) + \hat{Q}_{24}(s) \end{cases} \tag{5-40}$$

解得

$$
\begin{cases}
\hat{\Phi}_0(s)=\dfrac{\hat{Q}_{01}\hat{Q}_{13}+\hat{Q}_{02}\hat{Q}_{24}}{1-\hat{Q}_{01}\hat{Q}_{10}-\hat{Q}_{02}\hat{Q}_{20}} \\
\hat{\Phi}_1(s)=\dfrac{\hat{Q}_{10}\hat{Q}_{02}\hat{Q}_{24}+\hat{Q}_{13}(1-\hat{Q}_{02}\hat{Q}_{20})}{1-\hat{Q}_{01}\hat{Q}_{10}-\hat{Q}_{02}\hat{Q}_{20}} \\
\hat{\Phi}_1(s)=\dfrac{\hat{Q}_{20}\hat{Q}_{01}\hat{Q}_{13}+\hat{Q}_{24}(1-\hat{Q}_{01}\hat{Q}_{10})}{1-\hat{Q}_{01}\hat{Q}_{10}-\hat{Q}_{02}\hat{Q}_{20}}
\end{cases}
\tag{5-41}
$$

其中$\hat{Q}_{ij}=\hat{Q}_{ij}(s)$由式(5-39)给出。

为求系统首次故障前平均时间 $T_i(i=0,1,2)$，更简便的方法是：将式(5-40)两端关于 s 求导数，用$-\hat{\Phi}_i'(0)=T_i$ 代入，可得 $T_i(i=0,1,2)$满足的方程组

$$
\begin{cases}
T_0=\dfrac{\lambda_1}{\lambda_1+\lambda_2}T_1+\dfrac{\lambda_2}{\lambda_1+\lambda_2}T_2+\dfrac{1}{\lambda_1+\lambda_2} \\
T_1=\hat{G}_1(\lambda_2)T_0+\dfrac{1}{\lambda_2}[1-\hat{G}_1(\lambda_2)] \\
T_2=\hat{G}_2(\lambda_1)T_0+\dfrac{1}{\lambda_1}[1-\hat{G}_2(\lambda_1)]
\end{cases}
\tag{5-42}
$$

解得

$$
T_0=\frac{1+\dfrac{\lambda_1}{\lambda_2}[1-\hat{G}_1(\lambda_2)]+\dfrac{\lambda_2}{\lambda_1}[1-\hat{G}_2(\lambda_1)]}{\lambda_1[1-\hat{G}_1(\lambda_2)]+\lambda_2[1-\hat{G}_2(\lambda_1)]}
\tag{5-43}
$$

代入式(5-42)可求得 T_1 和 T_2。

系统的瞬时可用度 $A_i(t)(i=0,1,2)$满足马尔可夫更新方程组

$$
\begin{cases}
A_0(t)=Q_{01}(t)*A_1(t)+Q_{02}(t)*A_2(t)+[1-Q_{01}(t)-Q_{02}(t)] \\
A_1(t)=Q_{10}(t)*A_0(t)+Q_{12}(t)*A_2(t)+[1-Q_{10}(t)-Q_{13}(t)] \\
A_2(t)=Q_{20}(t)*A_0(t)+Q_{21}(t)*A_1(t)+[1-Q_{20}(t)-Q_{24}(t)]
\end{cases}
\tag{5-44}
$$

对上述各式作 L 变换，得

$$
\begin{cases}
A_0^*(s)=\hat{Q}_{01}(s)A_1^*(s)+\hat{Q}_{02}(s)A_2^*(s)+\dfrac{1}{s}[1-\hat{Q}_{01}(s)-\hat{Q}_{02}(s)] \\
A_1^*(s)=\hat{Q}_{10}(s)A_0^*(s)+\hat{Q}_{12}(s)A_2^*(s)+\dfrac{1}{s}[1-\hat{Q}_{10}(s)-\hat{Q}_{13}(s)] \\
A_2^*(s)=\hat{Q}_{20}(s)A_0^*(s)+\hat{Q}_{21}(s)A_1^*(s)+\dfrac{1}{s}[1-\hat{Q}_{20}(s)-\hat{Q}_{24}(s)]
\end{cases}
\tag{5-45}
$$

由式(5-39)可得

$$\frac{1}{s}[1-\hat{Q}_{01}(s)-\hat{Q}_{02}(s)]=\frac{1}{s+\lambda_1+\lambda_2}$$

$$\frac{1}{s}[1-\hat{Q}_{10}(s)-\hat{Q}_{13}(s)]=\frac{1}{s+\lambda_2}[1-\hat{G}_1(s+\lambda_2)]$$

$$\frac{1}{s}[1-\hat{Q}_{20}(s)-\hat{Q}_{24}(s)]=\frac{1}{s+\lambda_1}[1-\hat{G}_2(s+\lambda_1)]$$

解方程组(5-45),得

$$A_0^*(s)=\frac{\begin{vmatrix} \dfrac{1}{s+\lambda_1+\lambda_2} & -\hat{Q}_{01}(s) & -\hat{Q}_{02}(s) \\ \dfrac{1-\hat{G}_1(s+\lambda_2)}{s+\lambda_2} & 1 & -\hat{Q}_{12}(s) \\ \dfrac{1-\hat{G}_2(s+\lambda_1)}{s+\lambda_1} & -\hat{Q}_{21}(s) & 1 \end{vmatrix}}{\begin{vmatrix} 1 & -\hat{Q}_{01}(s) & -\hat{Q}_{02}(s) \\ -\hat{Q}_{10}(s) & 1 & -\hat{Q}_{12}(s) \\ -\hat{Q}_{20}(s) & -\hat{Q}_{21}(s) & 1 \end{vmatrix}} \tag{5-46}$$

类似,可写出 $A_1^*(s)$ 和 $A_2^*(s)$ 的表达式。

显然,式(5-39)中的 $Q_{01}(t)$ 是非格点的,由马尔可夫更新过程的极限定理可得,极限 $\lim\limits_{t\to+\infty}A_i(t)=A$ 存在,且与初始状态 i 无关,因此由托贝尔定理可知系统的稳态可用度为

$$A=\lim_{t\to+\infty}A_i(t)=\lim_{t\to+\infty}\frac{1}{t}\int_0^t A_i(u)\mathrm{d}u=\lim_{s\to 0}sA_i^*(s)$$

将式(5-46)代入上式的右端可得具体的表达式。

我们也可直接用定理 5.1.7 求系统稳态可用度 A。由式(5-16),可求出

$$\begin{cases} m(0)=\dfrac{1}{\lambda_1+\lambda_2} \\ m(1)=\dfrac{1}{\mu_1} \\ m(2)=\dfrac{1}{\mu_2} \end{cases} \tag{5-47}$$

由式(5-39)求出 $P_{ij}=\lim\limits_{t\to+\infty}Q_{ij}(t)$,解方程组(5-15),得

$$\begin{cases}v_0=1-\overline{\hat{G}}_1(\lambda_2)\overline{\hat{G}}_2(\lambda_1)\\ v_1=1-\dfrac{\lambda_2}{\lambda_1+\lambda_2}\hat{G}_2(\lambda_1)\\ v_2=1-\dfrac{\lambda_1}{\lambda_1+\lambda_2}\hat{G}_1(\lambda_2)\end{cases}\tag{5-48}$$

由式(5-16),可得

$$A=\frac{1}{\sum_{j=0}^{2}v_jm(j)}\left\{\frac{v_0}{\lambda_1+\lambda_2}+\frac{v_1}{\lambda_2}[1-\hat{G}_1(\lambda_2)]+\frac{v_2}{\lambda_1}[1-\hat{G}_2(\lambda_1)]\right\}\tag{5-49}$$

设$(0,t]$时间内系统平均故障次数为$M_j(t)(j=0,1,2)$满足马尔可夫更新方程组

$$\begin{cases}M_0(t)=Q_{01}(t)*M_1(t)+Q_{02}(t)*M_2(t)\\ M_1(t)=Q_{10}(t)*M_0(t)+Q_{12}(t)*[M_2(t)+1]+[Q_{13}(t)-Q_{12}(t)]\\ M_2(t)=Q_{20}(t)*M_0(t)+Q_{21}(t)*[M_1(t)+1]+[Q_{24}(t)-Q_{21}(t)]\end{cases}\tag{5-50}$$

对上式作 LS 变换,得

$$\begin{cases}\hat{M}_0(s)=\hat{Q}_{01}(s)\hat{M}_1(s)+\hat{Q}_{02}(s)\hat{M}_2(s)\\ \hat{M}_1(s)=\hat{Q}_{10}(s)\hat{M}_0(s)+\hat{Q}_{12}(s)\hat{M}_2(s)+\hat{Q}_{13}(s)\\ \hat{M}_2(s)=\hat{Q}_{20}(s)\hat{M}_0(s)+\hat{Q}_{21}(s)\hat{M}_1(s)+\hat{Q}_{24}(s)\end{cases}\tag{5-51}$$

解出此方程组,得到

$$\hat{M}_0(s)=\frac{\begin{vmatrix}0&-\hat{Q}_{01}(s)&-\hat{Q}_{02}(s)\\ \hat{Q}_{13}(s)&1&-\hat{Q}_{12}(s)\\ \hat{Q}_{24}(s)&-\hat{Q}_{21}(s)&1\end{vmatrix}}{\begin{vmatrix}1&-\hat{Q}_{01}(s)&-\hat{Q}_{02}(s)\\ -\hat{Q}_{10}(s)&1&-\hat{Q}_{12}(s)\\ -\hat{Q}_{20}(s)&-\hat{Q}_{21}(s)&1\end{vmatrix}}\tag{5-52}$$

类似,可写出$\hat{M}_1(s)$和$\hat{M}_2(s)$的表达式。

系统稳态故障频度可由下式得到:

$$M=\lim_{t\to+\infty}\frac{M_i(t)}{t}=\lim_{s\to 0}s\hat{M}_i(s),\quad i=0,1,2$$

将式(5-52)代入上式,可知上式与初始状态 i 无关。

下面,我们用另一个方法来求 M。注意式(5-51)与式(5-45)在形式上完全一样,而由式(5-45)可知,极限$\lim\limits_{s\to 0} sA_i^*(s)$可由式(5-49)给出。因此,对式(5-51),我们有类似的结果

$$M=\lim_{s\to 0} s\hat{M}_i(s)=\frac{1}{\sum\limits_{j=0}^{2} m(j)v_j}\{v_1[1-\hat{G}_1(\lambda_2)]+v_2[1-\hat{G}_2(\lambda_1)]\}$$

与初始状态 i 无关,其中 $m(j)$ 和 v_j 分别由式(5-47)和式(5-48)给出。

5.5 冷贮备系统

5.5.1 两个同型部件的冷贮备系统

考虑由两个同型部件和两个修理设备组成的冷贮备系统(一个修理设备的情形可完全类似地讨论)。假设每个部件的工作寿命 X 服从一般分布 $F(t)$, 其中 $\frac{1}{\lambda}=\int_0^{+\infty} t\mathrm{d}F(t)$, $(\lambda>0)$, 部件故障后的修理时间 Y 服从参数为 μ 的指数分布。进一步假定:

(1) 两个部件的工作寿命和修理时间都相互独立;

(2) 转换开关是完全可靠的,状态转移是瞬时的;

(3) 部件修复后,寿命分布像新部件一样;

(4) 贮备的部件既不出故障,也不劣化(即冷贮备)。

这个系统共有 3 个状态:

状态 0:一个部件开始工作,另一个部件贮备。新部件开始工作的时刻定义为系统进入状态 0 的时刻。

状态 1:一个部件开始工作,另一个部件开始修理。部件开始工作的时刻定义为系统进入状态 1 的时刻。

状态 2:一个部件发生故障,另一个部件在修理。部件发生故障的时刻定义为系统进入状态 2 的时刻。

显然,状态 2 是系统的故障状态。记 $E=\{0,1,2\}$。我们用 $X(t)$ 表示时刻 t 系统所处的状态。用 T_n 表示这个系统第 n 次发生状态转移的时刻($T_0=0$)。令 $Z_n=X(T_n)$, 它表示系统在第 n 次发生状态转移的时刻所进入的状态。由我们所定义的状态及指数分布的无记忆性易知,所有状态转移时刻 $T_n(n=1,2,\cdots)$ 均是再生点。即只要知道时刻 T_n 系统进入的状态 Z_n, 而 T_n 以后系统发展的概率规律与 T_n 以前的历史无关。因此$\{Z_n,T_n(n=0,1,\cdots)\}$是一个马尔可夫更新过程。$\{X(t),$

$t\geqslant0\}$是一个半马尔可夫过程。由半马尔可夫核的定义可知：

$$Q_{ij}(t)=\Pr\{Z_{n+1}=j,T_{n+1}-T_n\leqslant t\mid Z_n=i\},\quad i,j=0,1,2;n=0,1,2,\cdots$$

由状态之间的转移关系可知

$$\begin{cases}Q_{01}(t)=\Pr\{X\leqslant t\}=F(t)\\ Q_{11}(t)=\Pr\{X\leqslant t,Y<X\}=\int_0^t(1-e^{-\mu u})\mathrm{d}F(u)\\ Q_{12}(t)=\Pr\{X\leqslant t,X<Y\}=\int_0^t e^{-\mu u}\mathrm{d}F(u)\\ Q_{21}(t)=1-e^{-2\mu t}\\ Q_{ij}(t)=0,\quad 其他\ i,j\in E\end{cases}$$

对上述各式作 LS 变换，得

$$\begin{cases}\hat{Q}_{01}(s)=\hat{F}(s)\\ \hat{Q}_{11}(s)=\hat{F}(s)-\hat{F}(s+\mu)\\ \hat{Q}_{12}(s)=\hat{F}(s+\mu)\\ \hat{Q}_{21}(s)=\dfrac{2\mu}{s+2\mu}\end{cases}\tag{5-53}$$

令 $\Phi_i(t)=\Pr\{$系统首次故障前时间$\leqslant t\mid$时刻 0 系统进入状态 $i\}\ (i=0,1)$。由 $\Phi_i(t)$ 的定义及系统状态转移关系可知，$\Phi_i(t)$ 满足马尔可夫更新方程组

$$\begin{cases}\Phi_0(t)=Q_{01}(t)*\Phi_1(t)\\ \Phi_1(t)=Q_{11}(t)*\Phi_1(t)+Q_{12}(t)\end{cases}\tag{5-54}$$

实际上

$$\Phi_0(t)=\Pr\{系统首次故障前时间\ \tau\leqslant t\mid Z_0=0\}$$
$$=\Pr\{\tau\leqslant t,T_1>t\mid Z_0=0\}+\Pr\{\tau\leqslant t,T_1\leqslant t\mid Z_0=0\}$$

右端第一项中，事件 $T_1>t$ 表示时刻 t 系统仍停留在状态 0，它与 $\tau\leqslant t$ 不可能同时发生，故该项为零。右端第二项由全概率公式可得

$$\Pr\{\tau\leqslant t,T_1\leqslant t\mid Z_0=0\}$$
$$=\sum_{j\in E}\int_0^t\Pr\{\tau\leqslant t\mid Z_1=j,T_1=u,Z_0=0\}\mathrm{d}\Pr\{T_1\leqslant u,Z_1=j\mid Z_0=0\}$$

从状态 0 出发下一步只可能转移到状态 1，故上式右端只有 $j=1$ 这项。因此

$$\Phi_0(t)=\int_0^t\Pr\{\tau\leqslant t\mid Z_1=1,T_1=u,Z_0=0\}\mathrm{d}Q_{01}(u)$$
$$=\int_0^t\Phi_1(t-u)\mathrm{d}Q_{01}(u)=Q_{01}(t)*\Phi_1(t)$$

类似地,

$$\begin{aligned}\Phi_1(t) &= \Pr\{\tau \leqslant t \mid Z_0 = 1\} \\ &= \Pr\{\tau \leqslant t, T_1 > t \mid Z_0 = 1\} + \Pr\{\tau \leqslant t, T_1 \leqslant t \mid Z_0 = 1\} \\ &= \Pr\{\tau \leqslant t, T_1 \leqslant t \mid Z_0 = 1\} \\ &= \sum_{j \in E} \int_0^t \Pr\{\tau \leqslant t \mid Z_1 = j, T_1 = u, Z_0 = 1\} \mathrm{d}Q_{1j}(u) \\ &= Q_{11}(t) * \Phi_1(t) + Q_{12}(t) * 1\end{aligned}$$

对式(5-54)的两端作 LS 变换,得

$$\begin{cases}\hat{\Phi}_0(s) = \hat{Q}_{01}(s)\hat{\Phi}_1(s) \\ \hat{\Phi}_1(s) = \hat{Q}_{11}(s)\hat{\Phi}_1(s) + \hat{Q}_{12}(s)\end{cases}$$

解得

$$\begin{cases}\hat{\Phi}_0(s) = \dfrac{\hat{Q}_{01}(s)\hat{Q}_{12}(s)}{1-\hat{Q}_{11}(s)} = \dfrac{\hat{F}(s)\hat{F}(s+\mu)}{1-\hat{F}(s)+\hat{F}(s+\mu)} \\ \hat{\Phi}_1(s) = \dfrac{\hat{Q}_{12}(s)}{1-\hat{Q}_{11}(s)} = \dfrac{\hat{F}(s+\mu)}{1-\hat{F}(s)+\hat{F}(s+\mu)}\end{cases} \tag{5-55}$$

令 $T_i = \int_0^{+\infty} t\mathrm{d}\Phi_i(t)$,它表示时刻 t 系统从进入状态 i 出发的首次故障前平均时间($i=0,1$)。则由式(5-55),并注意到 $\hat{F}'(0) = -\dfrac{1}{\lambda}$,得

$$\begin{cases}T_0 = -\dfrac{\mathrm{d}}{\mathrm{d}s}\hat{\Phi}_0(s)\Big|_{s=0} = \dfrac{1+\hat{F}(\mu)}{\lambda\hat{F}(\mu)} \\ T_1 = -\dfrac{\mathrm{d}}{\mathrm{d}s}\hat{\Phi}_1(s)\Big|_{s=0} = \dfrac{1}{\lambda\hat{F}(\mu)}\end{cases}$$

我们令 $A_i(t) = \Pr\{$时刻 t 系统处于工作状态 | 时刻 0 系统进入状态 $i\}$ $(i=0,1,2)$。由 $A_i(t)$ 的定义及状态转移关系可知,它们满足马尔可夫更新方程组:

$$\begin{cases}A_0(t) = Q_{01}(t) * A_1(t) + [1-Q_{01}(t)] \\ A_1(t) = Q_{11}(t) * A_1(t) + Q_{12}(t) * A_2(t) + [1-Q_{11}(t)-Q_{12}(t)] \\ A_2(t) = Q_{21}(t) * A_1(t)\end{cases} \tag{5-56}$$

事实上,式(5-56)中的第二式

$$\begin{aligned}A_1(t) &= \Pr\{\text{时刻 } t \text{ 系统正常} \mid Z_0 = 1\} \\ &= \Pr\{\text{时刻 } t \text{ 系统正常}, T_1 > t \mid Z_0 = 1\}\end{aligned}$$

$$+\Pr\{时刻\ t\ 系统正常, T_1 \leqslant t \mid Z_0 = 1\}$$

右端第一项中,时刻 0 系统从进入状态 1 出发,$T_1>t$ 表示到时刻 t 系统没有发生过状态转移,仍停留在状态 1,故时刻 t 系统必然处于正常状态,因此右端第一项等于

$$\Pr\{T_1>t \mid Z_0=1\} = 1-Q_{11}(t)-Q_{12}(t)$$

右端第二项等于

$$\sum_{j\in E}\int_0^t \Pr\{时刻\ t\ 系统正常 \mid Z_1=j, T_1=u, Z_0=1\}\mathrm{d}Q_{1j}(u)$$

$$=\int_0^t A_1(t-u)\mathrm{d}Q_{11}(u) + \int_0^t A_2(t-u)\mathrm{d}Q_{12}(u)$$

式(5-56)中的第一式可类似证明。式(5-56)中的第三式

$$\begin{aligned}A_2(t) &= \Pr\{时刻\ t\ 系统正常 \mid Z_0=2\}\\ &= \Pr\{时刻\ t\ 系统正常, T_1>t \mid Z_0=2\} + \\ &\quad \Pr\{时刻\ t\ 系统正常, T_1\leqslant t \mid Z_0=2\}\end{aligned}$$

右端第一项中,时刻 0 系统从进入故障状态 2 出发,直到时刻 t 系统仍停留在状态 2。因此,时刻 t 系统不可能处于正常状态,故此项为零。右端第二项则为 $Q_{21}(t) * A_1(t)$。

对式(5-56)的两端作 L 变换,得

$$\begin{cases}A_0^*(s)=\hat{Q}_{01}(s)A_1^*(s)+\dfrac{1}{s}[1-\hat{Q}_{01}(s)]\\ A_1^*(s)=\hat{Q}_{11}(s)A_1^*(s)+\hat{Q}_{12}(s)A_2^*(s)+\dfrac{1}{s}[1-\hat{Q}_{11}(s)-\hat{Q}_{12}(s)]\\ A_2^*(s)=\hat{Q}_{21}(s)A_1^*(s)\end{cases}$$

解此方程组,并将式(5-53)代入,得系统可用度的 L 变换为

$$\begin{cases}A_1^*(s)=\dfrac{\dfrac{1}{s}[1-\hat{F}(s)]}{1-\hat{F}(s)+\hat{F}(s+\mu)\dfrac{s}{s+2\mu}}\\ A_2^*(s)=\dfrac{\dfrac{1}{s}[1-\hat{F}(s)]\dfrac{2\mu}{s+2\mu}}{1-\hat{F}(s)+\hat{F}(s+\mu)\dfrac{s}{s+2\mu}}\\ A_0^*(s)=\dfrac{\dfrac{1}{s}[1-\hat{F}(s)]\left[1+\hat{F}(s+\mu)\dfrac{s}{s+2\mu}\right]}{1-\hat{F}(s)+\hat{F}(s+\mu)\dfrac{s}{s+2\mu}}\end{cases}\tag{5-57}$$

由 L 变换的托贝尔定理可知,系统平均稳态可用度为

$$\widetilde{A}_i = \lim_{t\to+\infty} \frac{1}{t}\int_0^t A_i(u)\,\mathrm{d}u = \lim_{s\to 0} sA_i^*(s) = \frac{2\mu}{2\mu + \lambda\,\hat{F}(\mu)}, \quad i=0,1,2$$

右端与初始状态 i 无关。显然 $Q_{21}(t)$ 是非格点的,由定理 5.1.7 可知,极限

$$\lim_{t\to+\infty} A_i(t) = A$$

存在,且与状态 i 无关。因此,系统稳态可用度为

$$A = \lim_{t\to+\infty} A_i(t) = \lim_{t\to+\infty} \frac{1}{t}\int_0^t A_i(u)\,\mathrm{d}u = \frac{2\mu}{2\mu + \lambda\,\hat{F}(u)} \tag{5-58}$$

令 $N(t)$ 表示 $(0,t]$ 时间内系统的故障次数,则

$$M_i(t) = E[N(t) \mid Z_0 = i]$$

它表示时刻 0 系统从进入状态 i 出发,在 $(0,t]$ 内系统的平均故障次数($i=0,1,2$)。由定义可知,它们满足以下马尔可夫更新方程组:

$$\begin{cases} M_0(t) = Q_{01}(t) * M_1(t) \\ M_1(t) = Q_{11}(t) * M_1(t) + Q_{12}(t) * [M_2(t)+1] \\ M_2(t) = Q_{21}(t) * M_1(t) \end{cases} \tag{5-59}$$

事实上

$$\begin{aligned} M_0(t) &= E[N(t) \mid Z_0 = 0] \\ &= \sum_{j\in E} \int_0^t E[N(t) \mid Z_1 = j, T_1 = u, Z_0 = 0]\,\mathrm{d}Q_{0j}(u) + \\ &\quad E[N(t) \mid T_1 > t, Z_0 = 0]\Pr\{T_1 > t \mid Z_0 = 0\} \end{aligned}$$

从状态 0 出发,下一步只能转到状态 1,故右端前一项的求和中仅有 $j=1$ 这一项,而状态 1 是系统的正常状态。故右端前一项等于

$$\begin{aligned} &\int_0^t E[N(t) \mid Z_1 = 1, T_1 = u, Z_0 = 0]\,\mathrm{d}Q_{01}(u) \\ &= \int_0^t M_1(t-u)\,\mathrm{d}Q_{01}(u) = Q_{01}(t) * M_1(t) \end{aligned}$$

右端第二项中,在 $Z_0=0$ 和 $T_1>t$ 的条件下,$(0,t]$ 内系统一直停留在正常状态 0,故

$$E[N(t) \mid Z_0=0, T_1>t] = 0$$

式(5-59)的第三项可类似证明。式(5-59)中的第二式左端

$$\begin{aligned} M_1(t) &= E[N(t) \mid Z_0 = 1] \\ &= \sum_{j\in E} \int_0^t E[N(t) \mid Z_1 = j, T_1 = u, Z_0 = 1]\,\mathrm{d}Q_{1j}(u) + \\ &\quad E[N(t) \mid T_1 > t, Z_0 = 1]\Pr\{T_1 > t \mid Z_0 = 1\} \end{aligned}$$

右端第二项为零。右端第一项求和中有两项 $j=1,2$。因而

$$
\begin{aligned}
M_1(t) &= \int_0^t E[N(t) \mid Z_1 = 1, T_1 = u, Z_0 = 1] \mathrm{d}Q_{11}(u) + \\
&\quad \int_0^t E[N(t) \mid Z_1 = 2, T_1 = u, Z_0 = 1] \mathrm{d}Q_{12}(u) \\
&= \int_0^t M_1(t-u) \mathrm{d}Q_{11}(u) + \int_0^t [M_2(t-u) + 1] \mathrm{d}Q_{12}(u)
\end{aligned}
$$

后一项是由于在 $Z_0=1, Z_1=2, T_1=u$ 的条件下，在时刻 u 系统由正常状态 1 进入故障状态 2。故 $(0,t]$ 内系统的故障次数等于时刻 u 故障一次和时刻 u 从进入状态 2 出发，$(u,t]$ 中故障的次数。

$$E[N(t) \mid Z_1=2, T_1=u, Z_0=1] = M_2(t-u)+1$$

因此得式(5-59)的第二式。

对式(5-59)的两端作 LS 变换，得

$$
\begin{cases}
\hat{M}_0(s) = \hat{Q}_{01}(s)\hat{M}_1(s) \\
\hat{M}_1(s) = \hat{Q}_{11}(s)\hat{M}_1(s) + \hat{Q}_{12}(s)\hat{M}_2(s) + \hat{Q}_{12}(s) \\
\hat{M}_2(s) = \hat{Q}_{21}(s)\hat{M}_1(s)
\end{cases}
$$

解上述方程组，并将式(5-53)代入，得到

$$
\begin{cases}
\hat{M}_1(s) = \dfrac{\hat{F}(s+\mu)}{1-\hat{F}(s)+\hat{F}(s+\mu)\dfrac{s}{s+2\mu}} \\
\hat{M}_2(s) = \dfrac{2\mu}{s+2\mu}\hat{M}_1(s) \\
\hat{M}_0(s) = \hat{F}(s)\hat{M}_1(s)
\end{cases}
\tag{5-60}
$$

由托贝尔定理和式(5-60)可知，系统稳态故障频度为

$$M = \lim_{t\to+\infty} \frac{M_i(t)}{t} = \lim_{s\to 0} s\hat{M}_i(s) = \frac{2\lambda\mu\hat{F}(\mu)}{2\mu+\lambda\hat{F}(\mu)} \tag{5-61}$$

与初始状态 i 无关。

5.5.2　两个不同型部件的冷贮备系统

考虑由两个不同型部件和一个修理设备组成的冷贮备系统。假设部件 i 的工作寿命 X_i 和故障后的修理时间 Y_i 分别服从一般分布 $F_i(t)$ 和 $G_i(t)$，其均值分别为 $1/\lambda_i$ 和 $1/\mu_i(\lambda_i, \mu_i>0)(i=1,2)$。进一步假设：

(1) X_1, X_2, Y_1, Y_2 相互独立；

(2) 贮备部件既不故障也不劣化(冷贮备)；

(3) 转换开关是完全可靠的,状态转移是瞬时的;

(4) 故障的部件经修复后,寿命分布像新的部件一样。

首先我们定义系统的 3 种状态。

状态-1:进入状态-1 的时刻部件 1 开始工作,部件 2 贮备。其中部件 1 在开始工作时刻是新的。

状态 0:进入状态 0 的时刻部件 2 开始工作,部件 1 开始修理。

状态 1:进入状态 1 的时刻部件 1 开始工作,部件 2 开始修理。

初始状态-1 是滑过状态,即系统走出状态-1 后,再也不可能回到状态-1。易验证,进入状态 0 和状态 1 的时刻是系统的再生点。系统不存在其他再生点。令

$$X(t)=j,\text{当时刻 } t \text{ 系统处于状态 } j,\quad j=-1,0,1$$

用 T_n 表示系统第 n 次发生状态转移的时刻($T_0=0$)。令 $Z_n=X(T_n)$,它表示系统第 n 次发生状态转移时刻系统进入的状态,容易验证,$\{Z_n,T_n(n=0,1,\cdots)\}$ 是一个状态空间为 $E=\{-1,0,1\}$ 的马尔可夫更新过程,$\{X(t),t\geqslant 0\}$ 是一个半马尔可夫过程。用 $Q_{ij}(t)$ 表示其半马尔可夫核($i=-1,0,1;j=0,1$)。

为以下讨论问题方便,我们引进两个虚设状态。

状态 2:进入状态 2 的时刻为一个部件正在工作,另一个部件修理结束的时刻。

状态 3:进入状态 3 的时刻为一个部件正在修理,另一个部件发生故障的时刻。

由于部件的寿命和修理时间都是一般分布,因而进入状态 2 和状态 3 的时刻不是系统的再生点。马尔可夫更新过程从进入状态 0 到进入状态 1 的期间内,可能经过虚设状态 2,也可能经过虚设状态 3;同样,从进入状态 1 到进入状态 0 的期间内,可能经过虚设状态 2,也可能经过虚设状态 3。令 $Q_{ij}^{(k)}(t)$ 表示系统从状态 i 出发,经过虚设状态 k,下一步转到状态 j,且在状态 i 或 k 的逗留时间小于或等于 t 的概率。由此可计算出所有半马尔可夫核:

$$\begin{aligned}
Q_{-10}(t) &= \Pr\{X_1 \leqslant t\} = F_1(t),\\
Q_{01}(t) &= Q_{01}^{(2)}(t) + Q_{01}^{(3)}(t)\\
&= \Pr\{X_2 \leqslant t, X_2 > Y_1\} + \Pr\{Y_1 \leqslant t, Y_1 > X_2\}\\
&= \int_0^t G_1(u)\mathrm{d}F_2(u) + \int_0^t F_2(u)\mathrm{d}G_1(u)\\
&= F_2(t)G_1(t)\\
Q_{10}(t) &= Q_{10}^{(2)}(t) + Q_{10}^{(3)}(t)\\
&= \Pr\{X_1 \leqslant t, X_1 > Y_2\} + \Pr\{Y_2 \leqslant t, Y_2 > X_1\}\\
&= \int_0^t G_2(u)\mathrm{d}F_1(u) + \int_0^t F_1(u)\mathrm{d}G_2(u)\\
&= F_1(t)G_2(t)
\end{aligned}$$

为求系统的各种可靠性指标,我们还需用到

$$Q_{01}^{(2)}(t)=\int_0^t G_1(u)\mathrm{d}F_2(u)$$

$$Q_{10}^{(2)}(t)=\int_0^t G_2(u)\mathrm{d}F_1(u)$$

$$Q_{03}(t)=\Pr\{X_2\leqslant t,X_2<Y_1\}=\int_0^t \overline{G}_1(u)\mathrm{d}F_2(u)$$

$$Q_{13}(t)=\Pr\{X_1\leqslant t,X_1<Y_2\}=\int_0^t \overline{G}_2(u)\mathrm{d}F_1(u)$$

后两式的定义类似于半马尔可夫核,但是状态 3 是虚设状态,不是系统的再生点。易见,只有虚设状态 3 是系统的故障状态。对以上各式作 LS 变换,得

$$\begin{cases}\hat{Q}_{-10}(s)=\hat{F}_1(s)\\ \hat{Q}_{01}(s)=\int_0^{+\infty}\mathrm{e}^{-st}G_1(t)\mathrm{d}F_2(t)+\int_0^{+\infty}\mathrm{e}^{-st}F_2(t)\mathrm{d}G_1(t)\\ \hat{Q}_{10}(s)=\int_0^{+\infty}\mathrm{e}^{-st}G_2(t)\mathrm{d}F_1(t)+\int_0^{+\infty}\mathrm{e}^{-st}F_1(t)\mathrm{d}G_2(t)\\ \hat{Q}_{01}^{(2)}(s)=\int_0^{+\infty}\mathrm{e}^{-st}G_1(t)\mathrm{d}F_2(t)\\ \hat{Q}_{10}^{(2)}(s)=\int_0^{+\infty}\mathrm{e}^{-st}G_2(t)\mathrm{d}F_1(t)\\ \hat{Q}_{03}(s)=\int_0^{+\infty}\mathrm{e}^{-st}\overline{G}_1(t)\mathrm{d}F_2(t)\\ \hat{Q}_{13}(s)=\int_0^{+\infty}\mathrm{e}^{-st}\overline{G}_2(t)\mathrm{d}F_1(t)\end{cases}$$

令 $\Phi_i(t)$ 表示系统在时刻 0 进入状态 i 的条件下,系统首次故障前的时间分布,即

$$\Phi_i(t)=\Pr\{\text{系统首次故障前时间}\leqslant t\mid Z_0=i\},\quad i=-1,0,1$$

类似于式(5-55),可以证明它们满足马尔可夫更新方程组

$$\begin{cases}\Phi_{-1}(t)=Q_{-10}(t)*\Phi_0(t)\\ \Phi_0(t)=Q_{01}^{(2)}(t)*\Phi_1(t)+Q_{03}(t)\\ \Phi_1(t)=Q_{10}^{(2)}(t)*\Phi_0(t)+Q_{13}(t)\end{cases}$$

对上式作 LS 变换,解得

$$\begin{cases}\hat{\Phi}_0(s)=\dfrac{\hat{Q}_{01}^{(2)}(s)\hat{Q}_{13}(s)+\hat{Q}_{03}(s)}{1-\hat{Q}_{01}^{(2)}(s)\hat{Q}_{10}^{(2)}(s)}\\ \hat{\Phi}_1(s)=\dfrac{\hat{Q}_{10}^{(2)}(s)\hat{Q}_{03}(s)+\hat{Q}_{13}(s)}{1-\hat{Q}_{10}^{(2)}(s)\hat{Q}_{01}^{(2)}(s)}\\ \hat{\Phi}_{-1}(s)=\hat{F}_1(s)\hat{\Phi}_0(s)\end{cases}\tag{5-62}$$

令

$$T_i = \int_0^{+\infty} t\mathrm{d}\Phi_i(t), \quad i = -1,0,1$$

若时刻 0 系统从进入状态-1 出发,则系统首次故障前的平均时间为

$$T_{-1} = -\hat{\Phi}'_{-1}(0) = \frac{1}{\lambda_1} + \frac{\dfrac{1}{\lambda_2} + \dfrac{\hat{Q}_{01}^{(2)}(0)}{\lambda_1}}{1-\hat{Q}_{01}^{(2)}(0)\hat{Q}_{10}^{(2)}(0)} \tag{5-63}$$

类似,可求 T_0 和 T_1 的表达式。

令 $A_i(t) = \Pr\{$时刻 t 系统正常 $\mid Z_0 = i\}$ $(i=-1,0,1)$。类似于式(5-56),易证它们满足马尔可夫更新方程组

$$\begin{cases} A_{-1}(t) = Q_{-10}(t) * A_0(t) + [1-Q_{-10}(t)] \\ A_0(t) = Q_{01}(t) * A_1(t) + [1-Q_{03}(t) - Q_{01}^{(2)}(t)] \\ A_1(t) = Q_{10}(t) * A_0(t) + [1-Q_{13}(t) - Q_{10}^{(2)}(t)] \end{cases} \tag{5-64}$$

上式第二式右端第二项表示,时刻 0 系统从状态 0 出发,$(0,t]$ 内仍逗留在状态 0 或逗留在虚设状态 2,即$(0,t]$内系统不转入下一个再生点状态 1 和故障状态。此时,时刻 t 系统处于工作状态。第三式右端第二项的情况完全类似。由于

$$\begin{aligned} 1-Q_{03}(t)-Q_{01}^{(2)}(t) &= 1-\Pr\{X_2 \leqslant t, X_2<Y_1\} - \Pr\{X_2 \leqslant t, X_2>Y_1\} \\ &= 1-\Pr\{X_2 \leqslant t\} \\ &= 1-F_2(t) \end{aligned}$$

$$1-Q_{13}(t)-Q_{10}^{(2)}(t) = 1-F_1(t)$$

对式(5-64)两端作 L 变换,用到上两式的结果,立即可得到

$$\begin{cases} A_{-1}^*(s) = \hat{Q}_{-10}(s)A_0^*(s) + \dfrac{1}{s}[1-\hat{F}_1(s)] \\ A_0^*(s) = \hat{Q}_{01}(s)A_1^*(s) + \dfrac{1}{s}[1-\hat{F}_2(s)] \\ A_1^*(s) = \hat{Q}_{10}(s)A_0^*(s) + \dfrac{1}{s}[1-\hat{F}_1(s)] \end{cases}$$

解出上述方程组

$$\begin{cases} A_0^*(s) = \dfrac{1}{s} \cdot \dfrac{[1-\hat{F}_1(s)]\hat{Q}_{01}(s) + [1-\hat{F}_2(s)]}{1-\hat{Q}_{01}(s)\hat{Q}_{10}(s)} \\ A_1^*(s) = \dfrac{1}{s} \cdot \dfrac{[1-\hat{F}_2(s)]\hat{Q}_{10}(s) + [1-\hat{F}_1(s)]}{1-\hat{Q}_{01}(s)\hat{Q}_{10}(s)} \\ A_{-1}^*(s) = \hat{F}_1(s)A_0^*(s) + \dfrac{1}{s}[1-\hat{F}_1(s)] \end{cases} \tag{5-65}$$

由 L 变换的托贝尔定理,可得系统平均稳态可用度为

$$\widetilde{A}_i = \lim_{t\to+\infty} \frac{1}{t}\int_0^t A_i(u)\,\mathrm{d}u = \lim_{s\to0} sA_i^*(s) = \frac{\dfrac{1}{\lambda_1}+\dfrac{1}{\lambda_2}}{l},\quad i=-1,0,1 \qquad (5-66)$$

$\widetilde{A}_i$ 与初始状态 i 无关,其中

$$l = \frac{1}{\lambda_1}+\frac{1}{\lambda_2}+\frac{1}{\mu_1}+\frac{1}{\mu_2}-\int_0^{+\infty}\overline{F}_1(t)\,\overline{G}_2(t)\,\mathrm{d}t-\int_0^{+\infty}\overline{F}_2(t)\,\overline{G}_1(t)\,\mathrm{d}t \qquad (5-67)$$

当 $F_1(t)$,$F_2(t)$,$G_1(t)$ 和 $G_2(t)$ 之中,至少有一个是非格点分布,则 $Q_{01}(t)$ 和 $Q_{10}(t)$ 之中至少有一个是非格点的。由马尔可夫更新过程的极限定理可知极限 $\lim\limits_{t\to+\infty} A_i(t)=A$ 存在,且与初始状态 i 无关。因此,系统可用度为

$$A = \lim_{t\to+\infty} A_i(t) = \lim_{t\to+\infty}\frac{1}{t}\int_0^t A_i(u)\,\mathrm{d}u = \frac{\lambda_1+\lambda_2}{\lambda_1\lambda_2 l} \qquad (5-68)$$

其中 l 由式(5-67)给出。

令 $N(t)$ 表示$(0,t]$时间内系统故障次数,则

$$M_i(t)=E[N(t)\mid Z_0=i],\quad i=-1,0,1$$

类似于式(5-59),它们满足马尔可夫更新方程组

$$\begin{cases} M_{-1}(t)=Q_{-10}(t) * M_0(t) \\ M_0(t)=Q_{01}^{(2)}(t) * M_1(t)+Q_{01}^{(3)}(t) * [M_1(t)+1]+[Q_{03}(t)-Q_{01}^{(3)}(t)] \\ M_1(t)=Q_{10}^{(2)}(t) * M_0(t)+Q_{10}^{(3)}(t) * [M_0(t)+1]+[Q_{13}(t)-Q_{10}^{(3)}(t)] \end{cases} \qquad (5-69)$$

对上式作 LS 变换,得

$$\begin{cases} \hat{M}_{-1}(s)=\hat{Q}_{-10}(s)\hat{M}_0(s) \\ \hat{M}_0(s)=\hat{Q}_{01}(s)\hat{M}_1(s)+\hat{Q}_{03}(s) \\ \hat{M}_1(s)=\hat{Q}_{10}(s)\hat{M}_0(s)+\hat{Q}_{13}(s) \end{cases}$$

解出此方程组

$$\begin{cases} \hat{M}_0(s)=\dfrac{\hat{Q}_{01}(s)\hat{Q}_{13}(s)+\hat{Q}_{03}(s)}{1-\hat{Q}_{01}(s)\hat{Q}_{10}(s)} \\ \hat{M}_1(s)=\dfrac{\hat{Q}_{10}(s)\hat{Q}_{03}(s)+\hat{Q}_{13}(s)}{1-\hat{Q}_{01}(s)\hat{Q}_{10}(s)} \\ \hat{M}_{-1}(s)=\hat{F}_1(s)\hat{M}_0(s) \end{cases} \qquad (5-70)$$

由托贝尔定理可知稳态故障频度为

$$M=\lim_{t\to+\infty}\frac{M_i(t)}{t}=\lim_{s\to 0}s\hat{M}_i(s)=\frac{\hat{Q}_{03}(0)+\hat{Q}_{13}(0)}{l} \tag{5-71}$$

M 与初始状态 i 无关,其中 l 由式(5-67)给出。

5.6 可修单调关联系统

考虑一个由 n 个部件组成的可修单调关联系统,其中修理设备的个数充足,即每个部件故障后都可以立即进行修理,不存在等待修理的情况。假定当系统故障时,正常的部件仍然可能发生故障,其故障规律不受系统故障的干扰。假设第 i 个部件的寿命分布为 $F_i(t)$,有 $1/\lambda_i=\int_0^{+\infty}t\mathrm{d}F_i(t)\ (0<\lambda_i<+\infty)$,其故障后的修理时间分布为 $G_i(t)$,有 $1/\mu_i=\int_0^{+\infty}t\mathrm{d}G_i(t)\ (0<\mu_i<+\infty;i=1,2,\cdots,n)$。进一步假定,所有这些随机变量均相互独立,故障的部件经过修复后像新部件一样。

令该单调关联系统可用结构函数为

$$\phi=\phi(x_1,x_2,\cdots,x_n) \tag{5-72}$$

且可靠度函数为

$$R=h(p_1,p_2,\cdots,p_n) \tag{5-73}$$

由于修理设备充足,这 n 个部件各自独立运行。每一个部件的状态都是随时间正常和故障交替出现的过程。本章已讨论过单个部件更换的情形,因此可以求得第 i 个部件的可用度 $A_i(t)$ 和 A_i,故障频度 $m_i(t)$ 和 $M_i(i=1,2,\cdots,n)$。特别地,稳态可用度和稳态故障频度的公式分别为

$$\begin{cases}A_i=\dfrac{\mu_i}{\lambda_i+\mu_i}\\ M_i=\dfrac{\lambda_i\mu_i}{\lambda_i+\mu_i}, \quad i=1,2,\cdots,n\end{cases} \tag{5-74}$$

由以上讨论,我们可写出可修单调关联系统的瞬时可用度和稳态可用度为

$$\begin{cases}A(t)=h(A_1(t),A_2(t),\cdots,A_n(t))\\ A=h(A_1,A_2,\cdots,A_n)\end{cases} \tag{5-75}$$

在这一节中,我们假定系统中每个部件的寿命和修理时间均有有限的密度函数。在讨论系统故障频度之前,我们先来了解几个引理。

当一个部件从正常状态转为故障状态或从故障状态转为正常状态,我们称这个部件发生了一个事件。在一个指定的时间内,系统中各部件发生所有事件的总数称为系统在这段时间内发生的事件个数。

引理 5.6.1　对任何 $i=1,2,\cdots,n$ 和 $t\geqslant 0$ 及充分小的 $\Delta t>0$，存在有限的 $G_i(t)>0$ 和 $\Lambda_i(t)>0$，使得

$$\Pr\{\text{第}\ i\ \text{个部件在}(t,t+\Delta t]\text{内至少发生}\ j\ \text{个事件}\}\leqslant G_i(t)[\Lambda_i(t)\Delta t]^j,\quad j=1,2,\cdots$$

证明：由于第 i 个部件的寿命和修理时间具有有限密度，因而对任意 $t\geqslant 0$，存在有限的 $\Lambda_i(t)>0$，使得

$$\begin{cases}\max\limits_{0\leqslant u\leqslant t}[F_i(u+\Delta t)-F_i(u)]\leqslant\Lambda_i(t)\Delta t\\ \max\limits_{0\leqslant u\leqslant t}[G_i(u+\Delta t)-G_i(u)]\leqslant\Lambda_i(t)\Delta t\end{cases}\tag{5-76}$$

为简单起见，假设时刻0部件 i 是新的。用 $X_1,Y_1,X_2,Y_2,\cdots$ 分别表示部件 i 从时刻0开始交替出现的寿命和修理时间，且令

$$\begin{cases}S_0=0\\ S_k=\sum\limits_{r=1}^{k}(X_r+Y_r),\quad k=1,2,\cdots\end{cases}$$

用这些记号立即可得

$$\begin{aligned}&\Pr\{(t,t+\Delta t]\ \text{内至少发生一个事件}\}\\&=\sum_{k=0}^{+\infty}\Pr\{S_k\leqslant t<S_k+X_{k+1}\leqslant t+\Delta t\}+\sum_{k=1}^{+\infty}\Pr\{S_k+X_{k+1}\leqslant t<S_{k+1}\leqslant t+\Delta t\}\end{aligned}$$

和

$$\begin{aligned}&\Pr\{(t,t+\Delta t]\ \text{内至少发生两个事件}\}\\&=\sum_{k=0}^{+\infty}\Pr\{S_k\leqslant t<S_k+X_{k+1},S_{k+1}\leqslant t+\Delta t\}\\&\quad+\sum_{k=0}^{+\infty}\Pr\{S_k+X_{k+1}\leqslant t<S_{k+1},S_{k+1}+X_{k+2}\leqslant t+\Delta t\}\end{aligned}$$

一般地，当 j 是奇数时，即 $j=2l+1(l=0,1,\cdots)$，有

$$\begin{aligned}&\Pr\{(t,t+\Delta t]\ \text{内至少发生}\ j\ \text{个事件}\}\\&=\sum_{k=0}^{+\infty}\Pr\{S_k\leqslant t<S_k+X_{k+1},S_{k+l}+X_{k+l+1}\leqslant t+\Delta t\}+\\&\quad\sum_{k=0}^{+\infty}\Pr\{S_k+X_{k+1}\leqslant t<S_{k+1},S_{k+l+1}\leqslant t+\Delta t\}\\&=\sum_{k=0}^{+\infty}\int_0^t\Pr\{t-u<X_{k+1},X_{k+1}+Y_{k+1}+\cdots+X_{k+l+1}\leqslant t-u+\Delta t\}\mathrm{d}\Pr\{S_k\leqslant u\}+\\&\quad\sum_{k=0}^{+\infty}\int_0^t\Pr\{t-u<Y_{k+1},Y_{k+1}+X_{k+2}+\cdots+Y_{k+l+1}\leqslant t-u+\Delta t\}\mathrm{d}\Pr\{S_k+X_{k+1}\leqslant u\}\\&\leqslant\sum_{k=0}^{+\infty}\int_0^t\Pr\{t-u<X_{k+1}\leqslant t-u+\Delta t,Y_{k+1}\leqslant\Delta t,\cdots,X_{k+l+1}\leqslant\Delta t\}\mathrm{d}\Pr\{S_k\leqslant u\}+\end{aligned}$$

$$\sum_{k=0}^{+\infty}\int_0^t \Pr\{t-u<Y_{k+1}\leqslant t-u+\Delta t, X_{k+2}\leqslant \Delta t,\cdots,Y_{k+l+1}\leqslant \Delta t\}\mathrm{d}\Pr\{S_k+X_{k+1}\leqslant u\} \tag{5-77}$$

由于上式右端的被积函数中各事件都相互独立，并利用式(5-76)可得

$$\begin{aligned}&\Pr\{(t,t+\Delta t]\text{ 内至少发生 } j \text{ 个事件}\}\\ &\leqslant \sum_{k=0}^{+\infty}\int_0^t[\Lambda_i(t)\Delta t]^j\mathrm{d}\Pr\{S_k\leqslant u\}+\sum_{k=0}^{+\infty}\int_0^t[\Lambda_i(t)\Delta t]^j\mathrm{d}\Pr\{S_k+X_{k+1}\leqslant u\}\\ &=[\Lambda_i(t)\Delta t]^j\left[\sum_{k=0}^{+\infty}\Pr\{S_k\leqslant t\}+\sum_{k=0}^{+\infty}\Pr\{S_k+X_{k+1}\leqslant t\}\right]\\ &=[\Lambda_i(t)\Delta t]^j\{[1+\widetilde{M}(t)]+F(t)*[1+\widetilde{M}(t)]\}\end{aligned}$$

其中

$$\widetilde{M}(t)=\sum_{k-1}^{+\infty}\Pr\{S_k\leqslant t\}=\sum_{k=1}^{+\infty}F_i^{(k)}(t)*G_i^{(k)}(t)$$

是更新过程 $X_k+Y_k, k=1,2,\cdots$ 的更新函数。由于$\widetilde{M}(t)<+\infty$，因此存在有限的 $G_i(t)>0$，使得

$$\Pr\{(t,t+\Delta t]\text{内至少发生 } j \text{ 个事件}\}\leqslant C_i(t)[\Lambda_i(t)\Delta t]^j$$

当 j 为偶数时，即 $j=2l(l=1,2,\cdots)$，有

$$\begin{aligned}&\Pr\{(t,t+\Delta t]\text{ 内至少发生 } j \text{ 个事件}\}\\ &=\sum_{k=0}^{+\infty}\Pr\{S_k\leqslant t<S_k+X_{k+1},S_{k+l}\leqslant t+\Delta t\}+\\ &\quad\sum_{k=0}^{+\infty}\Pr\{S_k+X_{k+1}\leqslant t<S_{k+1},S_{k+l}+X_{k+l+1}\leqslant t+\Delta t\}\end{aligned}$$

此式与式(5-77)类似，可用同样方法证明引理的结论。

对于时刻 0 部件 i 不是新的情形，时刻 0 部件 i 从某个剩余寿命或剩余修理时间出发。此时，证明引理的方法是一样的。证毕。

显然，对任何部件 $i(i=1,2,\cdots,n)$，有

$$\Pr\{\text{部件 } i \text{ 在}(t,t+\Delta t]\text{内至少发生 0 个事件}\}=1$$

只要适当取 $C_i(t)\geqslant 1$，则

$$\Pr\{\text{部件 } i \text{ 在}(t,t+\Delta t]\text{内至少发生 0 个事件}\}\leqslant C_i(t) \tag{5-78}$$

故引理 5.6.1 对 $j=0$ 的情形也成立。

引理 5.6.2 对任意 $t\geqslant 0$ 及充分小的 $\Delta t>0$，存在有限的 $C(t)>0$ 和 $\Lambda(t)>0$，使得

$$\Pr\{\text{系统在}(t,t+\Delta t]\text{内至少发生 } j \text{ 个事件}\}\leqslant C(t)[n\Lambda(t)\Delta t]^j,\quad j=1,2,\cdots$$

证明：对任何 $t\geqslant 0$，令

$$\begin{cases}\Lambda(t)=\max\limits_{1\leqslant i\leqslant n}\Lambda_i(t)\\ C(t)=\prod\limits_{i=1}^{n}C_i(t)\end{cases}\tag{5-79}$$

显然,$\Lambda(t)>0$ 和 $C(t)>0$,均为有限。易见

$$\begin{aligned}&\Pr\{系统在(t,t+\Delta t]内至少发生 j 个事件\}\\&=\sum_{\substack{j_1+j_2+\cdots+j_n=j\\0\leqslant j_i\leqslant j}}\prod_{i=1}^{n}\Pr\{第 i 个部件在(t,t+\Delta t]内至少发生 j_i 个事件\}。\end{aligned}$$

将引理 5.6.1 的结果和式(5-78)代入上式右端,并使用式(5-79)的符号,我们有

$$\begin{aligned}&\Pr\{系统在(t,t+\Delta t]内至少发生 j 个事件\}\\&\leqslant\sum_{\substack{j_1+\cdots+j_n=j\\0\leqslant j_i\leqslant j}}\prod_{i=1}^{n}C_i(t)[\Lambda_i(t)\Delta t]^{j_i}\\&\leqslant C(t)\sum_{\substack{j_1+\cdots+j_n=j\\0\leqslant j_i\leqslant j}}[\Lambda(t)\Delta t]^{j}\\&\leqslant C(t)\sum_{\substack{j_1+\cdots+j_n=j\\0\leqslant j_i\leqslant j}}\frac{j!}{j_1!\,j_2!\cdots j_n!}[\Lambda(t)\Delta t]^{j}\\&=C(t)[n\Lambda(t)\Delta t]^{j}\end{aligned}$$

证毕。

引理 5.6.3　对任意 $t\geqslant0$ 和充分小的 $\Delta t>0$,有

$M_i(t+\Delta t)-M_i(t)$

$=\Pr\{$时刻 t 部件 i 正常,$(t,t+\Delta t]$内恰发生一个事件,且由正常转为故障$\}+$

$o(\Delta t)$,　$i=1,2,\cdots,n$

证明:由定义

$$\begin{aligned}M_i(t+\Delta t)-M_i(t)&=E[N_i(t+\Delta t)-N_i(t)]\\&=\sum_{k=1}^{+\infty}k\Pr\{N_i(t+\Delta t)-N_i(t)=k\}\end{aligned}$$

但是

$$\begin{aligned}&\sum_{k=2}^{+\infty}k\Pr\{N_i(t+\Delta t)-N_i(t)=k\}\\&=\sum_{k=2}^{+\infty}\sum_{j=1}^{k}\Pr\{N_i(t+\Delta t)-N_i(t)=k\}\end{aligned}$$

$$= \sum_{k=2}^{+\infty} \Pr\{N_i(t+\Delta t) - N_i(t) = k\} + \sum_{j=2}^{+\infty}\sum_{k=j}^{+\infty} \Pr\{N_i(t+\Delta t) - N_i(t) = k\}$$

$$= \Pr\{N_i(t+\Delta t) - N_i(t) \geqslant 2\} + \sum_{j=2}^{+\infty} \Pr\{N_i(t+\Delta t) - N_i(t) \geqslant j\}$$

$$\leqslant \Pr\{(t,t+\Delta t]\text{ 内部件 } i \text{ 至少发生两个事件}\}$$

$$+ \sum_{j=2}^{+\infty} \Pr\{(t,t+\Delta t]\text{ 内部件 } i \text{ 至少发生 } j \text{ 个事件}\}$$

$$\leqslant C_i(t)[\Lambda_i(t)\Delta t]^2 + \sum_{j=2}^{+\infty} C_i(t)[\Lambda_i(t)\Delta t]^j = o(\Delta t)$$

以上最后一个不等式是由引理 5.6.1 得到的。由于第 i 个部件在 $(t,t+\Delta t]$ 内至少发生两个事件的概率为 $o(\Delta t)$，因此 $(t,t+\Delta t]$ 内第 i 个部件发生一次故障只可能发生一个事件，且由正常转为故障。故

$\Pr\{N_i(t+\Delta t)-N_i(t)=1\}$

$=\Pr\{$时刻 t 部件 i 正常，$(t,t+\Delta t]$ 内恰发生一个事件，且由正常转为故障$\}+o(\Delta t)$

证毕。

令 $M(t)$ 为系统在 $(0,t]$ 内的平均故障次数，与引理 5.6.3 类似，用引理 5.6.2 的结果可证明以下引理成立。

引理 5.6.4 对任意 $t\geqslant 0$ 和充分小的 $\Delta t>0$，有

$M(t+\Delta t)-M(t)=\Pr\{$时刻 t 系统正常，在 $(t+\Delta t]$ 内系统恰发生一个事件，且由正常转为故障$\}+o(\Delta t)$

下面的定理给出了系统故障频度的有关结果。

定理 5.6.1 对任意 $t\geqslant 0$，有

$$m(t) = \sum_{j=1}^{n} [h(1_j,\boldsymbol{A}(t)) - h(0_j,\boldsymbol{A}(t))]m_j(t) \tag{5-80}$$

$$M = \sum_{j=1}^{n} [h(1_j,\boldsymbol{A}) - h(0_j,\boldsymbol{A})] \frac{\lambda_j\mu_j}{\lambda_j+\mu_j} \tag{5-81}$$

这里 $h(p_1,p_2,\cdots,p_n)$ 为系统的可靠度函数，及

$$\boldsymbol{A}(t)=(A_1(t),A_2(t),\cdots,A_n(t)),\boldsymbol{A}=(A_1,A_2,\cdots,A_n)$$

证明：令

$$X_i(t)=\begin{cases}1, & \text{时刻 } t \text{ 第 } i \text{ 个部件正常}\\ 0, & \text{时刻 } t \text{ 第 } i \text{ 个部件故障}\end{cases}$$

和

$$\boldsymbol{X}(t)=(X_1(t),X_2(t),\cdots,X_n(t))$$

由引理 5.6.4 可知

$$\begin{aligned}
&M(t+\Delta t)-M(t)\\
&=\Pr\left\{\begin{matrix}\text{时刻 } t \text{ 系统正常,在}(t,t+\Delta t]\text{ 时间内系统}\\ \text{恰发生一个事件,且由正常转为故障}\end{matrix}\right\}+o(\Delta t)\\
&=\sum_{j=1}^{n}\Pr\left\{\begin{matrix}\text{时刻 } t \text{ 系统正常,在}(t,t+\Delta t]\text{ 内由于}\\ \text{第 } j \text{ 个部件由正常转为故障而导致系统故障}\end{matrix}\right\}+o(\Delta t)\\
&=\sum_{j=1}^{n}\Pr\left\{\begin{matrix}(\cdot_j,\boldsymbol{X}(t))\text{ 是第 } j \text{ 个部件的关键路向量},(t,t+\Delta t]\\ \text{内第 } j \text{ 个部件恰发生一个事件,且由正常转为故障}\end{matrix}\right\}+o(\Delta t)
\end{aligned}$$

由所有部件之间的独立性和引理 5.6.3 可知

$$\begin{aligned}
&M(t+\Delta t)-M(t)\\
&=\sum_{j=1}^{n}\Pr\{(\cdot_j,\boldsymbol{X}(t))\text{ 是第 } j \text{ 个部件的关键路向量}\}\times\\
&\Pr\{\text{时刻 } t \text{ 部件 } j \text{ 正常},(t,t+\Delta t]\text{ 内恰发生一个事件,且由正常转为故障}\}+o(\Delta t)\\
&=\sum_{j=1}^{n}\Pr\{\phi(1_j,\boldsymbol{X}(t))-\phi(0_j,\boldsymbol{X}(t))=1\}[M_j(t+\Delta t)-M_j(t)]+o(\Delta t)\\
&=\sum_{j=1}^{n}E\{\phi(1_j,\boldsymbol{X}(t))-\phi(0_j,\boldsymbol{X}(t))\}m_j(t)\Delta t+o(\Delta t)\\
&=\sum_{j=1}^{n}[h(1_j,\boldsymbol{A}(t))-h(0_j,\boldsymbol{A}(t))]m_j(t)\Delta t+o(\Delta t)
\end{aligned}$$

将上式两端除以 Δt,令 $\Delta t\to 0$,由于右端极限存在,因此 $M(t)$ 可微,故得系统瞬时故障频度 $m(t)$,此即式(5-80)。将式(5-80)的两端 $t\to+\infty$,右端极限存在,故得系统稳态故障频度 M,此即式(5-81)。证毕。

系统的状态向量 $\boldsymbol{X}(t)=(X_1(t),X_2(t),\cdots,X_n(t))$ 的取值空间为

$$\Omega=\{(k_1,k_2,\cdots,k_n):k_i=0\text{ 或 }1;i=1,2,\cdots,n\}$$

系统正常状态全体的集合为 Ω 的子集

$$W=\{(k_1,k_2,\cdots,k_n):\phi(k_1,k_2,\cdots,k_n)=1\}$$

对任意 $\boldsymbol{K}=(k_1,k_2,\cdots,k_n)\in\Omega$,我们令

$$C_0(\boldsymbol{K})=\{i:k_i=0;i=1,2,\cdots,n\}$$

和

$$C_1(\boldsymbol{K})=\{i:k_i=1;i=1,2,\cdots,n\}$$

分别为状态向量 $\boldsymbol{K}$ 中分量为 0 的下标集和分量为 1 的下标集。

定理 5.6.2　系统稳态故障频度为

$$M=\sum_{\boldsymbol{K}\in W}\left[\prod_{i=1}^{n}A_i^{k_i}\bar{A}_i^{1-k_i}\right]\left[\sum_{j\in C_1(\boldsymbol{K})}\lambda_j-\sum_{j\in C_0(\boldsymbol{K})}\mu_j\right]\tag{5-82}$$

证明:由式(5-81)和 $A_j=\dfrac{\mu_j}{\lambda_j+\mu_j}$ 可知

$$
\begin{aligned}
M &= \sum_{j=1}^{n}\left[h(1_j,\boldsymbol{A})-h(0_j,\boldsymbol{A})\right]\frac{\lambda_j\mu_j}{\lambda_j+\mu_j}\\
&= \sum_{j=1}^{n}\sum_{(\cdot_j,\boldsymbol{K})}\left[\phi(1_j,\boldsymbol{K})-\phi(0_j,\boldsymbol{K})\right]\left[\prod_{\substack{i=1\\ i\neq j}}^{n}A_i^{k_i}\bar{A}_i^{1-k_i}\right]\times\frac{\lambda_j\mu_j}{\lambda_j+\mu_j}\\
&= \sum_{j=1}^{n}\sum_{(\cdot_j,\boldsymbol{K})}\phi(1_j,\boldsymbol{K})\left[\prod_{\substack{i=1\\ i\neq j}}^{n}A_i^{k_i}\bar{A}_i^{1-k_i}\right]A_j\lambda_j+\\
&\quad\ \sum_{j=1}^{n}\sum_{(\cdot_j,\boldsymbol{K})}\phi(0_j,\boldsymbol{K})\left[\prod_{\substack{i=1\\ i\neq j}}^{n}A_i^{k_i}\bar{A}_i^{1-k_i}\right]\bar{A}_j(-\mu_j)\\
&= \sum_{j=1}^{n}\sum_{\boldsymbol{K}}\phi(\boldsymbol{K})\left[\prod_{i=1}^{n}A_i^{k_i}\bar{A}_i^{1-k_i}\right]\left[\lambda_j^{k_j}(-\mu_j)^{1-k_j}\right]\\
&= \sum_{\boldsymbol{K}}\phi(\boldsymbol{K})\left[\prod_{i=1}^{n}A_i^{k_i}\bar{A}_i^{1-k_i}\right]\left[\sum_{j=1}^{n}\lambda_j^{k_j}(-\mu_j)^{1-k_j}\right]\\
&= \sum_{\boldsymbol{K}\in W}\left[\prod_{i=1}^{n}A_i^{k_i}\bar{A}_i^{1-k_i}\right]\left[\sum_{j\in C_1(\boldsymbol{K})}\lambda_j-\sum_{j\in C_0(\boldsymbol{K})}\mu_j\right]
\end{aligned}
$$

证毕。

由状态列举法可得系统可用度公式

$$A=h(\boldsymbol{A})=\sum_{\boldsymbol{K}\in W}\left[\prod_{i=1}^{n}A_i^{k_i}\bar{A}_i^{1-k_i}\right]\tag{5-83}$$

比较式(5-82)和式(5-83)可知,求系统故障频度只需将式(5-83)中的每项乘一个相应的因子。但是由于状态列举法计算量太大,要用式(5-83)和(5-82)计算 A 和 M 是不实际的。我们可用一些更有效的方法来求系统可靠度,例如可通过求系统的所有最小路集来求系统可靠度。若 P_k 为系统中第 k 条最小路正常这个事件,$P_1,P_2,\cdots,P_m$ 为所有最小路正常的事件,则系统正常事件是

$$S=\bigcup_{k=1}^{m}P_k=\sum_{k=1}^{r}B_k$$

其中 $\sum\limits_{k=1}^{r}B_k$ 为 $\bigcup\limits_{k=1}^{m}P_k$ 的互斥项之和(不交和)。因而系统可用度为

$$A=\sum_{k=1}^{r}\Pr\{B_k\}\tag{5-84}$$

通常,式(5-84)要比式(5-83)计算量小很多。与式(5-84)相对应,下列定理给出了系统故障频度的公式。

定理 5.6.3

$$M=\sum_{k=1}^{r}\Pr\{B_k\}\left[\sum_{j\in C_1(B_k)}\lambda_j-\sum_{j\in C_0(B_k)}\mu_j\right]\tag{5-85}$$

其中 $C_0(B_k)$ 表示出现在 B_k 中故障部件的下标集，$C_1(B_k)$ 表示出现在 B_k 中正常部件的下标集。

我们先来证明一个引理。

引理 5.6.5　若 I 为集合 $\{1,2,\cdots,n\}$ 的一个真子集，对任意 $l\in I(1\leqslant l\leqslant n)$，$(k_1,k_2,\cdots,k_n)\in\Omega$，有关系式

$$\prod_{i\in I}A_i^{k_i}\bar{A}_i^{1-k_i}=A_l\prod_{i\in I}A_i^{k_i}\bar{A}_i^{1-k_i}+\bar{A}_l\prod_{i\in I}A_i^{k_i}\bar{A}_i^{1-k_i}\tag{5-86}$$

对应地有

$$\begin{aligned}&\left[\prod_{i\in I}A_i^{k_i}\bar{A}_i^{1-k_i}\right]\left[\sum_{j\in C_1(I)}\lambda_j-\sum_{j\in C_0(I)}\mu_j\right]\\&=\left[A_l\prod_{i\in I}A_i^{k_i}\bar{A}_i^{1-k_i}\right]\left[\sum_{j\in C_1(I)}\lambda_j+\lambda_l-\sum_{j\in C_0(I)}\mu_j\right]+\\&\quad\left[\bar{A}_l\prod_{i\in I}A_i^{k_i}\bar{A}_i^{1-k_i}\right]\left[\sum_{j\in C_1(I)}\lambda_j-\sum_{j\in C_0(I)}\mu_j-\mu_l\right]\end{aligned}\tag{5-87}$$

其中

$$C_0(I)=\{j:k_j=0,j\in I\}$$
$$C_1(I)=\{j:k_j=1,j\in I\}$$

证明：由于 $A_l+\bar{A}_l=1$，立即可得式(5-86)。式(5-87)的右端等于

$$\left[\prod_{i\in I}A_i^{k_i}\bar{A}_i^{1-k_i}\right]\left[\sum_{j\in C_1(I)}\lambda_j-\sum_{j\in C_0(I)}\mu_j\right]+$$
$$\left[\prod_{i\in I}A_i^{k_i}\bar{A}_i^{1-k_i}\right]A_l\lambda_l-\left[\prod_{i\in I}A_i^{k_i}\bar{A}_i^{1-k_i}\right]\bar{A}_l\mu_l$$

由于 $A_l\lambda_l=\bar{A}_l\mu_l$，上式即为式(5-87)的左端。证毕。

我们用一个最简单的例子来解释定理 5.6.3 的证明思想。

例 5.6.1　一个由 3 个部件组成的 2/3(G) 可修系统。用状态列举法，得系统可用度为

$$A=A_1A_2A_3+A_1A_2\bar{A}_3+A_1\bar{A}_2A_3+\bar{A}_1A_2A_3\tag{5-88}$$

通过求所有最小路，再合并前两项，得

$$A=A_1A_2+A_1\bar{A}_2A_3+\bar{A}_1A_2A_3\tag{5-89}$$

显然，用式(5-86)，可将式(5-89)的每一项都分解成状态列举法所得的式(5-83)中的若干项。这里，将式(5-89)中的第一项分解成式(5-88)中的前两项。根据定理 5.6.2，由式(5-88)可得系统故障频度为

$$\begin{aligned}M=&A_1A_2A_3(\lambda_1+\lambda_2+\lambda_3)+A_1A_2\bar{A}_3(\lambda_1+\lambda_2-\mu_3)\\&+A_1\bar{A}_2A_3(\lambda_1+\lambda_3-\mu_2)+\bar{A}_1A_2A_3(\lambda_2+\lambda_3-\mu_1)\end{aligned}\tag{5-90}$$

由式(5-87)可将式(5-90)的前两项合并成一项,得到

$$M=A_1A_2(\lambda_1+\lambda_2)+A_1\bar{A}_2A_3(\lambda_1+\lambda_3-\mu_2)+\bar{A}_1A_2A_3(\lambda_2+\lambda_3-\mu_1)$$

此式正是定理 5.6.3 的结果。

一般地,要证明定理 5.6.3,只需从可用度式(5-84)出发,重复使用式(5-86)进行分解,最后可得可用度式(5-83)。由定理 5.6.2 可知,可用度式(5-83)对应的故障频度为式(5-82)。然后从式(5-82)出发,重复使用式(5-87),并通过合并一些项,将式(5-82)化成与式(5-84)对应的故障频度式(5-85)。

在较复杂的系统中,可用度式(5-84)要比式(5-83)简单得多。因此,故障频度式(5-85)也要比式(5-82)简单很多。

第6章

基于随机模糊寿命和维修时间的可修系统

在现实生活中，出现最多的是随机性和模糊性并存于同一可修系统中的情形。在本章中，我们假设各部件的寿命和维修时间分别为相互独立的随机模糊变量，在此基础上建立可修串联系统、可修并联系统、可修冷贮备系统、可修单调关联系统的可靠性数学模型，并针对每种系统进行可靠性分析，给出计算稳态可用度和稳态故障频度的数学表达式。

首先，给出稳态可用度和稳态故障频度的全新定义。若可修系统的工作时间 ξ_i 和故障时间 η_i 分别为定义在可信性空间 $(\boldsymbol{\Theta}_i,\mathbf{P}(\Theta_i),\mathrm{Cr}_i)$ 和 $(\boldsymbol{\tau}_i,\mathbf{P}(\tau_i),\mathrm{Cr}'_i)$ $(i=1,2,\cdots)$ 上的随机模糊变量，且工作时间和故障时间交替出现。令 $S(t)$ 为可修系统在时刻 t 的状态，若系统在 t 时刻正常运行时令 $S(t)=1$，若系统在 t 时刻故障，则令 $S(t)=0$。为方便起见，我们需要定义一个无限可信性乘积空间 $(\boldsymbol{\Theta},\mathbf{P}(\Theta),\mathrm{Cr})$，其中 $\theta\in\boldsymbol{\Theta},\boldsymbol{\Theta}=\prod_{i=1}^{+\infty}(\Theta_i,\tau_i),\mathrm{Cr}=\mathrm{Cr}_1\wedge\mathrm{Cr}'_1\wedge\mathrm{Cr}_2\wedge\mathrm{Cr}'_2\cdots$。

定义 6.1 设 $S(t)$ 为随机模糊可修系统在时刻 t 的状态，稳态可用度 A 定义为

$$A=\lim_{t\to+\infty}\mathrm{Ch}\{S(t)=1\}$$

若极限存在。

引理 6.1 随机模糊可修系统的稳态可用度为

$$A=\frac{1}{2}\left[\int_0^1(\lim_{t\to+\infty}\mathrm{Pr}\{S(t)(\theta)=1\})_\alpha^L+(\lim_{t\to+\infty}\mathrm{Pr}\{S(t)(\theta)=1\})_\alpha^U\right]\mathrm{d}\alpha$$

证明：由定义 6.1，定义 1.3.7 以及定理 1.2.23 可知

$$\begin{aligned}A&=\lim_{t\to+\infty}\mathrm{Ch}\{S(t)=1\}\\&=\lim_{t\to+\infty}\int_0^1\mathrm{Cr}\{\theta\in\boldsymbol{\Theta}\mid\mathrm{Pr}\{S(t)(\theta)=1\}\geqslant p\}\mathrm{d}p\\&=\frac{1}{2}\lim_{t\to+\infty}\int_0^1(\mathrm{Pr}_\alpha^L\{S(t)(\theta)=1\}+\mathrm{Pr}_\alpha^U\{S(t)(\theta)=1\})\mathrm{d}\alpha\end{aligned}\tag{6-1}$$

在任意时刻 t，有

$$0\leqslant \mathrm{Pr}_{\alpha}^{L}\{S(t)(\theta)=1\}+\mathrm{Pr}_{\alpha}^{U}\{S(t)(\theta)=1\}\leqslant 2$$

显然,常数函数 2 是关于 $\alpha,\alpha\in(0,1]$ 的可积函数,由控制收敛定理和式(6-1)可知

$$A=\frac{1}{2}\int_{0}^{1}(\lim_{t\to+\infty}\mathrm{Pr}_{\alpha}^{L}\{S(t)(\theta)=1\}+\lim_{t\to+\infty}\mathrm{Pr}_{\alpha}^{U}\{S(t)(\theta)=1\})\mathrm{d}\alpha \tag{6-2}$$

由于 $\mathrm{Pr}\{S(t)=1\}$ 是几乎处处连续的,那么有

$$(\lim_{t\to+\infty}\mathrm{Pr}\{S(t)(\theta)=1\})_{\alpha}^{L}=\lim_{t\to+\infty}\mathrm{Pr}_{\alpha}^{L}\{S(t)(\theta)=1\} \tag{6-3}$$

和

$$(\lim_{t\to+\infty}\mathrm{Pr}\{S(t)(\theta)=1\})_{\alpha}^{U}=\lim_{t\to+\infty}\mathrm{Pr}_{\alpha}^{U}\{S(t)(\theta)=1\} \tag{6-4}$$

由式(6-2),式(6-3)及式(6-4)可得

$$A=\frac{1}{2}\int_{0}^{1}[(\lim_{t\to+\infty}\mathrm{Pr}\{S(t)(\theta)=1\})_{\alpha}^{L}+(\lim_{t\to+\infty}\mathrm{Pr}\{S(t)(\theta)=1\})_{\alpha}^{U}]\mathrm{d}\alpha$$

证毕。

定义 6.2 若 $N(t)$ 表示在 $(0,t]$ 中系统发生的故障次数,稳态故障频度 M 定义为

$$M=\lim_{t\to+\infty}\frac{E[N(t)]}{t}$$

若极限 $\lim_{t\to+\infty}\frac{E[N(t)]}{t}$ 存在。

引理 6.2 随机模糊可修系统的稳态故障频度为

$$M=\frac{1}{2}\int_{0}^{1}\left\{\left(\lim_{t\to+\infty}\frac{E[N(t)(\theta)]}{t}\right)_{\alpha}^{L}+\left(\lim_{t\to+\infty}\frac{E[N(t)(\theta)]}{t}\right)_{\alpha}^{U}\right\}\mathrm{d}\alpha$$

证明:由定义 6.2,定义 1.3.9 及定理 1.2.23 可知

$$\begin{aligned}M&=\lim_{t\to+\infty}\frac{E[N(t)]}{t}\\&=\lim_{t\to+\infty}\int_{0}^{+\infty}\mathrm{Cr}\left\{\theta\in\boldsymbol{\Theta}\mid\frac{E[N(t)(\theta)]}{t}\geqslant r\right\}\mathrm{d}r\\&=\frac{1}{2}\lim_{t\to+\infty}\left\{\frac{E[N(t)(\theta)]_{\alpha}^{L}}{t}+\frac{E[N(t)(\theta)]_{\alpha}^{U}}{t}\right\}\mathrm{d}\alpha\end{aligned} \tag{6-5}$$

在任意时刻 t,存在一个有限常数 q 使得

$$0\leqslant\frac{E[N(t)(\theta)]_{\alpha}^{L}}{t}+\frac{E[N(t)(\theta)]_{\alpha}^{U}}{t}\leqslant q$$

显然,常数函数 q 是关于 $\alpha,\alpha\in(0,1]$ 的可积函数,由控制收敛定理和式(6-5)可知

$$M=\frac{1}{2}\int_0^1\left\{\lim_{t\to+\infty}\frac{E[N(t)(\theta)]_\alpha^L}{t}+\lim_{t\to+\infty}\frac{E[N(t)(\theta)]_\alpha^U}{t}\right\}\mathrm{d}\alpha \tag{6-6}$$

另一方面,由于$\frac{E[N(t)(\theta)]}{t}$是几乎处处连续的,那么

$$\left(\lim_{t\to+\infty}\frac{E[N(t)(\theta)]}{t}\right)_\alpha^L=\lim_{t\to+\infty}\frac{E[N(t)(\theta)]_\alpha^L}{t} \tag{6-7}$$

和

$$\left(\lim_{t\to+\infty}\frac{E[N(t)(\theta)]}{t}\right)_\alpha^U=\lim_{t\to+\infty}\frac{E[N(t)(\theta)]_\alpha^U}{t} \tag{6-8}$$

由式(6-6),式(6-7)和式(6-8)可得

$$M=\frac{1}{2}\int_0^1\left\{\left(\lim_{t\to+\infty}\frac{E[N(t)(\theta)]}{t}\right)_\alpha^L+\left(\lim_{t\to+\infty}\frac{E[N(t)(\theta)]}{t}\right)_\alpha^U\right\}\mathrm{d}\alpha$$

证毕。

6.1　串联系统

假设系统由 n 个部件串联而成,其中部件 i 的寿命 X_i 服从随机模糊指数分布,其参数 λ_i 为定义在可信性空间($\boldsymbol{\Theta}_i,\mathbf{P}(\Theta_i),\mathrm{Cr}_i$)上的模糊变量($i=1,2,\cdots,n$)。当部件发生故障立即进行修理,其余部件也停止工作不再发生故障,此时整个系统处于故障状态。假设部件 i 的维修时间 Y_i 也服从随机模糊指数分布,其参数 μ_i 为定义在可信性空间($\boldsymbol{\tau}_i,\mathbf{P}(\tau_i),\mathrm{Cr}_i'$)上的模糊变量($i=1,2,\cdots,n$)。在故障部件完成修复时,整个串联系统恢复工作状态,并假设系统修复如新。为简单起见,我们还假设在 $t=0$ 时,系统处于正常状态,且 X_i 与 Y_i($i=1,2,\cdots,n$)相互独立。易见,部件的修复时刻就是该串联系统的再生点。

定理 6.1.1　若部件 i 的寿命为随机模糊变量 X_i,相应的维修时间为随机模糊变量 Y_i,且 $X_i\sim\mathbf{EXP}(\lambda_i)$ 和 $Y_i\sim\mathbf{EXP}(\mu_i)$($i=1,2,\cdots,n$),则该可修串联系统的稳态可用度为

$$A=E\left[\frac{1}{1+\sum_{i=1}^{n}\frac{\boldsymbol{\lambda}_i}{\boldsymbol{\mu}_i}}\right]$$

证明:设 $A_{i,\alpha}=\{\theta_i\in\boldsymbol{\Theta}_i\mid\mu\{\theta_i\}\geqslant\alpha\}$ 和 $B_{i,\alpha}=\{\vartheta_i\in\tau_i\mid\mu\{\vartheta_i\}\geqslant\alpha\}$($i=1,2,\cdots,n$)。因为模糊变量 $E[X_i(\theta_i)]$,$E[Y_i(\vartheta_i)]$,$\theta_i\in\boldsymbol{\Theta}_i$,$\vartheta_i\in\tau_i$($i=1,2,\cdots,n$)的 α-悲观值和 α-乐观值对任意 $\alpha\in(0,1]$是几乎处处连续的,则至少存在点 $\theta_i',\theta_i''\in\mathbf{A}_{i,\alpha}$和 $\vartheta_i',\vartheta_i''\in\mathbf{B}_{i,\alpha}$($i=1,2,\cdots,n,$)使得

$$E[X_i(\theta_i')]=E[X_i(\theta_i)]_\alpha^L$$
$$E[X_i(\theta_i'')]=E[X_i(\theta_i)]_\alpha^U$$
$$E[Y_i(\vartheta_i')]=E[Y_i(\vartheta_i)]_\alpha^L$$
$$E[Y_i(\vartheta_i'')]=E[Y_i(\vartheta_i)]_\alpha^U$$

因此，对于 $\forall\theta_{i,\alpha}\in\mathbf{A}_{i,\alpha}$ 和 $\forall\vartheta_{i,\alpha}\in\mathbf{B}_{i,\alpha}$，$i=1,2,\cdots,n$，有

$$E[X_i(\theta_i')]\leqslant E[X_i(\theta_{i,\alpha})]\leqslant E[X_i(\theta_i'')] \tag{6-9}$$

和

$$E[Y_i(\vartheta_i')]\leqslant E[Y_i(\vartheta_{i,\alpha})]\leqslant E[Y_i(\vartheta_i'')] \tag{6-10}$$

因为 $X_i(\theta_i')$，$X_i(\theta_{i,\alpha})$，$X_i(\theta_i'')$ 和 $Y_i(\vartheta_i')$，$Y_i(\vartheta_{i,\alpha})$，$Y_i(\vartheta_i'')$ 分别为指数分布的随机变量，式(6-9)和式(6-10)即为

$$\frac{1}{\lambda_i(\theta_i')}\leqslant\frac{1}{\lambda_i(\theta_{i,\alpha})}\leqslant\frac{1}{\lambda_i(\theta_i'')}$$

和

$$\frac{1}{\mu_i(\vartheta_i')}\leqslant\frac{1}{\mu_i(\vartheta_{i,\alpha})}\leqslant\frac{1}{\mu_i(\vartheta_i'')}$$

因此对 $i=1,2,\cdots,n$，均有

$$\lambda_i(\theta_i'')\leqslant\lambda_i(\theta_{i,\alpha})\leqslant\lambda_i(\theta_i') \tag{6-11}$$

和

$$\mu_i(\vartheta_i'')\leqslant\mu_i(\vartheta_{i,\alpha})\leqslant\mu_i(\vartheta_i') \tag{6-12}$$

我们可以构建 3 个可修串联系统：

(1) 串联系统 1：部件 i 的寿命为 $X_i(\theta_i')$，相应的维修时间为 $Y_i(\vartheta_i'')$ $(i=1,2,\cdots,n)$。

(2) 串联系统 2：部件 i 的寿命为 $X_i(\theta_i'')$，相应的维修时间为 $Y_i(\vartheta_i')$ $(i=1,2,\cdots,n)$。

(3) 串联系统 3：部件 i 的寿命为 $X_i(\theta_{i,\alpha})$，相应的维修时间为 $Y_i(\vartheta_{i,\alpha})$ $(i=1,2,\cdots,n)$。

对于给定的 $\theta_{i,\alpha}\in\mathbf{A}_{i,\alpha}$ 和 $\vartheta_{i,\alpha}\in\mathbf{B}_{i,\alpha}$ $(i=1,2,\cdots,n)$，系统(1)、(2)和(3)是由 n 个部件构成的随机情形下的串联系统，稳态可用度分别记作 A_1，A_2 和 A_3。根据传统可靠性理论中的结论，我们可以得到

$$A_1=\frac{1}{1+\sum_{i=1}^{n}\frac{\lambda_i(\theta_i')}{\mu_i(\vartheta_i'')}}$$

$$A_2=\frac{1}{1+\sum_{i=1}^{n}\frac{\lambda_i(\theta_i'')}{\mu_i(\vartheta_i')}}$$

和

$$A_3 = \frac{1}{1 + \sum_{i=1}^{n} \frac{\lambda_i(\theta_{i,\alpha})}{\mu_i(\vartheta_{i,\alpha})}}$$

根据式(6-11)和式(6-12)可知

$$\frac{1}{1 + \sum_{i=1}^{n} \frac{\lambda_i(\theta'_i)}{\mu_i(\vartheta''_i)}} \leqslant \frac{1}{1 + \sum_{i=1}^{n} \frac{\lambda_i(\theta_{i,\alpha})}{\mu_i(\vartheta_{i,\alpha})}} \leqslant \frac{1}{1 + \sum_{i=1}^{n} \frac{\lambda_i(\theta''_i)}{\mu_i(\vartheta'_i)}}$$

由于 $\theta_{i,\alpha}$ 和 $\vartheta_{i,\alpha}$ 分别是 $A_{i,\alpha}$ 和 $B_{i,\alpha}(i=1,2,\cdots,n)$ 中的任意点，有

$$(\lim_{t\to+\infty} \Pr\{S(t)(\theta)=1\})_\alpha^L = \frac{1}{1 + \sum_{i=1}^{n} \frac{\lambda_i(\theta'_i)}{\mu_i(\vartheta''_i)}} \tag{6-13}$$

和

$$(\lim_{t\to+\infty} \Pr\{S(t)(\theta)=1\})_\alpha^U = \frac{1}{1 + \sum_{i=1}^{n} \frac{\lambda_i(\theta''_i)}{\mu_i(\vartheta'_i)}} \tag{6-14}$$

由式(6-11)和式(6-12)$(i=1,2,\cdots,n)$，可知

$$\lambda_{i,\alpha}^L = \lambda_i(\theta''_i) \tag{6-15}$$

$$\lambda_{i,\alpha}^U = \lambda_i(\theta'_i) \tag{6-16}$$

$$\mu_{i,\alpha}^L = \mu_i(\vartheta''_i) \tag{6-17}$$

$$\mu_{i,\alpha}^U = \mu_i(\vartheta'_i) \tag{6-18}$$

由引理6.1及式(6-13)至式(6-18)，可知

$$\begin{aligned} A &= \frac{1}{2}\left[\int_0^1 (\lim_{t\to+\infty} \Pr\{S(t)(\theta)=1\})_\alpha^L + (\lim_{t\to+\infty} \Pr\{S(t)(\theta)=1\})_\alpha^U\right] \mathrm{d}\alpha \\ &= \frac{1}{2}\int_0^1 \left(\frac{1}{1 + \sum_{i=1}^{n} \frac{\lambda_i(\theta'_i)}{\mu_i(\vartheta''_i)}} + \frac{1}{1 + \sum_{i=1}^{n} \frac{\lambda_i(\theta''_i)}{\mu_i(\vartheta'_i)}} \right) \mathrm{d}\alpha \\ &= \frac{1}{2}\int_0^1 \left(\frac{1}{1 + \sum_{i=1}^{n} \frac{\lambda_{i,\alpha}^U}{\mu_{i,\alpha}^L}} + \frac{1}{1 + \sum_{i=1}^{n} \frac{\lambda_{i,\alpha}^L}{\mu_{i,\alpha}^U}} \right) \mathrm{d}\alpha \\ &= \frac{1}{2}\int_0^1 \left(\left[\frac{1}{1 + \sum_{i=1}^{n} \frac{\lambda_i}{\mu_i}}\right]_\alpha^L + \left[\frac{1}{1 + \sum_{i=1}^{n} \frac{\lambda_i}{\mu_i}}\right]_\alpha^U \right) \mathrm{d}\alpha \end{aligned}$$

$$= E\left[\frac{1}{1+\sum_{i=1}^{n}\frac{\lambda_i}{\mu_i}}\right]$$

证毕。

注 6.1.1 若 X_i 和 $Y_i(i=1,2,\cdots,n)$ 退化为随机变量，则定理 6.1.1 的结论退化为

$$A = \frac{1}{1+\sum_{i=1}^{n}\frac{\lambda_i}{\mu_i}}$$

这与随机情形下的结论是一致的。

注 6.1.2 由定理 6.1.1 也可得到

$$\lim_{t\to+\infty}\mathrm{Ch}\{S(t)=0\} = 1 - \lim_{t\to+\infty}\mathrm{Ch}\{S(t)=1\}$$
$$= 1 - E\left[\frac{1}{1+\sum_{i=1}^{n}\frac{\lambda_i}{\mu_i}}\right]$$

定理 6.1.2 若部件 i 的寿命为随机模糊变量 X_i，相应的维修时间为随机模糊变量 Y_i，且 $X_i \sim \mathbf{EXP}(\lambda_i)$ 和 $Y_i \sim \mathbf{EXP}(\mu_i)(i=1,2,\cdots,n)$，那么该可修串联系统的稳态故障频度为

$$M = \frac{1}{2}\int_0^1\left\{\frac{\sum_{i=1}^{n}\lambda_{i,\alpha}^{L}}{1+\sum_{i=1}^{n}\frac{\lambda_{i,\alpha}^{L}}{\mu_{i,\alpha}^{L}}} + \frac{\sum_{i=1}^{n}\lambda_{i,\alpha}^{U}}{1+\sum_{i=1}^{n}\frac{\lambda_{i,\alpha}^{U}}{\mu_{i,\alpha}^{U}}}\right\}\mathrm{d}\alpha$$

证明：由定理 6.1.1 证明过程中的 $X_i(\theta_i')$，$X_i(\theta_{i,\alpha})$，$X_i(\theta_i'')$ 和 $Y_i(\vartheta_i')$，$Y_i(\vartheta_{i,\alpha})$，$Y_i(\vartheta_i'')$，我们也可以构建 3 个可修串联系统：

(1) 串联系统 1：部件 i 的寿命为 $X_i(\theta_i')$，相应的维修时间为 $Y_i(\vartheta_i')(i=1,2,\cdots,n)$。

(2) 串联系统 2：部件 i 的寿命为 $X_i(\theta_i'')$，相应的维修时间为 $Y_i(\vartheta_i'')(i=1,2,\cdots,n)$。

(3) 串联系统 3：部件 i 的寿命为 $X_i(\theta_{i,\alpha})$，相应的维修时间为 $Y_i(\vartheta_{i,\alpha})(i=1,2,\cdots,n)$。

易见，系统(1)、(2)和(3)是由 n 个部件构成的随机情形下的串联系统，稳态故障频度分别记作 M_1，M_2 和 M_3。根据传统可靠性理论中的结论，我们可以得到

$$M_1=\frac{\sum_{i=1}^{n}\lambda_i(\theta'_i)}{1+\sum_{i=1}^{n}\frac{\lambda_i(\theta'_i)}{\mu_i(\vartheta'_i)}}$$

$$M_2=\frac{\sum_{i=1}^{n}\lambda_i(\theta''_i)}{1+\sum_{i=1}^{n}\frac{\lambda_i(\theta''_i)}{\mu_i(\vartheta''_i)}}$$

和

$$M_3=\frac{\sum_{i=1}^{n}\lambda_i(\theta_{i,\alpha})}{1+\sum_{i=1}^{n}\frac{\lambda_i(\theta_{i,\alpha})}{\mu_i(\vartheta_{i,\alpha})}}$$

因为该串联系统是单调关联系统,因此有

$$M_2\leqslant M_3\leqslant M_1$$

由于 $\theta_{i,\alpha}$ 和 $\vartheta_{i,\alpha}$ 分别是 $A_{i,\alpha}$ 和 $B_{i,\alpha}(i=1,2,\cdots,n)$ 中的任意点,有

$$\left(\lim_{t\to+\infty}\frac{E[N(t)(\theta)]}{t}\right)_\alpha^L=M_2=\frac{\sum_{i=1}^{n}\lambda_i(\theta''_i)}{1+\sum_{i=1}^{n}\frac{\lambda_i(\theta''_i)}{\mu_i(\vartheta''_i)}}\tag{6-19}$$

和

$$\left(\lim_{t\to+\infty}\frac{E[N(t)(\theta)]}{t}\right)_\alpha^U=M_1=\frac{\sum_{i=1}^{n}\lambda_i(\theta'_i)}{1+\sum_{i=1}^{n}\frac{\lambda_i(\theta'_i)}{\mu_i(\vartheta'_i)}}\tag{6-20}$$

由引理 6.2 和式(6-15)至式(6-20)可得

$$\begin{aligned}M&=\frac{1}{2}\int_0^1\left\{\left(\lim_{t\to+\infty}\frac{E[N(t)(\theta)]}{t}\right)_\alpha^L+\left(\lim_{t\to+\infty}\frac{E[N(t)(\theta)]}{t}\right)_\alpha^U\right\}\mathrm{d}\alpha\\&=\frac{1}{2}\int_0^1\left\{\frac{\sum_{i=1}^{n}\lambda_i(\theta''_i)}{1+\sum_{i=1}^{n}\frac{\lambda_i(\theta''_i)}{\mu_i(\vartheta''_i)}}+\frac{\sum_{i=1}^{n}\lambda_i(\theta'_i)}{1+\sum_{i=1}^{n}\frac{\lambda_i(\theta'_i)}{\mu_i(\vartheta'_i)}}\right\}\mathrm{d}\alpha\end{aligned}$$

$$= \frac{1}{2}\int_0^1 \left\{ \frac{\sum_{i=1}^{n} \lambda_{i,\alpha}^{L}}{1 + \sum_{i=1}^{n} \frac{\lambda_{i,\alpha}^{L}}{\mu_{i,\alpha}^{L}}} + \frac{\sum_{i=1}^{n} \lambda_{i,\alpha}^{U}}{1 + \sum_{i=1}^{n} \frac{\lambda_{i,\alpha}^{U}}{\mu_{i,\alpha}^{U}}} \right\} d\alpha$$

证毕。

注 6.1.3 若 X_i 和 $Y_i(i=1,2,\cdots,n)$退化为随机变量，则定理 6.1.2 的结论退化为

$$M = \frac{\sum_{i=1}^{n} \lambda_i}{1 + \sum_{i=1}^{n} \frac{\lambda_i}{\mu_i}}$$

这与随机情形下的结论相一致。

例 6.1.1 假设某可修串联系统由两个同型部件构成，部件 i 的寿命和相应的维修时间分别为 X_i 和 Y_i，若 $X_i \sim \mathbf{EXP}(\lambda_i)$ 和 $Y_i \sim \mathbf{EXP}(\mu_i)(i=1,2)$，其中 $\lambda_1=(2,3,4)$，$\lambda_2=(2,3,4)$，$\mu_1=(4,5,6)$，$\mu_2=(4,5,6)$。首先计算

$$\lambda_{1,\alpha}^{L}=\lambda_{2,\alpha}^{L}=2+\alpha \quad \lambda_{1,\alpha}^{U}=\lambda_{2,\alpha}^{U}=4-\alpha$$

$$\mu_{1,\alpha}^{L}=\mu_{2,\alpha}^{L}=4+\alpha \quad \mu_{1,\alpha}^{U}=\mu_{2,\alpha}^{U}=6-\alpha$$

由定理 6.1.1 可得该串联系统的稳态可用度为

$$A = \frac{1}{2}\int_0^1 \left(\frac{1}{1 + \sum_{i=1}^{n} \frac{\lambda_{i,\alpha}^{U}}{\mu_{i,\alpha}^{L}}} + \frac{1}{1 + \sum_{i=1}^{n} \frac{\lambda_{i,\alpha}^{L}}{\mu_{i,\alpha}^{U}}} \right) d\alpha$$

$$= \frac{1}{2}\int_0^1 \left(\frac{1}{1 + \frac{2(4-\alpha)}{4+\alpha}} + \frac{1}{1 + \frac{2(2+\alpha)}{6-\alpha}} \right) d\alpha$$

$$\approx 0.4586$$

由定理 6.1.2 可得该串联系统的稳态故障频度为

$$M = \frac{1}{2}\int_0^1 \left\{ \frac{\sum_{i=1}^{n} \lambda_{i,\alpha}^{L}}{1 + \sum_{i=1}^{n} \frac{\lambda_{i,\alpha}^{L}}{\mu_{i,\alpha}^{L}}} + \frac{\sum_{i=1}^{n} \lambda_{i,\alpha}^{U}}{1 + \sum_{i=1}^{n} \frac{\lambda_{i,\alpha}^{U}}{\mu_{i,\alpha}^{U}}} \right\} d\alpha$$

$$= \frac{1}{2}\int_0^1 \left(\frac{2(2+\alpha)}{1 + \frac{2(2+\alpha)}{4+\alpha}} + \frac{2(4-\alpha)}{1 + \frac{2(4-\alpha)}{6-\alpha}} \right) d\alpha$$

$$\approx 2.7231$$

6.2　并联系统

这里我们讨论包含两个不同型部件和一个修理设备的可修并联系统。令部件 i 的工作时间为 X_i，维修时间为 $Y_i(i=1,2)$。假设 X_i 服从随机模糊指数分布，其参数 λ_i 为定义在可信性空间 $(\boldsymbol{\Theta}_i,\mathbf{P}(\Theta_i),\mathrm{Cr}_i)$ 上的模糊变量，Y_i 也服从随机模糊指数分布，其参数 μ_i 为定义在可信性空间 $(\boldsymbol{\tau}_i,\mathbf{P}(\tau_i),\mathrm{Cr}_i')$ 上的模糊变量 $(i=1,2)$。我们还假设 X_i 和 $Y_i(i=1,2)$ 是相互独立的，并且系统修复如新。

定理 6.2.1　该可修并联系统的稳态可用度为

$$A=\frac{1}{2}\int_0^1\left[\frac{1}{\sum_{j=0}^{2}m'_jv'_j}\left(\frac{v'_0}{\lambda_{1,\alpha}^U+\lambda_{2,\alpha}^U}+\frac{v'_1}{\lambda_{2,\alpha}^U+\mu_{1,\alpha}^L}+\frac{v'_2}{\lambda_{1,\alpha}^U+\mu_{2,\alpha}^L}\right)\right.$$
$$\left.+\frac{1}{\sum_{j=0}^{2}m''_jv''_j}\left(\frac{v''_0}{\lambda_{1,\alpha}^L+\lambda_{2,\alpha}^L}+\frac{v''_1}{\lambda_{2,\alpha}^L+\mu_{1,\alpha}^U}+\frac{v''_2}{\lambda_{1,\alpha}^L+\mu_{2,\alpha}^U}\right)\right]\mathrm{d}\alpha$$

其中

$$\begin{cases}m'_0=\dfrac{1}{\lambda_{1,\alpha}^U+\lambda_{2,\alpha}^U}\\ m'_1=\dfrac{1}{\mu_{1,\alpha}^L}\\ m'_2=\dfrac{1}{\mu_{2,\alpha}^L}\end{cases}\qquad\begin{cases}v'_0=1-\dfrac{\lambda_{1,\alpha}^U\lambda_{2,\alpha}^U}{(\lambda_{2,\alpha}^U+\mu_{1,\alpha}^L)(\lambda_{1,\alpha}^U+\mu_{2,\alpha}^L)}\\ v'_1=1-\dfrac{\lambda_{2,\alpha}^U\mu_{2,\alpha}^L}{(\lambda_{1,\alpha}^U+\lambda_{2,\alpha}^U)(\lambda_{1,\alpha}^U+\mu_{2,\alpha}^L)}\\ v'_2=1-\dfrac{\lambda_{1,\alpha}^U\mu_{1,\alpha}^L}{(\lambda_{1,\alpha}^U+\lambda_{2,\alpha}^U)(\lambda_{2,\alpha}^U+\mu_{1,\alpha}^L)}\end{cases}$$

$$\begin{cases}m''_0=\dfrac{1}{\lambda_{1,\alpha}^L+\lambda_{2,\alpha}^L}\\ m''_1=\dfrac{1}{\mu_{1,\alpha}^U}\\ m''_2=\dfrac{1}{\mu_{2,\alpha}^U}\end{cases}\qquad\begin{cases}v''_0=1-\dfrac{\lambda_{1,\alpha}^L\lambda_{2,\alpha}^L}{(\lambda_{2,\alpha}^L+\mu_{1,\alpha}^U)(\lambda_{1,\alpha}^L+\mu_{2,\alpha}^U)}\\ v''_1=1-\dfrac{\lambda_{2,\alpha}^L\mu_{2,\alpha}^U}{(\lambda_{1,\alpha}^L+\lambda_{2,\alpha}^L)(\lambda_{1,\alpha}^L+\mu_{2,\alpha}^L)}\\ v''_2=1-\dfrac{\lambda_{1,\alpha}^L\mu_{1,\alpha}^U}{(\lambda_{1,\alpha}^L+\lambda_{2,\alpha}^L)(\lambda_{2,\alpha}^L+\mu_{1,\alpha}^U)}\end{cases}$$

证明：设 $A_{i,\alpha}=\{\theta_i\in\boldsymbol{\Theta}_i\mid\mu\{\theta_i\}\geqslant\alpha\}$ 和 $B_{i,\alpha}=\{\vartheta_i\in\boldsymbol{\tau}_i\mid\mu\{\vartheta_i\}\geqslant\alpha\}(i=1,2)$。模糊变量 λ_i 和 μ_i 的 α-悲观值和 α-乐观值分别记作 $\lambda_{i,\alpha}^L,\lambda_{i,\alpha}^U,\mu_{i,\alpha}^L,\mu_{i,\alpha}^U(i=1,2)$。因此，对于任意 $\theta_{i,\alpha}\in\mathbf{A}_{i,\alpha}$ 以及 $\vartheta_{i,\alpha}\in\mathbf{B}_{i,\alpha}(i=1,2)$，有

$$\lambda_{i,\alpha}^L\leqslant\lambda_i(\theta_{i,\alpha})\leqslant\lambda_{i,\alpha}^U\tag{6-21}$$

和

$$\mu_{i,\alpha}^{L} \leqslant \mu_i(\vartheta_{i,\alpha}) \leqslant \mu_{i,\alpha}^{U} \tag{6-22}$$

我们可以构建 3 个不同型部件的可修并联系统。

(1) 并联系统 1:部件 i 的寿命 $X'_i \sim \exp(\lambda_{i,\alpha}^{U})$,相应的维修时间 $Y''_i \sim \exp(\mu_{i,\alpha}^{L})$ $(i=1,2)$。

(2) 并联系统 2:部件 i 的寿命 $X_i(\theta_{i,\alpha}) \sim \exp(\lambda_i(\theta_{i,\alpha}))$,相应的维修时间 $Y_i(\vartheta_{i,\alpha}) \sim \exp(\mu_i(\vartheta_{i,\alpha}))$ $(i=1,2)$。

(3) 并联系统 3:部件 i 的寿命 $X''_i \sim \exp(\lambda_{i,\alpha}^{L})$,相应的维修时间 $Y'_i \sim \exp(\mu_{i,\alpha}^{U})$ $(i=1,2)$。

由式(6-21)和式(6-22),可以得到

$$X'_i \leqslant_d X_i(\theta_{i,\alpha}) \leqslant_d X''_i, \quad i=1,2$$

和

$$Y'_i \leqslant_d Y_i(\vartheta_{i,\alpha}) \leqslant_d Y''_i, \quad i=1,2$$

若这 3 个并联系统(1)、(2)和(3)的稳态可用度分别记作 A_1,A_2 和 A_3,由于并联系统为单调关联系统,因此有

$$A_1 \leqslant A_2 \leqslant A_3$$

由于 $\theta_{i,\alpha}$ 和 $\vartheta_{i,\alpha}$ 分别为 $A_{i,\alpha}$ 和 $B_{i,\alpha}(i=1,2)$ 中的任意点,再由传统可靠性理论中的结论可得

$$\begin{aligned}&\left(\lim_{t\to+\infty}\Pr\{S(t)(\theta)=1\}\right)_{\alpha}^{L}\\&=A_1=\frac{1}{\sum_{j=0}^{2} m'_j v'_j}\left(\frac{v'_0}{\lambda_{1,\alpha}^{U}+\lambda_{2,\alpha}^{U}}+\frac{v'_1}{\lambda_{2,\alpha}^{U}+\mu_{1,\alpha}^{L}}+\frac{v'_2}{\lambda_{1,\alpha}^{U}+\lambda_{2,\alpha}^{L}}\right)\end{aligned} \tag{6-23}$$

其中

$$\begin{cases} m'_0=\dfrac{1}{\lambda_{1,\alpha}^{U}+\lambda_{2,\alpha}^{U}} \\ m'_1=\dfrac{1}{\mu_{1,\alpha}^{L}} \\ m'_2=\dfrac{1}{\mu_{2,\alpha}^{L}} \end{cases} \quad \begin{cases} v'_0=1-\dfrac{\lambda_{1,\alpha}^{U}\lambda_{2,\alpha}^{U}}{(\lambda_{2,\alpha}^{U}+\mu_{1,\alpha}^{L})(\lambda_{1,\alpha}^{U}+\mu_{2,\alpha}^{L})} \\ v'_1=1-\dfrac{\lambda_{2,\alpha}^{U}\mu_{2,\alpha}^{L}}{(\lambda_{1,\alpha}^{U}+\lambda_{2,\alpha}^{U})(\lambda_{1,\alpha}^{U}+\mu_{2,\alpha}^{L})} \\ v'_2=1-\dfrac{\lambda_{1,\alpha}^{U}\mu_{1,\alpha}^{L}}{(\lambda_{1,\alpha}^{U}+\lambda_{2,\alpha}^{U})(\lambda_{2,\alpha}^{U}+\mu_{1,\alpha}^{L})} \end{cases}$$

和

$$\begin{aligned}&\left(\lim_{t\to+\infty}\Pr\{S(t)(\theta)=1\}\right)_{\alpha}^{U}\\&=A_3=\frac{1}{\sum_{j=0}^{2} m''_j v''_j}\left(\frac{v''_0}{\lambda_{1,\alpha}^{L}+\lambda_{2,\alpha}^{L}}+\frac{v''_1}{\lambda_{2,\alpha}^{L}+\mu_{1,\alpha}^{U}}+\frac{v''_2}{\lambda_{1,\alpha}^{L}+\lambda_{2,\alpha}^{U}}\right)\end{aligned} \tag{6-24}$$

其中

$$\begin{cases} m_0''=\dfrac{1}{\lambda_{1,\alpha}^L+\lambda_{2,\alpha}^L} \\ m_1''=\dfrac{1}{\mu_{1,\alpha}^U} \\ m_2''=\dfrac{1}{\mu_{2,\alpha}^U} \end{cases} \qquad \begin{cases} v_0''=1-\dfrac{\lambda_{1,\alpha}^L\lambda_{2,\alpha}^L}{(\lambda_{2,\alpha}^L+\mu_{1,\alpha}^U)(\lambda_{1,\alpha}^L+\mu_{2,\alpha}^U)} \\ v_1''=1-\dfrac{\lambda_{2,\alpha}^L\mu_{2,\alpha}^U}{(\lambda_{1,\alpha}^L+\lambda_{2,\alpha}^L)(\lambda_{1,\alpha}^L+\mu_{2,\alpha}^L)} \\ v_2''=1-\dfrac{\lambda_{1,\alpha}^L\mu_{1,\alpha}^U}{(\lambda_{1,\alpha}^L+\lambda_{2,\alpha}^L)(\lambda_{2,\alpha}^L+\mu_{1,\alpha}^U)} \end{cases}$$

由引理6.1，式(6-23)和式(6-24)可得

$$A=\frac{1}{2}\int_0^1\left[\left(\lim_{t\to+\infty}\Pr\{S(t)(\theta)=1\}\right)_\alpha^L+\left(\lim_{t\to+\infty}\Pr\{S(t)(\theta)=1\}\right)_\alpha^U\right]\mathrm{d}\alpha$$

$$=\frac{1}{2}\int_0^1\left[\frac{1}{\sum\limits_{j=0}^{2}m_j'v_j'}\left(\frac{v_0'}{\lambda_{1,\alpha}^U+\lambda_{2,\alpha}^U}+\frac{v_1'}{\lambda_{2,\alpha}^U+\mu_{1,\alpha}^L}+\frac{v_2'}{\lambda_{1,\alpha}^U+\lambda_{2,\alpha}^L}\right)+\right.$$

$$\left.\frac{1}{\sum\limits_{j=0}^{2}m_j''v_j''}\left(\frac{v_0''}{\lambda_{1,\alpha}^L+\lambda_{2,\alpha}^L}+\frac{v_1''}{\lambda_{2,\alpha}^L+\mu_{1,\alpha}^U}+\frac{v_2''}{\lambda_{1,\alpha}^L+\lambda_{2,\alpha}^U}\right)\right]\mathrm{d}\alpha$$

其中

$$\begin{cases} m_0'=\dfrac{1}{\lambda_{1,\alpha}^U+\lambda_{2,\alpha}^U} \\ m_1'=\dfrac{1}{\mu_{1,\alpha}^L} \\ m_2'=\dfrac{1}{\mu_{2,\alpha}^L} \end{cases} \qquad \begin{cases} v_0'=1-\dfrac{\lambda_{1,\alpha}^U\lambda_{2,\alpha}^U}{(\lambda_{2,\alpha}^U+\mu_{1,\alpha}^L)(\lambda_{1,\alpha}^U+\mu_{2,\alpha}^L)} \\ v_1'=1-\dfrac{\lambda_{2,\alpha}^U\mu_{2,\alpha}^L}{(\lambda_{1,\alpha}^U+\lambda_{2,\alpha}^U)(\lambda_{1,\alpha}^U+\mu_{2,\alpha}^L)} \\ v_2'=1-\dfrac{\lambda_{1,\alpha}^U\mu_{1,\alpha}^L}{(\lambda_{1,\alpha}^U+\lambda_{2,\alpha}^U)(\lambda_{2,\alpha}^U+\mu_{1,\alpha}^L)} \end{cases}$$

$$\begin{cases} m_0''=\dfrac{1}{\lambda_{1,\alpha}^L+\lambda_{2,\alpha}^L} \\ m_1''=\dfrac{1}{\mu_{1,\alpha}^U} \\ m_2''=\dfrac{1}{\mu_{2,\alpha}^U} \end{cases} \qquad \begin{cases} v_0''=1-\dfrac{\lambda_{1,\alpha}^L\lambda_{2,\alpha}^L}{(\lambda_{2,\alpha}^L+\mu_{1,\alpha}^U)(\lambda_{1,\alpha}^L+\mu_{2,\alpha}^U)} \\ v_1''=1-\dfrac{\lambda_{2,\alpha}^L\mu_{2,\alpha}^U}{(\lambda_{1,\alpha}^L+\lambda_{2,\alpha}^L)(\lambda_{1,\alpha}^L+\mu_{2,\alpha}^L)} \\ v_2''=1-\dfrac{\lambda_{1,\alpha}^L\mu_{1,\alpha}^U}{(\lambda_{1,\alpha}^L+\lambda_{2,\alpha}^L)(\lambda_{2,\alpha}^L+\mu_{1,\alpha}^U)} \end{cases}$$

证毕。

注6.2.1 若 X_i 和 $Y_i(i=1,2)$ 退化为随机变量，则定理6.2.1的结果退化为

$$A=\frac{1}{\sum_{j=0}^{2}m_jv_j}\left(\frac{v_0}{\lambda_1+\lambda_2}+\frac{v_1}{\lambda_2+\mu_1}+\frac{v_2}{\lambda_1+\mu_2}\right)$$

其中

$$\begin{cases}m_0=\dfrac{1}{\lambda_1+\lambda_2}\\ m_1=\dfrac{1}{\mu_1}\\ m_2=\dfrac{1}{\mu_2}\end{cases}\qquad\begin{cases}v_0=1-\dfrac{\lambda_1\lambda_2}{(\lambda_2+\mu_1)(\lambda_1+\mu_2)}\\ v_1=1-\dfrac{\lambda_2\mu_2}{(\lambda_1+\lambda_2)(\lambda_1+\mu_2)}\\ v_2=1-\dfrac{\lambda_1\mu_1}{(\lambda_1+\lambda_2)(\lambda_1+\mu_1)}\end{cases}$$

这与随机情形下的结论是一致的。

定理 6.2.2 该可修并联系统的稳态故障频度为

$$M=\frac{1}{2}\int_0^1\left[\frac{1}{\sum_{j=0}^{2}n_j'u_j'}\left(\frac{u_1'\lambda_{2,\alpha}^U}{\lambda_{2,\alpha}^U+u_{1,\alpha}^U}+\frac{u_2'\lambda_{1,\alpha}^U}{\lambda_{1,\alpha}^U+u_{2,\alpha}^U}\right)+\frac{1}{\sum_{j=0}^{2}n_j''u_j''}\left(\frac{u_1''\lambda_{2,\alpha}^L}{\lambda_{2,\alpha}^L+u_{1,\alpha}^L}+\frac{u_2''\lambda_{1,\alpha}^L}{\lambda_{1,\alpha}^L+u_{2,\alpha}^L}\right)\right]\mathrm{d}\alpha$$

其中

$$\begin{cases}n_0'=\dfrac{1}{\lambda_{1,\alpha}^U+\lambda_{2,\alpha}^U}\\ n_1'=\dfrac{1}{\mu_{1,\alpha}^U}\\ n_2'=\dfrac{1}{\mu_{2,\alpha}^U}\end{cases}\qquad\begin{cases}u_0'=1-\dfrac{\lambda_{1,\alpha}^U\lambda_{2,\alpha}^U}{(\lambda_{2,\alpha}^U+\mu_{1,\alpha}^U)(\lambda_{1,\alpha}^U+\mu_{2,\alpha}^U)}\\ u_1'=1-\dfrac{\lambda_{2,\alpha}^U\mu_{2,\alpha}^U}{(\lambda_{1,\alpha}^U+\lambda_{2,\alpha}^U)(\lambda_{1,\alpha}^U+\mu_{2,\alpha}^U)}\\ u_2'=1-\dfrac{\lambda_{1,\alpha}^U\mu_{1,\alpha}^U}{(\lambda_{1,\alpha}^U+\lambda_{2,\alpha}^U)(\lambda_{2,\alpha}^U+\mu_{1,\alpha}^U)}\end{cases}$$

$$\begin{cases}n_0''=\dfrac{1}{\lambda_{1,\alpha}^L+\lambda_{2,\alpha}^L}\\ n_1''=\dfrac{1}{\mu_{1,\alpha}^L}\\ n_2''=\dfrac{1}{\mu_{2,\alpha}^L}\end{cases}\qquad\begin{cases}u_0''=1-\dfrac{\lambda_{1,\alpha}^L\lambda_{2,\alpha}^L}{(\lambda_{2,\alpha}^L+\mu_{1,\alpha}^U)(\lambda_{1,\alpha}^L+\mu_{2,\alpha}^U)}\\ u_1''=1-\dfrac{\lambda_{2,\alpha}^L\mu_{2,\alpha}^L}{(\lambda_{1,\alpha}^L+\lambda_{2,\alpha}^L)(\lambda_{1,\alpha}^L+\mu_{2,\alpha}^L)}\\ u_2''=1-\dfrac{\lambda_{1,\alpha}^L\mu_{1,\alpha}^L}{(\lambda_{1,\alpha}^L+\lambda_{2,\alpha}^L)(\lambda_{2,\alpha}^L+\mu_{1,\alpha}^L)}\end{cases}$$

证明:我们可以构建 3 个不同型部件的可修并联系统。

(1) 并联系统 1：部件 i 的寿命 $X_i'\sim\mathbf{EXP}(\lambda_{i,\alpha}^U)$，相应的维修时间 $Y_i'\sim\mathbf{EXP}(\mu_{i,\alpha}^U)(i=1,2)$。

(2) 并联系统 2：部件 i 的寿命 $X_i(\theta_{i,\alpha})\sim\mathbf{EXP}(\lambda_i(\theta_{i,\alpha}))$，相应的维修时间 $Y_i(\vartheta_{i,\alpha})\sim\mathbf{EXP}(\mu_i(\vartheta_{i,\alpha}))(i=1,2)$。

(3) 并联系统 3：部件 i 的寿命 $X_i'' \sim \mathbf{EXP}(\lambda_{i,\alpha}^L)$，相应的维修时间 $Y_i'' \sim \mathbf{EXP}(\mu_{i,\alpha}^L)(i=1,2)$。

并联系统(1)、(2)和(3)的稳态故障频度分别记作 M_1, M_2 和 M_3，由于该并联系统为单调关联系统,因此有

$$M_3 \leqslant M_2 \leqslant M_1$$

由于 $\theta_{i,\alpha}$ 和 $\vartheta_{i,\alpha}$ 分别是 $A_{i,\alpha}$ 和 $B_{i,\alpha}(i=1,2)$ 中的任意点,再由传统可靠性理论中的结论可知

$$\left(\lim_{t\to+\infty}\frac{E[N(t)(\theta)]}{t}\right)_\alpha^L = M_3 = \frac{1}{\sum_{j=0}^{2} n_j'' u_j''}\left(\frac{u_1''\lambda_{2,\alpha}^L}{\lambda_{2,\alpha}^L + u_{1,\alpha}^L} + \frac{u_2''\lambda_{1,\alpha}^L}{\lambda_{1,\alpha}^L + u_{2,\alpha}^L}\right) \quad (6-25)$$

其中

$$\begin{cases} n_0'' = \dfrac{1}{\lambda_{1,\alpha}^L + \lambda_{2,\alpha}^L} \\ n_1'' = \dfrac{1}{\mu_{1,\alpha}^L} \\ n_2'' = \dfrac{1}{\mu_{2,\alpha}^L} \end{cases} \qquad \begin{cases} u_0'' = 1 - \dfrac{\lambda_{1,\alpha}^L \lambda_{2,\alpha}^L}{(\lambda_{2,\alpha}^L + \mu_{1,\alpha}^U)(\lambda_{1,\alpha}^L + \mu_{2,\alpha}^U)} \\ u_1'' = 1 - \dfrac{\lambda_{2,\alpha}^L \mu_{2,\alpha}^L}{(\lambda_{1,\alpha}^L + \lambda_{2,\alpha}^L)(\lambda_{1,\alpha}^L + \mu_{2,\alpha}^L)} \\ u_2'' = 1 - \dfrac{\lambda_{1,\alpha}^L \mu_{1,\alpha}^L}{(\lambda_{1,\alpha}^L + \lambda_{2,\alpha}^L)(\lambda_{2,\alpha}^L + \mu_{1,\alpha}^L)} \end{cases}$$

和

$$\left(\lim_{t\to+\infty}\frac{E[N(t)(\theta)]}{t}\right)_\alpha^U = M_1 = \frac{1}{\sum_{j=0}^{2} n_j' u_j'}\left(\frac{u_1'\lambda_{2,\alpha}^U}{\lambda_{2,\alpha}^U + u_{1,\alpha}^U} + \frac{u_2'\lambda_{1,\alpha}^U}{\lambda_{1,\alpha}^U + u_{2,\alpha}^U}\right) \quad (6-26)$$

其中

$$\begin{cases} n_0' = \dfrac{1}{\lambda_{1,\alpha}^U + \lambda_{2,\alpha}^U} \\ n_1' = \dfrac{1}{\mu_{1,\alpha}^U} \\ n_2' = \dfrac{1}{\mu_{2,\alpha}^U} \end{cases} \qquad \begin{cases} u_0' = 1 - \dfrac{\lambda_{1,\alpha}^U \lambda_{2,\alpha}^U}{(\lambda_{2,\alpha}^U + \mu_{1,\alpha}^U)(\lambda_{1,\alpha}^U + \mu_{2,\alpha}^U)} \\ u_1' = 1 - \dfrac{\lambda_{2,\alpha}^U \mu_{2,\alpha}^U}{(\lambda_{1,\alpha}^U + \lambda_{2,\alpha}^U)(\lambda_{1,\alpha}^U + \mu_{2,\alpha}^U)} \\ u_2' = 1 - \dfrac{\lambda_{1,\alpha}^U \mu_{1,\alpha}^U}{(\lambda_{1,\alpha}^U + \lambda_{2,\alpha}^U)(\lambda_{2,\alpha}^U + \mu_{1,\alpha}^U)} \end{cases}$$

由式(6-25)和式(6-26)可得

$$\begin{aligned} M &= \frac{1}{2}\int_0^1 \left\{\left(\lim_{t\to+\infty}\frac{E[N(t)(\theta)]}{t}\right)_\alpha^L + \left(\lim_{t\to+\infty}\frac{E[N(t)(\theta)]}{t}\right)_\alpha^U\right\} d\alpha \\ &= \frac{1}{2}\int_0^1 \left[\frac{1}{\sum_{j=0}^{2} n_j' u_j'}\left(\frac{u_1'\lambda_{2,\alpha}^U}{\lambda_{2,\alpha}^U + u_{1,\alpha}^U} + \frac{u_2'\lambda_{1,\alpha}^U}{\lambda_{1,\alpha}^U + u_{2,\alpha}^U}\right) + \frac{1}{\sum_{j=0}^{2} n_j'' u_j''}\left(\frac{u_1''\lambda_{2,\alpha}^L}{\lambda_{2,\alpha}^L + u_{1,\alpha}^L} + \frac{u_2''\lambda_{1,\alpha}^L}{\lambda_{1,\alpha}^L + u_{2,\alpha}^L}\right)\right] d\alpha \end{aligned}$$

其中

$$\begin{cases} n_0' = \dfrac{1}{\lambda_{1,\alpha}^U + \lambda_{2,\alpha}^U} \\ n_1' = \dfrac{1}{\mu_{1,\alpha}^U} \\ n_2' = \dfrac{1}{\mu_{2,\alpha}^U} \end{cases} \quad \begin{cases} u_0' = 1 - \dfrac{\lambda_{1,\alpha}^U \lambda_{2,\alpha}^U}{(\lambda_{2,\alpha}^U + \mu_{1,\alpha}^U)(\lambda_{1,\alpha}^U + \mu_{2,\alpha}^U)} \\ u_1' = 1 - \dfrac{\lambda_{2,\alpha}^U \mu_{2,\alpha}^U}{(\lambda_{1,\alpha}^U + \lambda_{2,\alpha}^U)(\lambda_{1,\alpha}^U + \mu_{2,\alpha}^U)} \\ u_2' = 1 - \dfrac{\lambda_{1,\alpha}^U \mu_{1,\alpha}^U}{(\lambda_{1,\alpha}^U + \lambda_{2,\alpha}^U)(\lambda_{2,\alpha}^U + \mu_{1,\alpha}^U)} \end{cases}$$

$$\begin{cases} n_0'' = \dfrac{1}{\lambda_{1,\alpha}^L + \lambda_{2,\alpha}^L} \\ n_1'' = \dfrac{1}{\mu_{1,\alpha}^L} \\ n_2'' = \dfrac{1}{\mu_{2,\alpha}^L} \end{cases} \quad \begin{cases} u_0'' = 1 - \dfrac{\lambda_{1,\alpha}^L \lambda_{2,\alpha}^L}{(\lambda_{2,\alpha}^L + \mu_{1,\alpha}^U)(\lambda_{1,\alpha}^L + \mu_{2,\alpha}^U)} \\ u_1'' = 1 - \dfrac{\lambda_{2,\alpha}^L \mu_{2,\alpha}^L}{(\lambda_{1,\alpha}^L + \lambda_{2,\alpha}^L)(\lambda_{1,\alpha}^L + \mu_{2,\alpha}^L)} \\ u_2'' = 1 - \dfrac{\lambda_{1,\alpha}^L \mu_{1,\alpha}^L}{(\lambda_{1,\alpha}^L + \lambda_{2,\alpha}^L)(\lambda_{2,\alpha}^L + \mu_{1,\alpha}^L)} \end{cases}$$

注 6.2.2 若 X_i 和 $Y_i(i=1,2)$ 退化为随机变量,则定理 6.2.2 的结论退化为

$$M = \frac{1}{\sum_{j=0}^{2} n_j u_j}\left(\frac{u_1\lambda_2}{\lambda_2 + \mu_1} + \frac{u_2\lambda_1}{\lambda_1 + \mu_2}\right)$$

其中

$$\begin{cases} n_0 = \dfrac{1}{\lambda_1 + \lambda_2} \\ n_1 = \dfrac{1}{\mu_1} \\ n_2 = \dfrac{1}{\mu_2} \end{cases} \quad \begin{cases} u_0 = 1 - \dfrac{\lambda_1 \lambda_2}{(\lambda_2 + \mu_1)(\lambda_1 + \mu_2)} \\ u_1 = 1 - \dfrac{\lambda_2 \mu_2}{(\lambda_1 + \lambda_2)(\lambda_1 + \mu_2)} \\ u_2 = 1 - \dfrac{\lambda_1 \mu_1}{(\lambda_1 + \lambda_2)(\lambda_1 + \mu_1)} \end{cases}$$

这与随机情形下的结论是一致的。

例 6.2.1 假设某可修并联系统由两个不同型部件构成,部件的寿命和维修时间为随机模糊变量。若 $X_i \sim \mathbf{EXP}(\lambda_i)$ 和 $Y_i \sim \mathbf{EXP}(\mu_i)$ $(i=1,2)$,并且 $\lambda_1 = (0.5, 1.5, 2.5)$,$\lambda_2 = (1,2,3)$,$\mu_1 = (2,3,4)$,$\mu_2 = (3,4,5)$。首先可计算

$$\begin{cases} \lambda_{1,\alpha}^L = 0.5 + \alpha \\ \lambda_{1,\alpha}^U = 2.5 - \alpha \end{cases} \begin{cases} \lambda_{2,\alpha}^L = 1 + \alpha \\ \lambda_{2,\alpha}^U = 3 - \alpha \end{cases} \begin{cases} \mu_{1,\alpha}^L = 2 + \alpha \\ \mu_{1,\alpha}^U = 4 - \alpha \end{cases} \begin{cases} \mu_{2,\alpha}^L = 3 + \alpha \\ \mu_{2,\alpha}^U = 5 - \alpha \end{cases}$$

为得到稳态可用度,我们需要先计算定理 6.2.1 中的下列算式:

$$\begin{cases} m_0'=\dfrac{1}{\lambda_{1,\alpha}^U+\lambda_{2,\alpha}^U}=\dfrac{1}{5.5-2\alpha} \\ m_1'=\dfrac{1}{\mu_{1,\alpha}^L}=\dfrac{1}{2+\alpha} \\ m_2'=\dfrac{1}{\mu_{2,\alpha}^L}=\dfrac{1}{3+\alpha} \end{cases} \qquad \begin{cases} m_0''=\dfrac{1}{\lambda_{1,\alpha}^L+\lambda_{2,\alpha}^L}=\dfrac{1}{1.5+2\alpha} \\ m_1''=\dfrac{1}{\mu_{1,\alpha}^U}=\dfrac{1}{4-\alpha} \\ m_2''=\dfrac{1}{\mu_{2,\alpha}^U}=\dfrac{1}{5-\alpha} \end{cases}$$

$$\begin{cases} v_0'=1-\dfrac{\lambda_{1,\alpha}^U\lambda_{2,\alpha}^U}{(\lambda_{2,\alpha}^U+\mu_{1,\alpha}^L)(\lambda_{1,\alpha}^U+\mu_{2,\alpha}^L)}=1-\dfrac{(2.5-\alpha)(3-\alpha)}{27.5} \\ v_1'=1-\dfrac{\lambda_{2,\alpha}^U\mu_{2,\alpha}^L}{(\lambda_{1,\alpha}^U+\lambda_{2,\alpha}^U)(\lambda_{1,\alpha}^U+\mu_{2,\alpha}^L)}=1-\dfrac{(3-\alpha)(3+\alpha)}{5.5(5.5-2\alpha)} \\ v_2'=1-\dfrac{\lambda_{1,\alpha}^U\mu_{1,\alpha}^L}{(\lambda_{1,\alpha}^U+\lambda_{2,\alpha}^U)(\lambda_{2,\alpha}^U+\mu_{1,\alpha}^L)}=1-\dfrac{(2.5-\alpha)(2+\alpha)}{5(5.5-2\alpha)} \end{cases}$$

$$\begin{cases} v_0''=1-\dfrac{\lambda_{1,\alpha}^L\lambda_{2,\alpha}^L}{(\lambda_{2,\alpha}^L+\mu_{1,\alpha}^U)(\lambda_{1,\alpha}^L+\mu_{2,\alpha}^U)}=1-\dfrac{(0.5+\alpha)(1+\alpha)}{27.5} \\ v_1''=1-\dfrac{\lambda_{2,\alpha}^L\mu_{2,\alpha}^U}{(\lambda_{1,\alpha}^L+\lambda_{2,\alpha}^L)(\lambda_{1,\alpha}^L+\mu_{2,\alpha}^L)}=1-\dfrac{(1+\alpha)(5-\alpha)}{5.5(1.5+2\alpha)} \\ v_2''=1-\dfrac{\lambda_{1,\alpha}^L\mu_{1,\alpha}^U}{(\lambda_{1,\alpha}^L+\lambda_{2,\alpha}^L)(\lambda_{2,\alpha}^L+\mu_{1,\alpha}^U)}=1-\dfrac{(0.5+\alpha)(4-\alpha)}{5(1.5+2\alpha)} \end{cases}$$

由以上各式可进一步计算该可修并联系统的稳态可用度为

$$\begin{aligned} A &=\frac{1}{2}\int_0^1\left[\frac{1}{\sum_{j=0}^{2}m_j'v_j'}\left(\frac{v_0'}{\lambda_{1,\alpha}^U+\lambda_{2,\alpha}^U}+\frac{v_1'}{\lambda_{2,\alpha}^U+\mu_{1,\alpha}^L}+\frac{v_2'}{\lambda_{1,\alpha}^U+\mu_{2,\alpha}^L}\right)+\right. \\ &\qquad \left.\frac{1}{\sum_{j=0}^{2}m_j''v_j''}\left(\frac{v_0''}{\lambda_{1,\alpha}^L+\lambda_{2,\alpha}^L}+\frac{v_1''}{\lambda_{2,\alpha}^L+\mu_{1,\alpha}^U}+\frac{v_2''}{\lambda_{1,\alpha}^L+\mu_{2,\alpha}^U}\right)\right]\mathrm{d}\alpha \\ &\approx 0.808326 \end{aligned}$$

为得到稳态故障频度，我们需要先计算定理 6.2.2 中的下列算式：

$$\begin{cases} n_0'=\dfrac{1}{\lambda_{1,\alpha}^U+\lambda_{2,\alpha}^U}=\dfrac{1}{5.5-2\alpha} \\ n_1'=\dfrac{1}{\mu_{1,\alpha}^U}=\dfrac{1}{4-\alpha} \\ n_2'=\dfrac{1}{\mu_{2,\alpha}^U}=\dfrac{1}{5-\alpha} \end{cases} \qquad \begin{cases} n_0''=\dfrac{1}{\lambda_{1,\alpha}^L+\lambda_{2,\alpha}^L}=\dfrac{1}{1.5+2\alpha} \\ n_1''=\dfrac{1}{\mu_{1,\alpha}^L}=\dfrac{1}{2+\alpha} \\ n_2''=\dfrac{1}{\mu_{2,\alpha}^L}=\dfrac{1}{3+\alpha} \end{cases}$$

$$\begin{cases} u_0' = 1 - \dfrac{\lambda_{1,\alpha}^U \lambda_{2,\alpha}^U}{(\lambda_{2,\alpha}^U + \mu_{1,\alpha}^U)(\lambda_{1,\alpha}^U + \mu_{2,\alpha}^U)} = 1 - \dfrac{(2.5-\alpha)(3-\alpha)}{(7-2\alpha)(7.5-2\alpha)} \\ u_1' = 1 - \dfrac{\lambda_{2,\alpha}^U \mu_{2,\alpha}^U}{(\lambda_{1,\alpha}^U + \lambda_{2,\alpha}^U)(\lambda_{1,\alpha}^U + \mu_{2,\alpha}^U)} = 1 - \dfrac{(3-\alpha)(5-\alpha)}{(5.5-2\alpha)(7.5-2\alpha)} \\ u_2' = 1 - \dfrac{\lambda_{1,\alpha}^U \mu_{1,\alpha}^U}{(\lambda_{1,\alpha}^U + \lambda_{2,\alpha}^U)(\lambda_{2,\alpha}^U + \mu_{1,\alpha}^U)} = 1 - \dfrac{(2.5-\alpha)(4-\alpha)}{(5.5-2\alpha)(7-2\alpha)} \end{cases}$$

$$\begin{cases} u_0'' = 1 - \dfrac{\lambda_{1,\alpha}^L \lambda_{2,\alpha}^L}{(\lambda_{2,\alpha}^L + \mu_{1,\alpha}^L)(\lambda_{1,\alpha}^L + \mu_{2,\alpha}^L)} = 1 - \dfrac{(0.5+\alpha)(1+\alpha)}{(3+2\alpha)(3.5+2\alpha)} \\ u_1'' = 1 - \dfrac{\lambda_{2,\alpha}^L \mu_{2,\alpha}^U}{(\lambda_{1,\alpha}^L + \lambda_{2,\alpha}^L)(\lambda_{1,\alpha}^L + \mu_{2,\alpha}^L)} = 1 - \dfrac{(1+\alpha)(3+\alpha)}{(1.5+2\alpha)(3.5+2\alpha)} \\ u_2'' = 1 - \dfrac{\lambda_{1,\alpha}^L \mu_{1,\alpha}^L}{(\lambda_{1,\alpha}^L + \lambda_{2,\alpha}^L)(\lambda_{2,\alpha}^L + \mu_{1,\alpha}^L)} = 1 - \dfrac{(0.5+\alpha)(2+\alpha)}{(1.5+2\alpha)(3+2\alpha)} \end{cases}$$

由此我们可以得出稳态故障频度为

$$M = \frac{1}{2}\int_0^1 \left[\frac{1}{\sum\limits_{j=0}^{2} n_j' u_j'} \left(\frac{u_1' \lambda_{2,\alpha}^U}{\lambda_{2,\alpha}^U + u_{1,\alpha}^U} + \frac{u_2' \lambda_{1,\alpha}^U}{\lambda_{1,\alpha}^U + u_{2,\alpha}^U} \right) + \frac{1}{\sum\limits_{j=0}^{2} n_j'' u_j''} \left(\frac{u_1'' \lambda_{2,\alpha}^L}{\lambda_{2,\alpha}^L + u_{1,\alpha}^L} + \frac{u_2'' \lambda_{1,\alpha}^L}{\lambda_{1,\alpha}^L + u_{2,\alpha}^L} \right) \right] \mathrm{d}\alpha$$

$$\approx 0.683212$$

6.3 冷贮备系统

这部分我们考虑含有两个部件、两个修理设备的可修冷贮备系统。初始时刻，一个部件开始工作，另一个部件作冷贮备。当工作部件故障时，冷贮备部件立即进入工作状态，故障部件开始被修理。我们还假设故障部件修复如新，且转换开关是绝对可靠的，状态转换是瞬时完成的。若故障的部件在被修理时，工作部件也失效，则该冷贮备系统失效。

6.3.1 两个同型部件的冷贮备系统

考虑两个同型部件的冷贮备系统。假设各部件的工作时间为 X，维修时间为 Y。假设 X 服从随机模糊指数分布，其参数 λ 为定义在可信性空间 $(\boldsymbol{\Theta}, \mathbf{P}(\Theta), \mathrm{Cr})$ 上的模糊变量，Y 也服从随机模糊指数分布，其参数 μ 为定义在可信性空间 $(\boldsymbol{\tau}, \mathbf{P}(\tau), \mathrm{Cr}')$ 上的模糊变量。我们还假设 X 和 Y 是相互独立的。

定理 6.3.1 该可修冷贮备系统的稳态可用度为

$$A=E\left[\frac{2}{2+\frac{\lambda^2}{\mu(\mu+\lambda)}}\right]$$

证明:设 $P_\alpha=\{\theta\in\boldsymbol{\Theta}\mid\mu(\theta)\geqslant\alpha\}$,$Q_\alpha=\{\vartheta\in\boldsymbol{\tau}\mid\mu(\vartheta)\geqslant\alpha\}$。因为模糊变量 $E[X(\theta)]$,$E[Y(\vartheta)]$,$\theta\in\boldsymbol{\Theta}$,$\vartheta\in\boldsymbol{\tau}$ 的 α-悲观值和 α-乐观值对任意 $\alpha\in(0,1]$ 是几乎处处连续的,那么至少存在点 $\theta^1,\theta^2\in P_\alpha$,$\vartheta^1,\vartheta^2\in Q_\alpha$,满足

$$E[X(\theta^1)]=E[X(\theta)]_\alpha^L,\quad E[X(\theta^2)]=E[X(\theta)]_\alpha^U$$

和

$$E[Y(\vartheta^1)]=E[Y(\vartheta)]_\alpha^L,\quad E[Y(\vartheta^2)]=E[Y(\vartheta)]_\alpha^U$$

对 $\forall\theta\in P_\alpha$ 和 $\forall\vartheta\in Q_\alpha$,有

$$E[X(\theta^1)]\leqslant E[X(\theta)]\leqslant E[X(\theta^2)] \tag{6-27}$$

和

$$E[Y(\vartheta^1)]\leqslant E[Y(\vartheta)]\leqslant E[Y(\vartheta^2)] \tag{6-28}$$

显然,$X(\theta^1)$,$X(\theta)$,$X(\theta^2)$,$Y(\vartheta^1)$,$Y(\vartheta)$,$Y(\vartheta^2)$ 分别为服从指数分布的随机变量,很容易计算相应的期望值。因此,式(6-27)和式(6-28)为

$$\frac{1}{\lambda(\theta^1)}\leqslant\frac{1}{\lambda(\theta)}\leqslant\frac{1}{\lambda(\theta^2)}$$

和

$$\frac{1}{\mu(\vartheta^1)}\leqslant\frac{1}{\mu(\vartheta)}\leqslant\frac{1}{\mu(\vartheta^2)}$$

所以有

$$\lambda(\theta^2)\leqslant\lambda(\theta)\leqslant\lambda(\theta^1) \tag{6-29}$$

和

$$\mu(\vartheta^2)\leqslant\mu(\vartheta)\leqslant\mu(\vartheta^1) \tag{6-30}$$

由随机变量 $X(\theta^1)$,$X(\theta)$,$X(\theta^2)$,$Y(\vartheta^1)$,$Y(\vartheta)$,$Y(\vartheta^2)$,我们可以构造 3 个随机情形下的可修冷贮备系统。

(1) 冷贮备系统 1:每个部件的工作时间和维修时间分别为 $X(\theta^1)$ 和 $Y(\vartheta^2)$。

(2) 冷贮备系统 2:每个部件的工作时间和维修时间分别为 $X(\theta^2)$ 和 $Y(\vartheta^1)$。

(3) 冷贮备系统 3:每个部件的工作时间和维修时间分别为 $X(\theta)$ 和 $Y(\vartheta)$。

令 A_1,A_2 和 A_3 分别表示系统(1)、(2)和(3)的稳态可用度。由传统可靠性理论中的结论可以得到

$$A_1=\frac{2}{2+\frac{\lambda^2(\theta^1)}{\mu(\vartheta^2)(\mu(\vartheta^2)+\lambda(\theta^1))}}$$

$$A_2=\frac{2}{2+\frac{\lambda^2(\theta^2)}{\mu(\vartheta^1)(\mu(\vartheta^1)+\lambda(\theta^2))}}$$

和

$$A_3=\frac{2}{2+\frac{\lambda^2(\theta)}{\mu(\vartheta)(\mu(\vartheta)+\lambda(\theta))}}$$

由式(6-29)和式(6-30)可得 $A_1\leqslant A_3\leqslant A_2$。由于 θ 和 ϑ 分别为 P_α 和 Q_α 中的任意点,由随机情形下的结论可得

$$\left(\lim_{t\to+\infty}\Pr\{S(t)(\theta)=1\}\right)_\alpha^L=A_1=\frac{2}{2+\frac{\lambda^2(\theta^1)}{\mu(\vartheta^2)(\mu(\vartheta^2)+\lambda(\theta^1))}} \tag{6-31}$$

和

$$\left(\lim_{t\to+\infty}\Pr\{S(t)(\theta)=1\}\right)_\alpha^U=A_2=\frac{2}{2+\frac{\lambda^2(\theta^2)}{\mu(\vartheta^1)(\mu(\vartheta^1)+\lambda(\theta^2))}} \tag{6-32}$$

由式(6-29)和式(6-30)可得

$$\lambda_\alpha^L=\lambda(\theta^2) \tag{6-33}$$

$$\lambda_\alpha^U=\lambda(\theta^1) \tag{6-34}$$

$$\mu_\alpha^L=\mu(\vartheta^2) \tag{6-35}$$

$$\mu_\alpha^U=\mu(\vartheta^1) \tag{6-36}$$

由引理6.1和式(6-31)至式(6-36)可得

$$\begin{aligned}
A&=\frac{1}{2}\int_0^1\left[\left(\lim_{t\to+\infty}\Pr\{S(t)(\theta)=1\}\right)_\alpha^L+\left(\lim_{t\to+\infty}\Pr\{S(t)(\theta)=1\}\right)_\alpha^U\right]\mathrm{d}\alpha\\
&=\frac{1}{2}\int_0^1\left[\frac{2}{2+\frac{\lambda^2(\theta^1)}{\mu(\vartheta^2)(\mu(\vartheta^2)+\lambda(\theta^1))}}+\frac{2}{2+\frac{\lambda^2(\theta^2)}{\mu(\vartheta^1)(\mu(\vartheta^1)+\lambda(\theta^2))}}\right]\mathrm{d}\alpha\\
&=\frac{1}{2}\int_0^1\left[\frac{2}{2+\frac{(\lambda_\alpha^U)^2}{\mu_\alpha^L(\mu_\alpha^L+\lambda_\alpha^U)}}+\frac{2}{2+\frac{(\lambda_\alpha^L)^2}{\mu_\alpha^U(\mu_\alpha^U+\lambda_\alpha^L)}}\right]\mathrm{d}\alpha\\
&=\frac{1}{2}\int_0^1\left\{\left[\frac{2}{2+\frac{\lambda^2}{\mu(\mu+\lambda)}}\right]_\alpha^L+\left[\frac{2}{2+\frac{\lambda^2}{\mu(\mu+\lambda)}}\right]_\alpha^U\right\}\mathrm{d}\alpha=E\left[\frac{2}{2+\frac{\lambda^2}{\mu(\mu+\lambda)}}\right]
\end{aligned}$$

证毕。

注 6.3.1 若 X,Y 退化为随机变量,定理 6.3.1 中的结论退化为

$$A=\frac{2}{2+\dfrac{\lambda^2}{\mu(\mu+\lambda)}}$$

这与随机情况下的结论是一致的。

定理 6.3.2 该可修冷贮备系统的稳态故障频度为

$$M=\frac{1}{2}\int_0^1\left[\frac{2\mu_\alpha^L(\lambda_\alpha^L)^2}{2(\mu_\alpha^L)^2+2\mu_\alpha^L\lambda_\alpha^L+(\lambda_\alpha^L)^2}+\frac{2\mu_\alpha^U(\lambda_\alpha^U)^2}{2(\mu_\alpha^U)^2+2\mu_\alpha^U\lambda_\alpha^U+(\lambda_\alpha^U)^2}\right]\mathrm{d}\alpha$$

证明:使用定理 6.3.1 证明过程中的随机变量 $X(\theta^1)$,$X(\theta)$,$X(\theta^2)$ 和 $Y(\vartheta^1)$,$Y(\vartheta)$,$Y(\vartheta^2)$ 构造 3 个随机情形下的可修冷贮备系统。

(1) 冷贮备系统 1:每个部件的工作时间和维修时间分别为 $X(\theta^1)$ 和 $Y(\vartheta^1)$。

(2) 冷贮备系统 2:每个部件的工作时间和维修时间分别为 $X(\theta^2)$ 和 $Y(\vartheta^2)$。

(3) 冷贮备系统 3:每个部件的工作时间和维修时间分别为 $X(\theta)$ 和 $Y(\vartheta)$。

系统(1)、(2)和(3)的稳态故障频度分别记作 M_1,M_2 和 M_3。由于该冷贮备可修系统为单调关联系统,那么有 $M_2\leqslant M_3\leqslant M_1$。又因为 θ 和 ϑ 分别是 P_α 和 Q_α 上的任意点,再由传统可靠性理论的结论可得

$$\left(\lim_{t\to+\infty}\frac{E[N(t)(\theta)]}{t}\right)_\alpha^L=M_2=\frac{2\mu(\vartheta^2)\lambda^2(\theta^2)}{2\mu^2(\vartheta^2)+2\mu(\vartheta^2)\lambda(\theta^2)+\lambda^2(\theta^2)} \tag{6-37}$$

和

$$\left(\lim_{t\to+\infty}\frac{E[N(t)(\theta)]}{t}\right)_\alpha^U=M_1=\frac{2\mu(\vartheta^1)\lambda^2(\theta^1)}{2\mu^2(\vartheta^1)+2\mu(\vartheta^1)\lambda(\theta^1)+\lambda^2(\theta^1)} \tag{6-38}$$

由引理 6.2 和式(6-33)至式(6-38)可得

$$\begin{aligned}M&=\frac{1}{2}\int_0^1\left\{\left(\lim_{t\to+\infty}\frac{E[N(t)(\theta)]}{t}\right)_\alpha^L+\left(\lim_{t\to+\infty}\frac{E[N(t)(\theta)]}{t}\right)_\alpha^U\right\}\mathrm{d}\alpha\\&=\frac{1}{2}\int_0^1\left[\frac{2\mu(\vartheta^1)\lambda^2(\theta^1)}{2\mu^2(\vartheta^1)+2\mu(\vartheta^1)\lambda(\theta^1)+\lambda^2(\theta^1)}+\frac{2\mu(\vartheta^2)\lambda^2(\theta^2)}{2\mu^2(\vartheta^2)+2\mu(\vartheta^2)\lambda(\theta^2)+\lambda^2(\theta^2)}\right]\mathrm{d}\alpha\\&=\frac{1}{2}\int_0^1\left[\frac{2\mu_\alpha^L(\lambda_\alpha^L)^2}{2(\mu_\alpha^L)^2+2\mu_\alpha^L\lambda_\alpha^L+(\lambda_\alpha^L)^2}+\frac{2\mu_\alpha^U(\lambda_\alpha^U)^2}{2(\mu_\alpha^U)^2+2\mu_\alpha^U\lambda_\alpha^U+(\lambda_\alpha^U)^2}\right]\mathrm{d}\alpha\end{aligned}$$

证毕。

注 6.3.2 若 X,Y 退化为随机变量,则定理 6.3.2 中的结论退化为

$$M=\frac{2\mu\lambda^2}{2\mu^2+2\mu\lambda+\lambda^2}$$

这与随机情形下的结论是一致的。

例 6.3.1 假设冷贮备系统由两个同型部件构成。若 $X\sim\mathbf{EXP}(\lambda)$ 且 $Y\sim$

EXP(μ)，其中 $\lambda=(2,3,4)$，$\mu=(4,5,6)$。首先需要计算

$$\lambda_\alpha^L=2+\alpha,\quad \lambda_\alpha^U=4-\alpha,\quad \mu_\alpha^L=4+\alpha,\quad \mu_\alpha^U=6-\alpha$$

由定理 6.3.1 可得该冷贮备系统的稳态可用度为

$$\begin{aligned}A&=\frac{1}{2}\int_0^1\left[\frac{2}{2+\dfrac{(\lambda_\alpha^U)^2}{\mu_\alpha^L(\mu_\alpha^L+\lambda_\alpha^U)}}+\frac{2}{2+\dfrac{(\lambda_\alpha^L)^2}{\mu_\alpha^U(\mu_\alpha^U+\lambda_\alpha^L)}}\right]\mathrm{d}\alpha\\&=\frac{1}{2}\int_0^1\left[\frac{2}{2+\dfrac{(4-\alpha)^2}{(4+\alpha)(4+\alpha+4-\alpha)}}+\frac{2}{2+\dfrac{(2+\alpha)^2}{(6-\alpha)(6-\alpha+2+\alpha)}}\right]\mathrm{d}\alpha\\&=4\ln\frac{5}{4}\approx 0.8926\end{aligned}$$

由定理 6.3.2 可得该冷贮备系统的稳态故障频度为

$$\begin{aligned}M&=\frac{1}{2}\int_0^1\left[\frac{2\mu_\alpha^L(\lambda_\alpha^L)^2}{2(\mu_\alpha^L)^2+2\mu_\alpha^L\lambda_\alpha^L+(\lambda_\alpha^L)^2}+\frac{2\mu_\alpha^U(\lambda_\alpha^U)^2}{2(\mu_\alpha^U)^2+2\mu_\alpha^U\lambda_\alpha^U+(\lambda_\alpha^U)^2}\right]\mathrm{d}\alpha\\&=\frac{1}{2}\int_0^1\left[\frac{2(4+\alpha)(2+\alpha)^2}{2(4+\alpha)^2+2(4+\alpha)(2+\alpha)+(2+\alpha)^2}+\right.\\&\qquad\left.\frac{2(6-\alpha)(4-\alpha)^2}{2(6-\alpha)^2+2(6-\alpha)(4-\alpha)+(4-\alpha)^2}\right]\mathrm{d}\alpha\\&=1.0119\end{aligned}$$

6.3.2 两个不同型部件的冷贮备系统

考虑某可修冷贮备系统由两不同型部件构成。令部件 i 的工作时间为 X_i，维修时间为 $Y_i(i=1,2)$。假设 X_i 服从随机模糊指数分布，其参数 λ_i 为定义在可信性空间$(\boldsymbol{\Theta}_i,\mathbf{P}(\Theta_i),\mathrm{Cr}_i)$上的模糊变量，$Y_i$ 也服从随机模糊指数分布，其参数 μ_i 为定义在可信性空间$(\boldsymbol{\tau}_i,\mathbf{P}(\tau_i),\mathrm{Cr}_i')$上的模糊变量$(i=1,2)$，并且 X_i 和 $Y_i(i=1,2)$ 是相互独立的。

定理 6.3.3 该可修冷贮备系统的稳态可用度为

$$A=E\left[\frac{\dfrac{1}{\lambda_1}+\dfrac{1}{\lambda_2}}{\dfrac{1}{\lambda_1}+\dfrac{1}{\lambda_2}+\dfrac{\lambda_1}{\mu_2(\lambda_1+\mu_2)}+\dfrac{\lambda_2}{\mu_1(\lambda_2+\mu_1)}}\right]$$

证明: 设 $P_{i,\alpha}=\{\theta_i\in\boldsymbol{\Theta}_i\mid\mu(\theta_i)\geqslant\alpha\}$，$Q_{i,\alpha}=\{\vartheta\in\boldsymbol{\tau}_i\mid\mu(\vartheta_i)\geqslant\alpha\}(i=1,2)$。因为模糊变量 $E[X_i(\theta_i)]$，$E[Y_i(\vartheta_i)]$，$\theta_i\in\boldsymbol{\Theta}_i$，$\vartheta_i\in\tau_i(i=1,2)$ 的 α-悲观值和 α-乐观值对任意 $\alpha\in(0,1]$ 是几乎处处连续的，则至少存在点 $\theta_i^1,\theta_i^2\in\mathbf{P}_{i,\alpha}$，$\vartheta_i^1,\vartheta_i^2\in\mathbf{Q}_{i,\alpha}(i=1,$

2)，使得

$$E[X_i(\theta_i^1)]=E[X_i(\theta_i)]_\alpha^L,\quad E[X_i(\theta_i^2)]=E[X_i(\theta_i)]_\alpha^U$$

和

$$E[Y_i(\vartheta_i^1)]=E[Y_i(\vartheta_i)]_\alpha^L,\quad E[Y_i(\vartheta_i^2)]=E[Y_i(\vartheta_i)]_\alpha^U$$

对于 $\forall\theta_i\in P_{i,\alpha}$, $\forall\vartheta_i\in Q_{i,\alpha}(i=1,2)$，有

$$E[X_i(\theta_i^1)]\leqslant E[X_i(\theta_i)]\leqslant E[X_i(\theta_i^2)]\tag{6-39}$$

和

$$E[Y_i(\vartheta_i^1)]\leqslant E[Y_i(\vartheta_i)]\leqslant E[Y_i(\vartheta_i^2)]\tag{6-40}$$

由于 $X_i(\theta_i^1),X_i(\theta_i),X_i(\theta_i^2)$ 和 $Y_i(\vartheta_i^1),Y_i(\vartheta_i),Y_i(\vartheta_i^2)$ 为指数分布的随机变量，很容易计算相应的期望值，由式(6-39)和式(6-40)可得

$$\frac{1}{\lambda_i(\theta_i^1)}\leqslant\frac{1}{\lambda_i(\theta_i)}\leqslant\frac{1}{\lambda_i(\theta_i^2)}$$

和

$$\frac{1}{\mu_i(\vartheta_i^1)}\leqslant\frac{1}{\mu_i(\vartheta_i)}\leqslant\frac{1}{\mu_i(\vartheta_i^2)}$$

因此，对 $i=1,2$，有

$$\lambda_i(\theta_i^2)\leqslant\lambda_i(\theta_i)\leqslant\lambda_i(\theta_i^1)\tag{6-41}$$

和

$$\mu_i(\vartheta_i^2)\leqslant\mu_i(\vartheta_i)\leqslant\mu_i(\vartheta_i^1)\tag{6-42}$$

通过使用 $X_i(\theta_i^1),X_i(\theta_i),X_i(\theta_i^2)$ 和 $Y_i(\vartheta_i^1),Y_i(\vartheta_i),Y_i(\vartheta_i^2)(i=1,2)$，可以构造 3 个随机情形下的可修冷贮备系统。

(1) 冷贮备系统 1：部件 i 的工作时间和维修时间分别为 $X_i(\theta_i^1)$ 和 $Y_i(\vartheta_i^2)(i=1,2)$。

(2) 冷贮备系统 2：部件 i 的工作时间和维修时间分别为 $X_i(\theta_i^2)$ 和 $Y_i(\vartheta_i^1)(i=1,2)$。

(3) 冷贮备系统 3：部件 i 的工作时间和维修时间分别为 $X_i(\theta_i)$ 和 $Y_i(\vartheta_i)(i=1,2)$。

令 A_1,A_2 和 A_3 分别表示系统(1)、(2)、(3)的稳态可用度。由传统可靠性理论中的结论可以得到

$$A_1=\frac{\dfrac{1}{\lambda_1(\theta_1^1)}+\dfrac{1}{\lambda_2(\theta_2^1)}}{\dfrac{1}{\lambda_1(\theta_1^1)}+\dfrac{1}{\lambda_2(\theta_2^1)}+\dfrac{\lambda_1(\theta_1^1)}{\mu_2(\vartheta_2^2)(\lambda_1(\theta_1^1)+\mu_2(\vartheta_2^2))}+\dfrac{\lambda_2(\theta_2^1)}{\mu_1(\vartheta_1^2)(\lambda_2(\theta_2^1)+\mu_1(\vartheta_1^2))}}$$

$$A_2=\frac{\frac{1}{\lambda_1(\theta_1^2)}+\frac{1}{\lambda_2(\theta_2^2)}}{\frac{1}{\lambda_1(\theta_1^2)}+\frac{1}{\lambda_2(\theta_2^2)}+\frac{\lambda_1(\theta_1^1)}{\mu_2(\vartheta_2^1)(\lambda_1(\theta_1^2)+\mu_2(\vartheta_2^1))}+\frac{\lambda_2(\theta_2^2)}{\mu_1(\vartheta_1^1)(\lambda_2(\theta_2^2)+\mu_1(\vartheta_1^1))}}$$

和

$$A_3=\frac{\frac{1}{\lambda_1(\theta_1)}+\frac{1}{\lambda_2(\theta_2)}}{\frac{1}{\lambda_1(\theta_1)}+\frac{1}{\lambda_2(\theta_2)}+\frac{\lambda_1(\theta_1^1)}{\mu_2(\vartheta_2)(\lambda_1(\theta_1)+\mu_2(\vartheta_2))}+\frac{\lambda_2(\theta_2)}{\mu_1(\vartheta_1)(\lambda_2(\theta_2)+\mu_1(\vartheta_1))}}$$

由式(6-41)和式(6-42)可得

$$A_1\leqslant A_3\leqslant A_2$$

由于 θ_i 和 ϑ_i 分别为 $P_{i,\alpha}$ 和 $Q_{i,\alpha}(i=1,2)$ 上的任意点,由传统可靠性理论中的结论可得

$$\left(\lim_{t\to+\infty}\Pr\{S(t)(\theta)=1\}\right)_\alpha^L$$

$$=A_1=\frac{\frac{1}{\lambda_1(\theta_1^1)}+\frac{1}{\lambda_2(\theta_2^1)}}{\frac{1}{\lambda_1(\theta_1^1)}+\frac{1}{\lambda_2(\theta_2^1)}+\frac{\lambda_1(\theta_1^1)}{\mu_2(\vartheta_2^2)(\lambda_1(\theta_1^1)+\mu_2(\vartheta_2^2))}+\frac{\lambda_2(\theta_2^1)}{\mu_1(\vartheta_1^2)(\lambda_2(\theta_2^1)+\mu_1(\vartheta_1^2))}} \tag{6-43}$$

和

$$\left(\lim_{t\to+\infty}\Pr\{S(t)(\theta)=1\}\right)_\alpha^U$$

$$=A_2=\frac{\frac{1}{\lambda_1(\theta_1^2)}+\frac{1}{\lambda_2(\theta_2^2)}}{\frac{1}{\lambda_1(\theta_1^2)}+\frac{1}{\lambda_2(\theta_2^2)}+\frac{\lambda_1(\theta_1^1)}{\mu_2(\vartheta_2^1)(\lambda_1(\theta_1^2)+\mu_2(\vartheta_2^1))}+\frac{\lambda_2(\theta_2^2)}{\mu_1(\vartheta_1^1)(\lambda_2(\theta_2^2)+\mu_1(\vartheta_1^1))}} \tag{6-44}$$

由式(6-41)和式(6-42)可知,对 $i=1,2$,有

$$\lambda_{i,\alpha}^L=\lambda_i(\theta_i^2) \tag{6-45}$$

$$\lambda_{i,\alpha}^U=\lambda_i(\theta_i^1) \tag{6-46}$$

$$\mu_{i,\alpha}^L=\mu_i(\vartheta_i^2) \tag{6-47}$$

$$\mu_{i,\alpha}^U=\mu_i(\vartheta_i^1) \tag{6-48}$$

由引理6.1和式(6-43)至式(6-48)可得

$$A=\frac{1}{2}\int_0^1\left[\left(\lim_{t\to+\infty}\Pr\{S(t)(\theta)=1\}\right)_\alpha^L+\left(\lim_{t\to+\infty}\Pr\{S(t)(\theta)=1\}\right)_\alpha^U\right]\mathrm{d}\alpha$$

$$=\frac{1}{2}\int_0^1\left[\frac{\dfrac{1}{\lambda_1(\theta_1^1)}+\dfrac{1}{\lambda_2(\theta_2^1)}}{\dfrac{1}{\lambda_1(\theta_1^1)}+\dfrac{1}{\lambda_2(\theta_2^1)}+\dfrac{\lambda_1(\theta_1^1)}{\mu_2(\vartheta_2^2)(\lambda_1(\theta_1^1)+\mu_2(\vartheta_2^2))}+\dfrac{\lambda_2(\theta_2^1)}{\mu_1(\vartheta_1^2)(\lambda_2(\theta_2^1)+\mu_1(\vartheta_1^2))}}+\right.$$

$$\left.\frac{\dfrac{1}{\lambda_1(\theta_1^2)}+\dfrac{1}{\lambda_2(\theta_2^2)}}{\dfrac{1}{\lambda_1(\theta_1^2)}+\dfrac{1}{\lambda_2(\theta_2^2)}+\dfrac{\lambda_1(\theta_1^1)}{\mu_2(\vartheta_2^1)(\lambda_1(\theta_1^2)+\mu_2(\vartheta_2^1))}+\dfrac{\lambda_2(\theta_2^2)}{\mu_1(\vartheta_1^1)(\lambda_2(\theta_2^2)+\mu_1(\vartheta_1^1))}}\right]\mathrm{d}\alpha$$

$$=\frac{1}{2}\int_0^1\left[\frac{\dfrac{1}{\lambda_{1,\alpha}^U}+\dfrac{1}{\lambda_{2,\alpha}^U}}{\dfrac{1}{\lambda_{1,\alpha}^U}+\dfrac{1}{\lambda_{2,\alpha}^U}+\dfrac{\lambda_{1,\alpha}^U}{\mu_{2,\alpha}^L(\lambda_{1,\alpha}^U+\mu_{2,\alpha}^L)}+\dfrac{\lambda_{2,\alpha}^U}{\mu_{1,\alpha}^L(\lambda_{2,\alpha}^U+\mu_{1,\alpha}^L)}}+\right.$$

$$\left.\frac{\dfrac{1}{\lambda_{1,\alpha}^L}+\dfrac{1}{\lambda_{2,\alpha}^L}}{\dfrac{1}{\lambda_{1,\alpha}^L}+\dfrac{1}{\lambda_{2,\alpha}^L}+\dfrac{\lambda_{1,\alpha}^L}{\mu_{2,\alpha}^U(\lambda_{1,\alpha}^L+\mu_{2,\alpha}^U)}+\dfrac{\lambda_{2,\alpha}^L}{\mu_{1,\alpha}^U(\lambda_{2,\alpha}^L+\mu_{1,\alpha}^U)}}\right]\mathrm{d}\alpha$$

$$=\frac{1}{2}\int_0^1\left\{\left[\frac{\dfrac{1}{\lambda_1}+\dfrac{1}{\lambda_2}}{\dfrac{1}{\lambda_1}+\dfrac{1}{\lambda_2}+\dfrac{\lambda_1}{\mu_2(\lambda_1+\mu_2)}+\dfrac{\lambda_2}{\mu_1(\lambda_2+\mu_1)}}\right]_\alpha^L+\right.$$

$$\left.\left[\frac{\dfrac{1}{\lambda_1}+\dfrac{1}{\lambda_2}}{\dfrac{1}{\lambda_1}+\dfrac{1}{\lambda_2}+\dfrac{\lambda_1}{\mu_2(\lambda_1+\mu_2)}+\dfrac{\lambda_2}{\mu_1(\lambda_2+\mu_1)}}\right]_\alpha^U\right\}\mathrm{d}\alpha$$

$$=E\left[\frac{\dfrac{1}{\lambda_1}+\dfrac{1}{\lambda_2}}{\dfrac{1}{\lambda_1}+\dfrac{1}{\lambda_2}+\dfrac{\lambda_1}{\mu_2(\lambda_1+\mu_2)}+\dfrac{\lambda_2}{\mu_1(\lambda_2+\mu_1)}}\right]$$

证毕。

注 6.3.3　若 X_i 和 $Y_i(i=1,2)$ 退化为随机变量，定理 6.3.3 中的结论退化为

$$A=\frac{\frac{1}{\lambda_1}+\frac{1}{\lambda_2}}{\frac{1}{\lambda_1}+\frac{1}{\lambda_2}+\frac{\lambda_1}{\mu_2(\lambda_1+\mu_2)}+\frac{\lambda_2}{\mu_1(\lambda_2+\mu_1)}}$$

这与随机情形下的结论是一致的。

定理 6.3.4 该可修冷贮备系统的稳态故障频度为

$$M=\frac{1}{2}\int_0^1\left[\frac{\frac{\lambda_{2,\alpha}^U}{\mu_{1,\alpha}^U+\lambda_{2,\alpha}^U}+\frac{\lambda_{1,\alpha}^U}{\mu_{2,\alpha}^U+\lambda_{1,\alpha}^U}}{\frac{1}{\lambda_{1,\alpha}^U}+\frac{1}{\lambda_{2,\alpha}^U}+\frac{1}{\mu_{1,\alpha}^U}+\frac{1}{\mu_{2,\alpha}^U}-\frac{1}{\mu_{1,\alpha}^U+\lambda_{2,\alpha}^U}-\frac{1}{\mu_{2,\alpha}^U+\lambda_{1,\alpha}^U}}+\frac{\frac{\lambda_{2,\alpha}^L}{\mu_{1,\alpha}^L+\lambda_{2,\alpha}^L}+\frac{\lambda_{1,\alpha}^L}{\mu_{2,\alpha}^L+\lambda_{1,\alpha}^L}}{\frac{1}{\lambda_{1,\alpha}^L}+\frac{1}{\lambda_{2,\alpha}^L}+\frac{1}{\mu_{1,\alpha}^L}+\frac{1}{\mu_{2,\alpha}^L}-\frac{1}{\mu_{1,\alpha}^L+\lambda_{2,\alpha}^L}-\frac{1}{\mu_{2,\alpha}^L+\lambda_{1,\alpha}^L}}\right]\mathrm{d}\alpha$$

证明:再次使用随机变量 $X_i(\theta_i^1)$,$X_i(\theta_i)$,$X_i(\theta_i^2)$和 $Y_i(\vartheta_i^1)$,$Y_i(\vartheta_i)$,$Y_i(\vartheta_i^2)$($i=1,2$)。构造 3 个随机情形下的可修冷贮备系统。

(1)冷贮备系统 1:部件 i 的工作时间和维修时间分别为 $X_i(\theta_i^1)$和 $Y_i(\vartheta_i^1)$($i=1,2$)。

(2)冷贮备系统 2:部件 i 的工作时间和维修时间分别为 $X_i(\theta_i^2)$和 $Y_i(\vartheta_i^2)$($i=1,2$)。

(3)冷贮备系统 3:部件 i 的工作时间和维修时间分别为 $X_i(\theta_i)$和 $Y_i(\vartheta_i)$($i=1,2$)。

假设系统(1)、(2)和(3)的稳态故障频度分别用 M_1,M_2 和 M_3 来表示,由于该冷贮备系统为单调关联系统,则有

$$M_2\leqslant M_3\leqslant M_1$$

因为 θ_i 和 ϑ_i 分别为 $P_{i,\alpha}$和 $Q_{i,\alpha}$($i=1,2$)上的任意点,由传统可靠性理论中的结论可得

$$\left(\lim_{t\to+\infty}\frac{E[N(t)(\theta)]}{t}\right)_\alpha^L$$

$$=M_2=\frac{\frac{\lambda_2(\theta_2^2)}{\mu_1(\vartheta_1^2)+\lambda_2(\theta_2^2)}+\frac{\lambda_1(\theta_1^2)}{\mu_2(\vartheta_2^2)+\lambda_1(\theta_1^2)}}{\frac{1}{\lambda_1(\theta_1^2)}+\frac{1}{\lambda_2(\theta_2^2)}+\frac{1}{\mu_1(\vartheta_1^2)}+\frac{1}{\mu_2(\vartheta_2^2)}-\frac{1}{\mu_1(\vartheta_1^2)+\lambda_2(\theta_2^2)}-\frac{1}{\mu_2(\vartheta_2^2)+\lambda_1(\theta_1^2)}}\tag{6-49}$$

和

$$\left(\lim_{t\to+\infty}\frac{E[N(t)(\theta)]}{t}\right)_\alpha^U$$

$$=M_1=\frac{\dfrac{\lambda_2(\theta_2^1)}{\mu_1(\vartheta_1^1)+\lambda_2(\theta_2^1)}+\dfrac{\lambda_1(\theta_1^1)}{\mu_2(\vartheta_2^1)+\lambda_1(\theta_1^1)}}{\dfrac{1}{\lambda_1(\theta_1^1)}+\dfrac{1}{\lambda_2(\theta_2^1)}+\dfrac{1}{\mu_1(\vartheta_1^1)}+\dfrac{1}{\mu_2(\vartheta_2^1)}-\dfrac{1}{\mu_1(\vartheta_1^1)+\lambda_2(\theta_2^1)}-\dfrac{1}{\mu_2(\vartheta_2^1)+\lambda_1(\theta_1^1)}} \tag{6-50}$$

由引理 6.2 和式(6-45)至式(6-50)可得

$$M=\frac{1}{2}\int_0^1\left\{\left(\lim_{t\to+\infty}\frac{E[N(t)(\theta)]}{t}\right)_\alpha^L+\left(\lim_{t\to+\infty}\frac{E[N(t)(\theta)]}{t}\right)_\alpha^U\right\}\mathrm{d}\alpha$$

$$=\frac{1}{2}\int_0^1\left[\frac{\dfrac{\lambda_2(\theta_2^2)}{\mu_1(\vartheta_1^2)+\lambda_2(\theta_2^2)}+\dfrac{\lambda_1(\theta_1^2)}{\mu_2(\vartheta_2^2)+\lambda_1(\theta_1^2)}}{\dfrac{1}{\lambda_1(\theta_1^2)}+\dfrac{1}{\lambda_2(\theta_2^2)}+\dfrac{1}{\mu_1(\vartheta_1^2)}+\dfrac{1}{\mu_2(\vartheta_2^2)}-\dfrac{1}{\mu_1(\vartheta_1^2)+\lambda_2(\theta_2^2)}-\dfrac{1}{\mu_2(\vartheta_2^2)+\lambda_1(\theta_1^2)}}+\right.$$

$$\left.\frac{\dfrac{\lambda_2(\theta_2^1)}{\mu_1(\vartheta_1^1)+\lambda_2(\theta_2^1)}+\dfrac{\lambda_1(\theta_1^1)}{\mu_2(\vartheta_2^1)+\lambda_1(\theta_1^1)}}{\dfrac{1}{\lambda_1(\theta_1^1)}+\dfrac{1}{\lambda_2(\theta_2^1)}+\dfrac{1}{\mu_1(\vartheta_1^1)}+\dfrac{1}{\mu_2(\vartheta_2^1)}-\dfrac{1}{\mu_1(\vartheta_1^1)+\lambda_2(\theta_2^1)}-\dfrac{1}{\mu_2(\vartheta_2^1)+\lambda_1(\theta_1^1)}}\right]\mathrm{d}\alpha$$

$$=\frac{1}{2}\int_0^1\left[\frac{\dfrac{\lambda_{2,\alpha}^U}{\mu_{1,\alpha}^U+\lambda_{2,\alpha}^U}+\dfrac{\lambda_{1,\alpha}^U}{\mu_{2,\alpha}^U+\lambda_{1,\alpha}^U}}{\dfrac{1}{\lambda_{1,\alpha}^U}+\dfrac{1}{\lambda_{2,\alpha}^U}+\dfrac{1}{\mu_{1,\alpha}^U}+\dfrac{1}{\mu_{2,\alpha}^U}-\dfrac{1}{\mu_{1,\alpha}^U+\lambda_{2,\alpha}^U}-\dfrac{1}{\mu_{2,\alpha}^U+\lambda_{1,\alpha}^U}}+\right.$$

$$\left.\frac{\dfrac{\lambda_{2,\alpha}^L}{\mu_{1,\alpha}^L+\lambda_{2,\alpha}^L}+\dfrac{\lambda_{1,\alpha}^L}{\mu_{2,\alpha}^L+\lambda_{1,\alpha}^L}}{\dfrac{1}{\lambda_{1,\alpha}^L}+\dfrac{1}{\lambda_{2,\alpha}^L}+\dfrac{1}{\mu_{1,\alpha}^L}+\dfrac{1}{\mu_{2,\alpha}^L}-\dfrac{1}{\mu_{1,\alpha}^L+\lambda_{2,\alpha}^L}-\dfrac{1}{\mu_{2,\alpha}^L+\lambda_{1,\alpha}^L}}\right]\mathrm{d}\alpha$$

证毕。

注 6.3.4　若 X_i 和 $Y_i(i=1,2)$ 退化为随机变量，定理 6.3.4 中的结论退化为

$$M=\frac{\dfrac{\lambda_2}{\mu_1+\lambda_2}+\dfrac{\lambda_1}{\mu_2+\lambda_1}}{\dfrac{1}{\lambda_1}+\dfrac{1}{\lambda_2}+\dfrac{1}{\mu_1}+\dfrac{1}{\mu_2}-\dfrac{1}{\mu_1+\lambda_2}-\dfrac{1}{\mu_2+\lambda_1}}$$

这与随机情形下的结论是一致的。

例 6. 3. 2 假设某可修冷贮备系统由两个不同型部件构成,各部件的寿命和维修时间为随机模糊变量。若 $X_i \sim \mathbf{EXP}(\lambda_i)$ 和 $Y_i \sim \mathbf{EXP}(\mu_i)$ $(i=1,2)$,其中 $\lambda_1=(1,2,3)$,$\lambda_2=(2,3,4)$,$\mu_1=(3,4,5)$,$\mu_2=(4,5,6)$。首先可以计算

$$\begin{cases}\lambda_{1,\alpha}^{L}=1+\alpha\\ \lambda_{1,\alpha}^{U}=3-\alpha\end{cases}\qquad \begin{cases}\lambda_{2,\alpha}^{L}=2+\alpha\\ \lambda_{2,\alpha}^{U}=4-\alpha\end{cases}$$

$$\begin{cases}\mu_{1,\alpha}^{L}=3+\alpha\\ \mu_{1,\alpha}^{U}=5-\alpha\end{cases}\qquad \begin{cases}\mu_{2,\alpha}^{L}=4+\alpha\\ \mu_{2,\alpha}^{U}=6-\alpha\end{cases}$$

由定理 6. 3. 3 可得到该冷贮备系统的稳态可用度为

$$\begin{aligned}A&=\frac{1}{2}\int_0^1\left[\frac{\dfrac{1}{\lambda_{1,\alpha}^{U}}+\dfrac{1}{\lambda_{2,\alpha}^{U}}}{\dfrac{1}{\lambda_{1,\alpha}^{U}}+\dfrac{1}{\lambda_{2,\alpha}^{U}}+\dfrac{\lambda_{1,\alpha}^{U}}{\mu_{2,\alpha}^{L}(\lambda_{1,\alpha}^{U}+\mu_{2,\alpha}^{L})}+\dfrac{\lambda_{2,\alpha}^{U}}{\mu_{1,\alpha}^{L}(\lambda_{2,\alpha}^{U}+\mu_{1,\alpha}^{L})}}+\right.\\
&\left.\frac{\dfrac{1}{\lambda_{1,\alpha}^{L}}+\dfrac{1}{\lambda_{2,\alpha}^{L}}}{\dfrac{1}{\lambda_{1,\alpha}^{L}}+\dfrac{1}{\lambda_{2,\alpha}^{L}}+\dfrac{\lambda_{1,\alpha}^{L}}{\mu_{2,\alpha}^{U}(\lambda_{1,\alpha}^{L}+\mu_{2,\alpha}^{U})}+\dfrac{\lambda_{2,\alpha}^{L}}{\mu_{1,\alpha}^{U}(\lambda_{2,\alpha}^{L}+\mu_{1,\alpha}^{U})}}\right]\mathrm{d}\alpha\\
&=\frac{1}{2}\int_0^1\left[\frac{\dfrac{1}{3-\alpha}+\dfrac{1}{4-\alpha}}{\dfrac{1}{3-\alpha}+\dfrac{1}{4-\alpha}+\dfrac{3-\alpha}{(4+\alpha)(3-\alpha+4+\alpha)}+\dfrac{4-\alpha}{(3+\alpha)(4-\alpha+3+\alpha)}}+\right.\\
&\left.\frac{\dfrac{1}{1+\alpha}+\dfrac{1}{2+\alpha}}{\dfrac{1}{1+\alpha}+\dfrac{1}{2+\alpha}+\dfrac{1+\alpha}{(6-\alpha)(1+\alpha+6-\alpha)}+\dfrac{2+\alpha}{(5-\alpha)(2+\alpha+5-\alpha)}}\right]\mathrm{d}\alpha\\
&\approx 0.9052\end{aligned}$$

由定理 6. 3. 4 可得该冷贮备系统的稳态故障频度为

$$M=\frac{1}{2}\int_0^1\left[\frac{\dfrac{\lambda_{2,\alpha}^{U}}{\mu_{1,\alpha}^{U}+\lambda_{2,\alpha}^{U}}+\dfrac{\lambda_{1,\alpha}^{U}}{\mu_{2,\alpha}^{U}+\lambda_{1,\alpha}^{U}}}{\dfrac{1}{\lambda_{1,\alpha}^{U}}+\dfrac{1}{\lambda_{2,\alpha}^{U}}+\dfrac{1}{\mu_{1,\alpha}^{U}}+\dfrac{1}{\mu_{2,\alpha}^{U}}-\dfrac{1}{\mu_{1,\alpha}^{U}+\lambda_{2,\alpha}^{U}}-\dfrac{1}{\mu_{2,\alpha}^{U}+\lambda_{1,\alpha}^{U}}}+\right.$$

$$\left.\frac{\dfrac{\lambda_{2,\alpha}^L}{\mu_{1,\alpha}^L+\lambda_{2,\alpha}^L}+\dfrac{\lambda_{1,\alpha}^L}{\mu_{2,\alpha}^L+\lambda_{1,\alpha}^L}}{\dfrac{1}{\lambda_{1,\alpha}^L}+\dfrac{1}{\lambda_{2,\alpha}^L}+\dfrac{1}{\mu_{1,\alpha}^L}+\dfrac{1}{\mu_{2,\alpha}^L}-\dfrac{1}{\mu_{1,\alpha}^L+\lambda_{2,\alpha}^L}-\dfrac{1}{\mu_{2,\alpha}^L+\lambda_{1,\alpha}^L}}\right]\mathrm{d}\alpha$$

$$=\frac{1}{2}\int_0^1\left[\frac{\dfrac{(4-\alpha)}{(5-\alpha)+(4-\alpha)}+\dfrac{(3-\alpha)}{(6-\alpha)+(3-\alpha)}}{\dfrac{1}{(3-\alpha)}+\dfrac{1}{(4-\alpha)}+\dfrac{1}{(5-\alpha)}+\dfrac{1}{(6-\alpha)}-\dfrac{1}{(5-\alpha)+(4-\alpha)}-\dfrac{1}{(6-\alpha)+(3-\alpha)}}+\right.$$

$$\left.\frac{\dfrac{(2+\alpha)}{(3+\alpha)+(2+\alpha)}+\dfrac{(1+\alpha)}{(4+\alpha)+(1+\alpha)}}{\dfrac{1}{(1+\alpha)}+\dfrac{1}{(2+\alpha)}+\dfrac{1}{(3+\alpha)}+\dfrac{1}{(4+\alpha)}-\dfrac{1}{(3+\alpha)+(2+\alpha)}-\dfrac{1}{(4+\alpha)+(1+\alpha)}}\right]\mathrm{d}\alpha$$

$=0.7148$

6.4　可修单调关联系统

考虑一个由 n 个部件组成的可修单调关联系统,其中修理设备的个数充足,即每个部件发生故障后都可立即被修理,不存在等待的状态。若某部件发生故障,正常的部件仍可能发生故障,其发生故障规律不受系统故障的干扰,并且部件修理完成后,被认为是修复如新的。假设部件 i 的寿命及相应的维修时间 X_i 和 Y_i 分别为定义在可信性空间$(\boldsymbol{\Theta}_i,\mathbf{P}(\boldsymbol{\Theta}_i),\mathrm{Cr}_i)$和$(\boldsymbol{\tau}_i,\mathbf{P}(\tau_i),\mathrm{Cr}'_i)$上的随机模糊变量$(i=1,2,\cdots,n)$。我们还假设 X_i 和 $Y_i(i=1,2,\cdots,n)$相互独立。

定理 6.4.1　该随机模糊可修单调关联系统的稳态可用度为

$$A=\frac{1}{2}\int_0^1(h(A_1^{(1)},A_2^{(1)},\cdots,A_n^{(1)})+h(A_1^{(3)},A_2^{(3)},\cdots,A_n^{(3)}))\,\mathrm{d}\alpha$$

其中 $h(\cdot)$为单调关联系统的可靠度函数,对于任意 $\theta_i\in\boldsymbol{\Theta}_i,\vartheta_i\in\boldsymbol{\tau}_i(i=1,2,\cdots,n)$,有

$$A_i^{(1)}=\frac{E[X_i(\theta_i)]_\alpha^L}{E[X_i(\theta_i)]_\alpha^L+E[Y_i(\vartheta_i)]_\alpha^U}\quad\text{以及}\quad A_i^{(3)}=\frac{E[X_i(\theta_i)]_\alpha^U}{E[X_i(\theta_i)]_\alpha^U+E[Y_i(\vartheta_i)]_\alpha^L}$$

证明:令 $A_{i,\alpha}=\{\theta_i\in\boldsymbol{\Theta}_i\mid\mu\{\theta_i\}\geqslant\alpha\}$及 $B_{i,\alpha}=\{\vartheta_i\in\boldsymbol{\tau}_i\mid\mu\{\vartheta_i\}\geqslant\alpha\}(i=1,2,\cdots,n)$。因为模糊变量 $E[X_i(\theta_i)],E[Y_i(\vartheta_i)],\theta_i\in\boldsymbol{\Theta}_i,\vartheta_i\in\boldsymbol{\tau}_i(i=1,2,\cdots,n)$的 α-悲观值和 α-乐观值对任意 $\alpha\in(0,1]$是几乎处处连续的,则至少存在点 $\theta_i^1,\theta_i^2\in\mathbf{A}_{i,\alpha}$和 $\vartheta_i^1,\vartheta_i^2\in\mathbf{B}_{i,\alpha}(i=1,2,\cdots,n)$, 使得

$$E[X_i(\theta_i^1)]=E[X_i(\theta_i)]_\alpha^L\tag{6-51}$$

$$E[X_i(\theta_i^2)]=E[X_i(\theta_i)]_\alpha^U\tag{6-52}$$

$$E[Y_i(\vartheta_i^1)]=E[Y_i(\vartheta_i)]_\alpha^L \tag{6-53}$$

$$E[Y_i(\vartheta_i^2)]=E[Y_i(\vartheta_i)]_\alpha^U \tag{6-54}$$

对于 $\forall\theta_{i,\alpha}\in\mathbf{A}_{i,\alpha}$, $\forall\vartheta_{i,\alpha}\in\mathbf{B}_{i,\alpha}(i=1,2,\cdots,n)$, 有

$$E[X_i(\theta_i^1)]\leqslant E[X_i(\theta_{i,\alpha})]\leqslant E[X_i(\theta_i^2)] \tag{6-55}$$

及

$$E[Y_i(\vartheta_i^1)]\leqslant E[Y_i(\vartheta_{i,\alpha})]\leqslant E[Y_i(\vartheta_i^2)] \tag{6-56}$$

由定理 1.1.21 可知,对于 $i=1,2,\cdots,n$, 有

$$X_i(\theta_i^1)\leqslant_d X_i(\theta_{i,\alpha})\leqslant_d X_i(\theta_i^2)$$

及

$$Y_i(\vartheta_i^1)\leqslant_d Y_i(\vartheta_{i,\alpha})\leqslant_d Y_i(\vartheta_i^2)$$

我们可构建 3 个具有随机寿命和维修时间的可修单调关联系统。

(1) 单调关联系统 1:部件 i 的寿命及维修时间分别为 $X_i(\theta_i^1)$ 及 $Y_i(\vartheta_i^2)(i=1,2,\cdots,n)$。

(2) 单调关联系统 2:部件 i 的寿命及维修时间分别为 $X_i(\theta_{i,\alpha})$ 及 $Y_i(\vartheta_{i,\alpha})(i=1,2,\cdots,n)$。

(3) 单调关联系统 3:部件 i 的寿命及维修时间分别为 $X_i(\theta_i^2)$ 及 $Y_i(\vartheta_i^1)(i=1,2,\cdots,n)$。

令系统(1)、(2)和(3)的稳态可用度分别记作 $A^{(1)}$,$A^{(2)}$ 和 $A^{(3)}$, 各系统中部件 i 的稳态可用度分别记作 $A_i^{(1)}$,$A_i^{(2)}$ 和 $A_i^{(3)}(i=1,2,\cdots,n)$。$h(\cdot)$ 为单调关联系统的可靠度函数。由随机情形下可修单调关联系统稳态可用度的结论,我们可以得到

$$\begin{cases}A^{(1)}=h(A_1^{(1)},A_2^{(1)},\cdots,A_n^{(1)})\\ A_i^{(1)}=\dfrac{E[X_i(\theta_i^1)]}{E[X_i(\theta_i^1)]+E[Y_i(\vartheta_i^2)]}, \quad i=1,2,\cdots,n\end{cases} \tag{6-57}$$

$$\begin{cases}A^{(2)}=h(A_1^{(2)},A_2^{(2)},\cdots,A_n^{(2)})\\ A_i^{(2)}=\dfrac{E[X_i(\theta_{i,\alpha})]}{E[X_i(\theta_{i,\alpha})]+E[Y_i(\vartheta_{i,\alpha})]}, \quad i=1,2,\cdots,n\end{cases} \tag{6-58}$$

及

$$\begin{cases}A^{(3)}=h(A_1^{(3)},A_2^{(3)},\cdots,A_n^{(3)})\\ A_i^{(3)}=\dfrac{E[X_i(\theta_i^2)]}{E[X_i(\theta_i^2)]+E[Y_i(\vartheta_i^1)]}, \quad i=1,2,\cdots,n\end{cases} \tag{6-59}$$

由式(6-55)至式(6-59)可得

$$A_i^{(1)}\leqslant A_i^{(2)}\leqslant A_i^{(3)}, \quad i=1,2,\cdots,n$$

由于单调关联系统的可靠度函数 $h(\cdot)$ 为单调递增的,可得到

$$A^{(1)} \leqslant A^{(2)} \leqslant A^{(3)}$$

由于 $\theta_{i,\alpha}$ 和 $\vartheta_{i,\alpha}$ 分别为 $A_{i,\alpha}$ 和 $B_{i,\alpha}(i=1,2,\cdots,n)$ 中的任意点，有

$$\lim_{t\to+\infty} \mathrm{Pr}_{\alpha}^{L}\{S(t)(\theta)=1\}=A^{(1)}=h(A_1^{(1)},A_2^{(1)},\cdots,A_n^{(1)}) \tag{6-60}$$

及

$$\lim_{t\to+\infty} \mathrm{Pr}_{\alpha}^{U}\{S(t)(\theta)=1\}=A^{(3)}=h(A_1^{(3)},A_2^{(3)},\cdots,A_n^{(3)}) \tag{6-61}$$

其中

$$A_i^{(1)}=\frac{E[X_i(\theta_i^1)]}{E[X_i(\theta_i^1)]+E[Y_i(\vartheta_i^2)]},A_i^{(3)}=\frac{E[X_i(\theta_i^2)]}{E[X_i(\theta_i^2)]+E[Y_i(\vartheta_i^1)]},\quad i=1,2,\cdots,n$$

根据引理6.1，式(6-51)至式(6-54)，式(6-60)及式(6-61)可得

$$A=\frac{1}{2}\int_0^1(h(A_1^{(1)},A_2^{(1)},\cdots,A_n^{(1)})+h(A_1^{(3)},A_2^{(3)},\cdots,A_n^{(3)}))\,\mathrm{d}\alpha$$

其中

$$A_i^{(1)}=\frac{E[X_i(\theta_i)]_{\alpha}^{L}}{E[X_i(\theta_i)]_{\alpha}^{L}+E[Y_i(\vartheta_i)]_{\alpha}^{U}},A_i^{(3)}=\frac{E[X_i(\theta_i)]_{\alpha}^{U}}{E[X_i(\theta_i)]_{\alpha}^{U}+E[Y_i(\vartheta_i)]_{\alpha}^{L}},\quad i=1,2,\cdots,n$$

证毕。

注 6.4.1　当 X_i 和 $Y_i(i=1,2,\cdots,n)$ 退化为随机变量，定理6.4.1的结果退化为

$$\begin{cases}A=h(A_1,A_2,\cdots,A_n)\\ A_i=\dfrac{E[X_i]}{E[X_i]+E[Y_i]},\quad i=1,2,\cdots,n\end{cases}$$

该结论正和随机情形下的结论一致。

定理 6.4.2　该随机模糊可修单调关联系统的稳态故障频度为

$$M=\frac{1}{2}\sum_{i=1}^{n}\int_0^1\left\{\frac{h(1_i,A^{(1)})-h(0_i,A^{(1)})}{E[X_i(\theta_i)]_{\alpha}^{L}+E[Y_i(\vartheta_i)]_{\alpha}^{L}}+\frac{h(1_i,A^{(3)})-h(0_i,A^{(3)})}{E[X_i(\theta_i)]_{\alpha}^{U}+E[Y_i(\vartheta_i)]_{\alpha}^{U}}\right\}\mathrm{d}\alpha$$

其中 $\theta_i\in\boldsymbol{\Theta}_i,\vartheta_i\in\tau_i,h(\cdot)$ 为单调关联系统的可靠度函数

$$A^{(1)}=\left(\frac{E[X_1(\theta_1)]_{\alpha}^{L}}{E[X_1(\theta_1)]_{\alpha}^{L}+E[Y_1(\vartheta_1)]_{\alpha}^{L}},\cdots,\frac{E[X_n(\theta_n)]_{\alpha}^{L}}{E[X_n(\theta_n)]_{\alpha}^{L}+E[Y_n(\vartheta_n)]_{\alpha}^{L}}\right)$$

且

$$A^{(3)}=\left(\frac{E[X_1(\theta_1)]_{\alpha}^{U}}{E[X_1(\theta_1)]_{\alpha}^{U}+E[Y_1(\vartheta_1)]_{\alpha}^{U}},\cdots,\frac{E[X_n(\theta_n)]_{\alpha}^{U}}{E[X_n(\theta_n)]_{\alpha}^{U}+E[Y_n(\vartheta_n)]_{\alpha}^{U}}\right)$$

证明：由定理6.4.1证明过程中的随机变量 $X_i(\theta_i^1),X_i(\theta_{i,\alpha}),X_i(\theta_i^2)$ 和 $Y_i(\vartheta_i^1)$，$Y_i(\vartheta_{i,\alpha}),Y_i(\vartheta_i^2)(i=1,2,\cdots,n)$，我们也可构建3个具有随机寿命和维修时间的可修单调关联系统。

（1）单调关联系统 1：部件 i 的寿命及维修时间分别为 $X_i(\theta_i^1)$ 及 $Y_i(\vartheta_i^1)(i=1,2,\cdots,n)$。

（2）单调关联系统 2：部件 i 的寿命及维修时间分别为 $X_i(\theta_{i,\alpha})$ 及 $Y_i(\vartheta_{i,\alpha})(i=1,2,\cdots,n)$。

（3）单调关联系统 3：部件 i 的寿命及维修时间分别为 $X_i(\theta_i^2)$ 及 $Y_i(\vartheta_i^2)(i=1,2,\cdots,n)$。

令 $M^{(1)},M^{(2)}$ 和 $M^{(3)}$ 分别为单调关联系统(1)、(2)和(3)的稳态故障频度，由随机情形下的结论我们可以得到

$$\begin{cases} M^{(1)} = \sum_{i=1}^{n} \dfrac{h(1_i,A^{(1)}) - h(0_i,A^{(1)})}{E[X_i(\theta_i^1)] + E[Y_i(\vartheta_i^1)]} \\ A^{(1)} = \left(\dfrac{E[X_1(\theta_1^1)]}{E[X_1(\theta_1^1)] + E[Y_1(\vartheta_1^1)]},\cdots,\dfrac{E[X_n(\theta_n^1)]}{E[X_n(\theta_n^1)] + E[Y_n(\vartheta_n^1)]}\right) \end{cases} \tag{6-62}$$

$$\begin{cases} M^{(2)} = \sum_{i=1}^{n} \dfrac{h(1_i,A^{(2)}) - h(0_i,A^{(2)})}{E[X_i(\theta_i)] + E[Y_i(\vartheta_i)]} \\ A^{(2)} = \left(\dfrac{E[X_1(\theta_{1,\alpha})]}{E[X_1(\theta_{1,\alpha})] + E[Y_1(\vartheta_{1,\alpha})]},\cdots,\dfrac{E[X_n(\theta_{n,\alpha})]}{E[X_n(\theta_{n,\alpha})] + E[Y_n(\vartheta_{n,\alpha})]}\right) \end{cases} \tag{6-63}$$

及

$$\begin{cases} M^{(3)} = \sum_{i=1}^{n} \dfrac{h(1_i,A^{(3)}) - h(0_i,A^{(3)})}{E[X_i(\theta_i^2)] + E[Y_i(\vartheta_i^2)]} \\ A^{(3)} = \left(\dfrac{E[X_1(\theta_1^2)]}{E[X_1(\theta_1^2)] + E[Y_1(\vartheta_1^2)]},\cdots,\dfrac{E[X_n(\theta_n^2)]}{E[X_n(\theta_n^2)] + E[Y_n(\vartheta_n^2)]}\right) \end{cases} \tag{6-64}$$

容易看出

$$M^{(3)} \leqslant M^{(2)} \leqslant M^{(1)}$$

由于 $\theta_{i,\alpha}$ 和 $\vartheta_{i,\alpha}$ 分别为 $A_{i,\alpha}$ 和 $B_{i,\alpha}(i=1,2,\cdots,n)$ 中的任意点，因此有

$$\begin{cases} \lim\limits_{t\to+\infty} \dfrac{E[N(t)(\theta)]_\alpha^L}{t} = M^{(3)} = \sum_{i=1}^{n} \dfrac{h(1_i,A^{(3)}) - h(0_i,A^{(3)})}{E[X_i(\theta_i^2)] + E[Y_i(\vartheta_i^2)]} \\ A^{(3)} = \left(\dfrac{E[X_1(\theta_1^2)]}{E[X_1(\theta_1^2)] + E[Y_1(\vartheta_1^2)]},\cdots,\dfrac{E[X_n(\theta_n^2)]}{E[X_n(\theta_n^2)] + E[Y_n(\vartheta_n^2)]}\right) \end{cases} \tag{6-65}$$

及

$$\begin{cases}\lim\limits_{t\to+\infty}\dfrac{E[N(t)(\theta)]_\alpha^U}{t}=M^{(1)}=\sum\limits_{i=1}^{n}\dfrac{h(1_i,A^{(1)})-h(0_i,A^{(1)})}{E[X_i(\theta_i^1)]+E[Y_i(\vartheta_i^1)]}\\ A^{(1)}=\left(\dfrac{E[X_1(\theta_1^1)]}{E[X_1(\theta_1^1)]+E[Y_1(\vartheta_1^1)]},\cdots,\dfrac{E[X_n(\theta_n^1)]}{E[X_n(\theta_n^1)]+E[Y_n(\vartheta_n^1)]}\right)\end{cases}\tag{6-66}$$

根据引理 6.2，式(6-51)至式(6-54)，式(6-65)及式(6-66)可知

$$\begin{aligned}M&=\frac{1}{2}\int_0^1\left\{\sum_{i=1}^{n}\frac{h(1_i,A^{(3)})-h(0_i,A^{(3)})}{E[X_i(\theta_i)]_\alpha^U+E[Y_i(\vartheta_i)]_\alpha^U}+\sum_{i=1}^{n}\frac{h(1_i,A^{(1)})-h(0_i,A^{(1)})}{E[X_i(\theta_i)]_\alpha^L+E[Y_i(\vartheta_i)]_\alpha^L}\right\}\mathrm{d}\alpha\\&=\frac{1}{2}\sum_{i=1}^{n}\int_0^1\left\{\frac{h(1_i,A^{(1)})-h(0_i,A^{(1)})}{E[X_i(\theta_i)]_\alpha^L+E[Y_i(\vartheta_i)]_\alpha^L}+\frac{h(1_i,A^{(3)})-h(0_i,A^{(3)})}{E[X_i(\theta_i)]_\alpha^U+E[Y_i(\vartheta_i)]_\alpha^U}\right\}\mathrm{d}\alpha\end{aligned}$$

其中

$$A^{(1)}=\left(\frac{E[X_1(\theta_1)]_\alpha^L}{E[X_1(\theta_1)]_\alpha^L+E[Y_1(\vartheta_1)]_\alpha^L},\cdots,\frac{E[X_n(\theta_n)]_\alpha^L}{E[X_n(\theta_n)]_\alpha^L+E[Y_n(\vartheta_n)]_\alpha^L}\right)$$

且

$$A^{(3)}=\left(\frac{E[X_1(\theta_1)]_\alpha^U}{E[X_1(\theta_1)]_\alpha^U+E[Y_1(\vartheta_1)]_\alpha^U},\cdots,\frac{E[X_n(\theta_n)]_\alpha^U}{E[X_n(\theta_n)]_\alpha^U+E[Y_n(\vartheta_n)]_\alpha^U}\right)$$

证毕。

注 6.4.2　当 X_i 和 $Y_i(i=1,2,\cdots,n)$ 退化为随机变量，定理 6.4.2 的结果退化为

$$M=\sum_{i=1}^{n}\frac{h(1_i,A)-h(0_i,A)}{E[X_i]+E[Y_i]}$$

其中

$$A=\left(\frac{E[X_1]}{E[X_1]+E[Y_1]},\cdots,\frac{E[X_n]}{E[X_n]+E[Y_n]}\right)$$

该结论正和随机情形下的结论一致。

例 6.4.1　图 6.1 所示为某可修串—并联系统的可靠性结构框图，部件 1，2 和 3 的寿命和相应的维修时间记作 X_1,X_2,X_3 和 Y_1,Y_2,Y_3。假设 $X_i\sim\mathbf{EXP}(\lambda_i)$ 和 $Y_i\sim\mathbf{EXP}(\mu_i)(i=1,2,3)$，其中模糊参数为 $\lambda_1=(1,2,3)$，$\lambda_2=(0.5,1.5,2.5)$，$\lambda_3=(1.5,2.5,3.5)$，$\mu_1=(3,4,5)$，$\mu_2=(2.5,3.5,4.5)$ 和 $\mu_3=(3.5,4.5,5.5)$。首先，我们计算各模糊参数的 α-悲观值和 α-乐观值，即

$$\begin{cases}\lambda_{1,\alpha}^{L}=1+\alpha\\\lambda_{2,\alpha}^{L}=0.5+\alpha\\\lambda_{3,\alpha}^{L}=1.5+\alpha\end{cases}$$

$$\begin{cases}\lambda_{1,\alpha}^{U}=3-\alpha\\\lambda_{2,\alpha}^{U}=2.5-\alpha\\\lambda_{3,\alpha}^{U}=3.5-\alpha\end{cases}$$

$$\begin{cases}\mu_{1,\alpha}^{L}=3+\alpha\\\mu_{2,\alpha}^{L}=2.5+\alpha\\\mu_{3,\alpha}^{L}=3.5+\alpha\end{cases}$$

$$\begin{cases}\mu_{1,\alpha}^{U}=5-\alpha\\\mu_{2,\alpha}^{U}=4.5-\alpha\\\mu_{3,\alpha}^{U}=5.5-\alpha\end{cases}$$

因此有

$$\begin{cases}E[X_1(\theta)]_\alpha^L=\dfrac{1}{3-\alpha}\\E[X_2(\theta)]_\alpha^L=\dfrac{1}{2.5-\alpha}\\E[X_3(\theta)]_\alpha^L=\dfrac{1}{3.5-\alpha}\end{cases}$$

$$\begin{cases}E[X_1(\theta)]_\alpha^U=\dfrac{1}{1+\alpha}\\E[X_2(\theta)]_\alpha^U=\dfrac{1}{0.5+\alpha}\\E[X_3(\theta)]_\alpha^U=\dfrac{1}{1.5+\alpha}\end{cases}$$

$$\begin{cases}E[Y_1(\vartheta)]_\alpha^L=\dfrac{1}{5-\alpha}\\E[Y_2(\vartheta)]_\alpha^L=\dfrac{1}{4.5-\alpha}\\E[Y_3(\vartheta)]_\alpha^L=\dfrac{1}{5.5-\alpha}\end{cases}$$

$$\begin{cases} E[Y_1(\vartheta)]_\alpha^U = \dfrac{1}{3+\alpha} \\ E[Y_2(\vartheta)]_\alpha^U = \dfrac{1}{2.5+\alpha} \\ E[Y_3(\vartheta)]_\alpha^U = \dfrac{1}{3.5+\alpha} \end{cases}$$

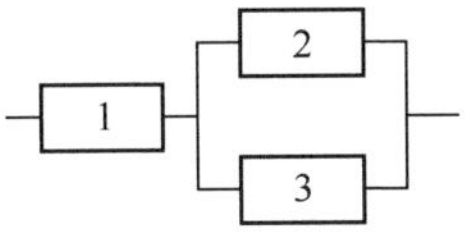

图6.1　可修串—并联系统

为了得到稳态可用度,我们先计算

$$A_1^{(1)} = \frac{1}{6}(3+\alpha), \quad A_2^{(1)} = \frac{1}{5}(2.5+\alpha), \quad A_3^{(1)} = \frac{1}{7}(3.5+\alpha)$$

及

$$A_1^{(3)} = \frac{1}{6}(5-\alpha), \quad A_2^{(3)} = \frac{1}{5}(4.5-\alpha), \quad A_3^{(3)} = \frac{1}{7}(5.5-\alpha)$$

再由定理6.4.1可得该串—并联系统的稳态可用度为

$$\begin{aligned} A &= \frac{1}{2}\int_0^1 ((h(A_1^{(1)}, A_2^{(1)}, A_3^{(1)}) + h(A_1^{(3)}, A_2^{(3)}, A_3^{(3)}))\,\mathrm{d}\alpha \\ &= \frac{1}{2}\int_0^1 \left\{ \frac{1}{6}(3+\alpha)\left[1 - \left(1 - \frac{1}{5}(2.5+\alpha)\right)\left(1 - \frac{1}{7}(3.5+\alpha)\right)\right] \right. \\ &\quad \left. + \frac{1}{6}(5-\alpha)\left[1 - \left(1 - \frac{1}{5}(4.5+\alpha)\right)\left(1 - \frac{1}{7}(5.5+\alpha)\right)\right] \right\} \mathrm{d}\alpha \\ &\approx 0.5952 \end{aligned}$$

为了计算稳态故障频度,需要先计算

$$A^{(1)} = \left(\frac{5-\alpha}{8-2\alpha}, \frac{4.5-\alpha}{7-2\alpha}, \frac{5.5-\alpha}{9-2\alpha}\right) \text{ 以及 } A^{(3)} = \left(\frac{3+\alpha}{4+2\alpha}, \frac{2.5+\alpha}{3+2\alpha}, \frac{3.5+\alpha}{5+2\alpha}\right)$$

再由定理6.4.2可得该串—并联系统的稳态故障频度为

$$M = \frac{1}{2}\int_0^1 \left[\frac{1 - \left(1 - \dfrac{4.5-\alpha}{7-2\alpha}\right)\left(1 - \dfrac{5.5-\alpha}{9-2\alpha}\right)}{\dfrac{1}{3-\alpha} + \dfrac{1}{5-\alpha}} + \frac{\dfrac{5-\alpha}{8-2\alpha}\left(1 - \dfrac{5.5-\alpha}{9-2\alpha}\right)}{\dfrac{1}{2.5-\alpha} + \dfrac{1}{4.5-\alpha}} + \right.$$

$$\left.\frac{\frac{5-\alpha}{8-2\alpha}\left(1-\frac{4.5-\alpha}{7-2\alpha}\right)}{\frac{1}{3.5-\alpha}+\frac{1}{5.5-\alpha}}+\frac{1-\left(1-\frac{2.5-\alpha}{3+2\alpha}\right)\left(1-\frac{3.5+\alpha}{5+2\alpha}\right)}{\frac{1}{1+\alpha}+\frac{1}{3+\alpha}}+\frac{\frac{3+\alpha}{4+2\alpha}\left(1-\frac{3.5+\alpha}{5+2\alpha}\right)}{\frac{1}{0.5+\alpha}+\frac{1}{2.5-\alpha}}+\frac{\frac{3+\alpha}{4+2\alpha}\left(1-\frac{2.5+\alpha}{3+2\alpha}\right)}{\frac{1}{1.5+\alpha}+\frac{1}{3.5+\alpha}}\right]\mathrm{d}\alpha$$

$$\approx 1.6999$$

例 6.4.2 考虑由三盏灯组成的照明系统,整个照明系统至少有两盏灯正常时为工作状态,则该照明系统的结构为一个表决系统,其可靠性结构框图如图 6.2 所示。部件 1, 2 和 3 的寿命和维修时间分别记作 X_1, X_2, X_3 和 Y_1, Y_2, Y_3。为方便起见,依旧假设 $X_i \sim \mathbf{EXP}(\lambda_i)$ 和 $Y_i \sim \mathbf{EXP}(\mu_i)$ $(i=1,2,3)$, 其中模糊参数 $\lambda_1=(1,2,3)$, $\lambda_2=(0.5,1.5,2.5)$, $\lambda_3=(1.5,2.5,3.5)$, $\mu_1=(3,4,5)$, $\mu_2=(2.5,3.5,4.5)$ 和 $\mu_3=(3.5,4.5,5.5)$。

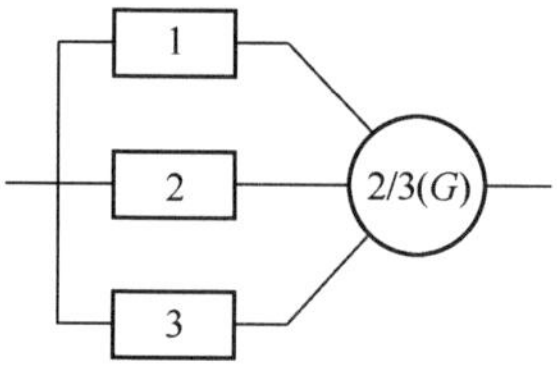

图 6.2 表决系统

由定理 6.4.1 可得该照明系统的稳态可用度为

$$A=\frac{1}{2}\int_0^1((h(A_1^{(1)},A_2^{(1)},A_3^{(1)})+h(A_1^{(3)},A_2^{(3)},A_3^{(3)}))\mathrm{d}\alpha$$

$$=\frac{1}{2}\int_0^1(A_1^{(1)}A_2^{(1)}+A_1^{(1)}A_3^{(1)}+A_2^{(1)}A_3^{(1)}-2A_1^{(1)}A_2^{(1)}A_3^{(1)}+A_1^{(3)}A_2^{(3)}+A_1^{(3)}A_3^{(3)}+A_2^{(3)}A_3^{(3)}-2A_1^{(3)}A_2^{(3)}A_3^{(3)})\mathrm{d}\alpha$$

$$=\frac{1}{2}\int_0^1\left[\frac{1}{30}(3+\alpha)(2.5+\alpha)+\frac{1}{42}(3+\alpha)(3.5+\alpha)+\frac{1}{35}(2.5+\alpha)(3.5+\alpha)-\frac{1}{105}(3+\alpha)(2.5+\alpha)(3.5+\alpha)+\frac{1}{30}(5-\alpha)(4.5-\alpha)+\frac{1}{42}(5-\alpha)(5.5-\alpha)+\frac{1}{35}(4.5-\alpha)(5.5-\alpha)-\frac{1}{105}(5-\alpha)(4.5-\alpha)(5.5-\alpha)\right]\mathrm{d}\alpha$$

$$=\frac{103}{140}\approx 0.7357$$

再由定理 6.4.2 可得该照明系统的稳态故障频度为

$$M=\frac{1}{2}\int_0^1\left[\left(\frac{4.5-\alpha}{7-2\alpha}+\frac{5.5-\alpha}{9-2\alpha}-2\cdot\frac{4.5-\alpha}{7-2\alpha}\cdot\frac{5.5-\alpha}{9-2\alpha}\right)\Big/\left(\frac{1}{3-\alpha}+\frac{1}{5-\alpha}\right)+\right.$$

$$\left(\frac{5-\alpha}{8-2\alpha}+\frac{5.5-\alpha}{9-2\alpha}-2\cdot\frac{5-\alpha}{8-2\alpha}\cdot\frac{5.5-\alpha}{9-2\alpha}\right)\Big/\left(\frac{1}{2.5-\alpha}+\frac{1}{4.5-\alpha}\right)+$$

$$\left(\frac{5-\alpha}{8-2\alpha}+\frac{4.5-\alpha}{7-2\alpha}-2\cdot\frac{5-\alpha}{8-2\alpha}\cdot\frac{4.5-\alpha}{7-2\alpha}\right)\Big/\left(\frac{1}{3.5-\alpha}+\frac{1}{5.5-\alpha}\right)+$$

$$\left(\frac{2.5+\alpha}{3+2\alpha}+\frac{3.5+\alpha}{5+2\alpha}-2\cdot\frac{2.5+\alpha}{3+2\alpha}\cdot\frac{3.5+\alpha}{5+2\alpha}\right)\Big/\left(\frac{1}{1+\alpha}+\frac{1}{3+\alpha}\right)+$$

$$\left(\frac{3+\alpha}{4+2\alpha}+\frac{3.5+\alpha}{5+2\alpha}-2\cdot\frac{3+\alpha}{4+2\alpha}\cdot\frac{3.5+\alpha}{5+2\alpha}\right)\Big/\left(\frac{1}{0.5+\alpha}+\frac{1}{2.5+\alpha}\right)+$$

$$\left.\left(\frac{3+\alpha}{4+2\alpha}+\frac{2.5+\alpha}{3+2\alpha}-2\cdot\frac{3+\alpha}{4+2\alpha}\cdot\frac{2.5+\alpha}{3+2\alpha}\right)\Big/\left(\frac{1}{1.5+\alpha}+\frac{1}{3.5+\alpha}\right)\right]\mathrm{d}\alpha$$

$$\approx 1.7454$$

参考文献

[1] R VON MISES. Wahrscheinlichkeitsrechnung und ihreAnwendung in der Statistik und Theoretischen Physik[J],Leipzig and Wien,Franz Deuticke,1931.

[2] A KOLMOGOROV. Grundbegriffe der Wahrscheinlichkeitsrechnung[J]. Julius Springer Berlin,1933.

[3] LIU B. Theory and Practice of Uncertain Programming[M]. Heidelberg:Physica-Verlag,2002.

[4] LIU B. Uncertainty Theory:An Introduction to its Axiomatic Foundations[M]. Berlin:Springer-Verlag,2004.

[5] LIU B. A survey of credibility theory[J]. Fuzzy Optimization and Decision Making, 2006,5(4): 387-408.

[6] LIU B,LIU Y. Expected value of fuzzy variable and fuzzy expected value models[J]. IEEE Transactions on Fuzzy Systems,2002,10(4): 445-450.

[7] LIU Y,LIU B. Random fuzzy programming with chance measures defined by fuzzy integrals[J]. Mathematical and Computer Modelling, 2002,36(4/5):509-524.

[8] LIU Y,LIU B. Fuzzy random variables: a scalar expected value[J]. Fuzzy Optimization and Decision Making, 2003,2(2):143-160.

[9] LIU Y,LIU B. Expected value operator of random fuzzy variable and random fuzzy expected value models[J]. International Journal of Uncertainty, Fuzziness and Knowledge-Based Systems, 2003,11(2):195-215.

[10] LIU Y, LI X,YANG G. Reliability analysis of random fuzzy unrepairable cold standby systems with imperfect conversion switches[J]. Information: An International Interdisciplinary Journal, 2011,14(2):283-296.

[11] LIU Y,LI X. Reliability analysis of random fuzzy unrepairable warm standby systems[J]. Proceedings of the Fourth International Forum on Decision Sciences,Uncertainty and Operations Research,Springer, 2017, 461-476.

[12] LIU Y, LI X,DU Z. Reliability analysis of a random fuzzy repairable parallel system with two non-identical components[J]. Journal of Intelligent and Fuzzy Systems, 2014, 27(6): 2775-2784.

[13] LIU Y, LI X,LI J. Reliability analysis of random fuzzy unrepairable systems[J]. Discrete Dynamics in Nature and Society, 2014,Article ID 625985,15pages.

[14] LIU Y, LI X,WANG L. Random fuzzy unrepairable warm standby systems[J]. Fuzzy Information & Engineering and Operations Research & Management, Advances in Intelligent Systems and Computing, 2014,211:491-500.

[15] LIU Y, LI X, YANG G. Reliability analysis of random fuzzy repairable series system[J]. Fuzzy Information and Engineering, Advances in Soft Computing, 2010, 78(1/2): 281-296.

[16] Y LIU, X LI, Y YU, et al. Steady state properties of repairable cold standby systems with double uncertainty[J]. 13th International Conference on Natural Computation, Fuzzy Systems and KnowledgeDiscovery, 2018, 1349-1356.

[17] LIU Y, LI X, ZHANG Y. Random fuzzy repairable coherent systems with independent components[J]. International Journal of Uncertainty, Fuzziness and Knowledge-Based Systems, 2016, 24(6): 859-872.

[18] LIU Y, TANG W, ZHAO R. Reliability and mean time to failure of unrepariable systems with fuzzy random lifetimes[J]. IEEE Transactions on Fuzzy Systems, 2007, 15(5): 1009-1026.

[19] LIU Y, TANG W, LI X. Random fuzzy shock models and bivariate random fuzzy exponential distribution[J]. Applied Mathematical Modelling, 2011, 35(5): 2408-2418.

[20] LIU Y, ZhU H. Reliability analysis of fuzzy unrepairable systems[J]. Information: An International Interdisciplinary Journal, 2012, 15(10): 3935-3944.

[21] ZADEH L. Fuzzy sets[J]. Information and Control, 1965, 8(3): 338-353.

[22] ZADEG L. Fuzzy sets as a basis for a theory of possibility[J]. Fuzzy Sets and Systems, 1978, 1(1): 3-28.

[23] ZHAO R, TANG W, YUN H. Random fuzzy renewal process[J]. European Journal of Operational Research, 2006, 169(1): 189-201.

[24] 曹晋华,程侃. 可靠性数学引论[M]. 修订版. 北京:高等教育出版社,2012.